普通高等教育系列教材

# 人工智能导论

周 苏 张 泳 主编

机械工业出版社

本书是为高等院校相关专业"人工智能导论"课程设计编写,具有丰富应用特色的主教材。针对高校学生的发展需求,本书分引言、基础知识、基于知识的系统和高级专题四部分,可依照学习进度与需求,做适当选择。内容包括:引言,包括绪论(基本概念)、人工智能+领域应用;基础知识,包括大数据思维、搜索算法、知识表示;基于知识的系统,包括专家系统、机器学习、深度学习;高级专题,包括机器人技术、智能图像处理、自然语言处理、自动规划。

本书较为系统、全面地介绍了人工智能的相关概念、理论与应用,可以帮助读者扎实地打好人工智能的知识基础。本书既适合高校学生学习,也适合对人工智能相关领域感兴趣的读者阅读参考。

本书配有授课电子课件,需要的教师可登录 www.cmpedu.com 免费注册,审核通过后下载,或联系编辑索取(QQ:2850823885;电话:010-88379739)。

**图书在版编目(CIP)数据**

人工智能导论 / 周苏等主编 . —北京:机械工业出版社,2020.3
(2023.8 重印)
普通高等教育系列教材
ISBN 978-7-111-64731-7

Ⅰ. ①人… Ⅱ. ①周… Ⅲ. ①人工智能-高等学校-教材
Ⅳ. ①TP18

中国版本图书馆 CIP 数据核字(2020)第 024112 号

机械工业出版社(北京市百万庄大街 22 号  邮政编码 100037)
策划编辑:郝建伟   责任编辑:郝建伟
责任校对:张艳霞   责任印制:任维东
北京中兴印刷有限公司印刷

2023 年 8 月第 1 版·第 9 次印刷
184mm×260mm·15.25 印张·376 千字
标准书号:ISBN 978-7-111-64731-7
定价:49.00 元

电话服务                 网络服务
客服电话:010-88361066    机 工 官 网:www.cmpbook.com
       010-88379833    机 工 官 博:weibo.com/cmp1952
       010-68326294    金 书 网:www.golden-book.com
**封底无防伪标均为盗版**    机工教育服务网:www.cmpedu.com

# 前　言

科技兴则民族兴，科技强则国家强。党的二十大报告指出，必须坚持科技是第一生产力、人才是第一资源、创新是第一动力，开辟发展新领域新赛道，不断塑造发展新动能新优势。需要紧跟新兴科技发展的动向，提前布局新工科背景下的计算机专业人才的培养，提升工科教育支撑新兴产业发展的能力。

作为计算机科学与技术一个重要的研究与应用分支，人工智能（Artificial Intelligence，AI）的发展几起几落，终于迎来了高速发展、硕果累累的时期。毫无疑问，一如当年的计算机，之后的网络与因特网，接着的物联网、云计算与大数据，今天，人工智能与这些主题一样，是每个高校学生甚至社会人所必须关注、学习和重视的知识与现实。

人工智能是研究、开发用于模拟、延伸和扩展人的智能的理论、方法、技术及应用系统的一门技术科学，它试图了解人类智能的实质，并生产出新的能以人类智能相似的方式做出反应的智能机器，该领域的研究包括专家系统、机器人、图像识别与处理、自然语言处理等。可以想象，未来人工智能带来的科技产品，将会是人类智慧的"容器"。人工智能不是人的智能，但能像人那样思考，甚至可能超过人的智能。

人工智能是一门极富挑战性的科学，包括十分广泛的知识内容。本书介绍的人工智能主要技术与应用包括：大数据思维、搜索算法、知识表示、专家系统、机器学习、深度学习、机器人技术、智能图像处理、自然语言处理和自动规划等方面。

本书较为系统、全面地介绍了人工智能的相关概念与理论，既简明扼要地介绍了这一学科的基础知识与应用技术，也对自然语言处理、神经网络与深度学习等内容进行了拓展，可以帮助读者扎扎实实打好人工智能的知识基础。

本书是为高等院校相关专业"人工智能导论"课程全新设计编写的。针对高校相关专业学生的培养需求，本书分引言、基础知识、基于知识的系统和高级专题四部分，读者可依照学习进度与需求，做适当选择。

**第一部分　引言**，包含绪论（基本概念）、人工智能+领域应用。

**第二部分　基础知识**，包括大数据思维、搜索算法、知识表示。

**第三部分　基于知识的系统**，包括专家系统、机器学习、深度学习。

**第四部分　高级专题**，包括机器人技术、智能图像处理、自然语言处理、自动规划。

每个学习单元在编写时都遵循下列要点：

（1）安排有精选的导读案例，以深入浅出的方式，引发读者的自我学习兴趣。

（2）介绍基本观念或解释原理，让读者能切实理解和掌握人工智能的基本原理及相关应用知识。

（3）提供浅显易懂的案例，注重培养扎实的基本理论知识，重视培养学习方法。

（4）思维与实践并进，为读者提供了低认知负荷的自我评量题目，让读者在自我成就中建构人工智能的基本观念与技术。

虽然已经进入电子时代，但我们仍然竭力倡导看书。为各章设计的作业（四选一标准选择题）并不难，读者只要认真阅读各章内容，所有题目都能准确回答，并且在书的附录部分提供了作业参考答案，供读者对比思考。

本课程的教学进度设计见《课程教学进度表》（见下表），该表可作为教师授课和学生学习的参考。实际执行时，应按照教学大纲编排教学进度和校历中关于本学期节假日的安排，确定本课程的教学进度。

## 课程教学进度表

（20 —20 学年第　　学期）

课程号：＿＿＿＿＿＿　课程名称：＿＿人工智能导论＿＿　学分：＿2＿　周学时：＿2＿

总学时：＿＿32＿＿

主讲教师：＿＿＿＿＿＿＿＿＿＿

| 序号 | 校历周次 | 章节（或实训、习题课等）名称与内容 | 学时 | 教学方法 | 课后作业布置 |
|---|---|---|---|---|---|
| 1 | 1 | 第一部分　引言<br>第1章　绪论 | 2 | 导读案例<br><br>各章内容 | 作业 |
| 2 | 2 | 第2章　人工智能+领域应用 | 2 | | |
| 3 | 3 | 第二部分　基础知识<br>第3章　大数据思维 | 2 | | |
| 4 | 4 | 第4章　搜索算法 | 2 | | |
| 5 | 5 | 第4章　搜索算法 | 2 | | |
| 6 | 6 | 第5章　知识表示 | 2 | | |
| 7 | 7 | 第5章　知识表示 | 2 | | |
| 8 | 8 | 第三部分　基于知识的系统<br>第6章　专家系统 | 2 | | |
| 9 | 9 | 第7章　机器学习 | 2 | | |
| 10 | 10 | 第7章　机器学习 | 2 | | |
| 11 | 11 | 第8章　深度学习 | 2 | | |
| 12 | 12 | 第四部分　高级专题<br>第9章　机器人技术 | 2 | | |
| 13 | 13 | 第9章　机器人技术 | 2 | | |
| 14 | 14 | 第10章　智能图像处理 | 2 | | |
| 15 | 15 | 第11章　自然语言处理 | 2 | | |
| 16 | 16 | 第12章　自动规划 | 2 | | |

填表人（签字）：　　　　　　　　　　　　　　　　　日期：

系（教研室）主任（签字）：　　　　　　　　　　　日期：

本课程的教学评测可以从几个方面入手，即：

（1）每章开头的导读案例（12项）。

（2）结合每章内容的课后作业（四选一标准选择题，12 项）。

（3）结合平时考勤。

（4）任课老师认为必要的其他考核方法。

本书特色鲜明、易读易学，适合高等院校计算机类专业学生学习，也适合对人工智能相关领域感兴趣的读者阅读参考。

本书配套授课电子课件，需要的教师可登录 www.cmpedu.com 免费注册，审核通过后下载，或联系编辑索取。欢迎教师与作者交流并索取为本书教学配套的相关资料并交流：zhousu@qq.com，QQ：81505050。

本书由周苏、张泳主编。本书的编写得到新疆理工学院、浙江大学城市学院、浙江安防职业技术学院、浙江商业职业技术学院等多所院校师生的支持，吴明晖、陈蒙、杨洁、王文、乔凤凤参与了本书的部分编写工作，在此一并表示感谢！

由于作者水平有限，书中难免有疏漏之处，恳请读者批评指正。

周 苏
于青海西宁

# 目　　录

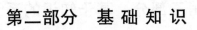

# 第二部分 基础知识

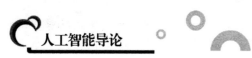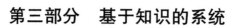

# 第三部分　基于知识的系统

# 第四部分 高级专题

# 第一部分 引　　言

# 第1章 绪　　论

## 【导读案例】云计算四十年历史化蝶成茧

从计算机时代、网络时代、因特网时代、云计算时代到物联网时代、大数据时代，如今，人类社会已经大踏步地进入了人工智能时代。在开始学习人工智能知识之初，先来了解一下云计算的发展。

云计算（见图1-1）领域里最不缺的就是远见。

图1-1　云计算

早在大部分人还没听说过计算机的1961年，已经有人预料到将来计算会成为公共服务，然而直到2006年AWS（亚马逊公司旗下的云计算服务平台）发布S3和EC2，才算真正拉开云计算的大幕，其间四十多年风风雨雨，为什么最后做成的是亚马逊呢？

AWS面向用户提供包括弹性计算、存储、数据库、物联网在内的一整套云计算服务，帮助企业降低IT投入和维护成本，轻松上云。确实，你甚至很难说亚马逊做的是不是四十年前所想的那个公共计算。

### 1. 云计算极简史

1946年，世界上第一台现代电子计算机ENIAC在宾夕法尼亚大学诞生。早期的计算机昂贵、巨大、稀有且同时只能让一个人使用（即单用户）。

1955年，MIT（麻省理工学院）的约翰·麦卡锡（1971年图灵奖获得者）提出了通过Time-sharing（分时）技术来满足多人同时使用一台计算机的诉求。

1961 年，约翰·麦卡锡在 MIT 的百周年纪念上第一次提出了公共计算服务的概念：如果我设想的那种计算机能够成真，那么计算或许某天会像电话一样被组织成公共服务。公共计算服务（Utility Computing）将是一种全新的重要工业的基础。这里说的计算机便是分时计算机，即同时支持多人同时使用的计算机。

1963 年，受麦卡锡的影响，MIT 的约瑟夫·利克莱德负责的 IPTO（信息处理技术办公室）启动了 MAC（多址计算）项目，致力于推动分时系统的发展，具体目标包括：

（1）分时系统。

（2）一个使用分时系统的群体。

（3）对用户的教育。

1964 年，大西洋月刊发表了一篇题为《明天的计算机》的文章，细致地分析了公共计算服务与公共电网的异同点，指出了计算像电网那样成为公共服务需要关注的三个问题：

（1）接口——插上插座就能接入电力，而计算离大众还太远。

（2）服务设备——专用设备将电力转化成人们所需的服务，如电灯、电机等，随开随用，而计算还需要复杂的编程才能使用。

（3）产品同质性——电力是同质产品，不管水电、火电还是风电，接上用起来没有区别，同时电力是单向的，而计算的应用效果却取决于用户编程能力，这是一种与电力不同的双向交互方式。

1965 年，在《明天的计算机》的影响下，MAC 项目组开始开发 Multics 操作系统。在这个过程中，通用电器被选为硬件供应商，IBM 出局，贝尔实验室加入到 MAC 的软件开发中。

1965 年，从 MAC 中出局的 IBM 开始研发 CP-40/CMS 分时操作系统，该系统于 1967 年发布，是历史上第一个虚拟机系统。

1969 年，贝尔实验室从 MAC 项目退出，开始开发 UNIX 操作系统。

1969 年，在利克莱德的推动下，ARPA（国防部高级研究计划局）研究的计算机网络 ARPANET 诞生，其后来发展为因特网。

自此，云计算所依赖的底层技术全部出现了：

- 管理物理计算资源——操作系统。
- 把资源分给多人同时使用——虚拟化技术。
- 远程接入——因特网。

技术的成熟需要时间，商业却不能等待，从计算机被发明以来，人们对计算的需求便没有停止过。面对公共服务的远梦，企业家们退而求其次，大型机、小型机、x86 服务器，计算只能暂时被装到盒子里分发。

计算机商业一片繁荣，但效用计算（Utility Computing）却进入了休眠期。效用计算是指一种提供服务的模型，在这个模型里，服务提供商提供客户需要的计算资源和基础设施管理，并根据应用所占用的资源情况进行计费，而不是仅仅按照速率进行收费。

20 世纪 90 年代，"效用计算"概念又一次复苏，这次直接仿照电网起名叫网格计算（Grid Computing），其目标是把大量机器整合成一个虚拟的超级机器，给分布在世界各地的人们使用，总之还是关乎公共计算服务。

1996 年，康柏公司的一群技术主管在讨论计算业务的发展时首次使用了云计算（Cloud Computing）这个词，他们认为商业计算会向云计算转移。

1997 年，美国教授拉姆纳特·切拉帕对"云计算"这个词做出了定义："计算边界由经济而并非完全由技术决定的计算模式"。

接下来是一波小浪潮。

1997 年，InsynQ 基于 HP 的设备上线了按需使用的应用和桌面服务。

1998 年，HP 成立公共计算部门。

2000 年，Sun 发布 Sun cloud。

2001 年，HP 发布公共数据中心产品。

2002 年，亚马逊上线 AWS（Amazon. com Web Service），本意是把自己的商品目录以 SOAP 接口的方式开放给开发者。

2002 年，IBM 在自己的 E-business（电子商务）基础上，综合网络服务、开放标准、网格计算，进一步提出 E-business on-demand（按需电子商务）的概念。

2006 年，AWS 发布 S3（Simple Storage Service，简单的存储服务）和 EC2（Elastic Compute Cloud，弹性计算云），从此便拉开了云计算真正的大幕，AWS 也一骑绝尘，成为云计算市场的领导者。然而有意思的是，这个时候的 AWS 还没有提过云计算，不过云计算这个词却随着 EC2 的发布迅速崛起，很快大家不再提网格计算和效用计算了。

**2. AWS 的崛起**

历史未必能重演，但回看历史总能得到一些有益的启发，抛开那些繁杂的概念，我们不妨看看 AWS 到底是如何做出 S3 和 EC2 的。

时间回到 2000 年，当时亚马逊正在开发电商服务平台 Merchant. com，旨在帮助第三方公司在亚马逊上构建自己的在线购物网站。

不过这个项目进展并没有想象的顺利。

亚马逊 1994 年成立，随后快速发展，但其技术架构在设计之初显然对未来一无所知，整个系统不过是随业务快速发展而不断修修补补起来的。这意味着想把它解耦并抽离出一个公共服务平台是一个非常困难的问题。

难归难，这不过是工作量的事情，但关键是亚马逊的管理层敏锐地意识到了技术问题在制约公司的发展。于是整个公司的系统开始做服务化重构，把原来交织在一起的代码解耦成独立、设计良好并清晰描述的 API 服务，不论内部还是外部应用，大家都按照 API 的方式进行开发——也就是说大概从 2000 年开始，亚马逊已经悄然变成了服务化公司。

API 化提高了系统复用性和灵活性，对多变的因特网业务来讲，这种特性显然尤其珍贵。

随着公司业务发展，工程师的数量越来越多，亚马逊却发现虽然人数增加了，自己开发应用的速度似乎并没有加快。或许很容易用《人月神话》一书来回答这个问题，但亚马逊并没有满足于追求一个解释，他们想要的是解决方案。

AWS 的 Andy Jassy 发现了一个活生生的例子：这是一个本来大家都以为三个月就会上线的项目，结果三个月过去了，项目组却仅仅完成了服务器、数据库和存储部分的开发——进一步调查，公司里大多数项目都是如此。显然，公司有太多的时间被浪费在了重复造轮子上。

2003 年，Jassy 在贝佐斯的家里召开了一次管理层会议，会上大家决定要把应用开发的通用部分抽离出来，做一个公共基础设施服务平台，不仅亚马逊，甚至其他开发者也可以基于这个平台开发自己的应用。

到这里他们才第一次意识到这可能是改变历史的东西。

随后他们整理了一系列可以成为公共服务的候选模块，并从中挑了服务器、存储和数据库三个部分开始。不仅仅是因为这三个需求最多，还因为亚马逊最擅长这部分，毕竟低利润率商业模式让它在如何降低数据中心的运营成本上颇有积累。

再后来的故事，大家就都清楚了。

**3. 概念消失，产品的胜利**

人们曾经从工具的角度解释过为什么大的云厂商目前都是成功的应用开发公司：

公司业务覆盖越广，碰到的问题越多，曾经解决的问题越多，在云计算转型的过程中就越贴近客户需求，成本越低，总体就越有优势。

AWS 就是个活生生的例子，它能做成的第一个原因就是亚马逊有这么多业务，这种快速的业务尝试让其内部环境像极了因特网创业的过程，所以它从自己需求出发找到的解决方案正是所有因特网业务都需要的银弹。

其次，AWS 仅仅抽离出了公共部分做成了服务，而不是创造了新的东西，开发者还在使用自己熟悉的东西，只不过是在云上。作为对比，看一下谷歌 2008 年推出的第一个云产品 Google App Engine，引用一段维基对它的描述：

有些应用程序托管服务让用户安装、配置几乎所有 *NIX 兼容的软件，而 App Engine 则要求开发者使用 Python 或 Java 语言来编程，而且只能使用一套限定的 API。当前的 API 允许程序在一个 BigTable 非关系数据库上存储和检索数据、提出 HTTP 请求、发送 E-mail、处理图像、进行缓存。大多数现存的 Web 应用程序，若未经修改，均不能直接在 App Engine 上运行，因为它们需要使用关系数据库。

Google 的技术实力不容置疑，相信 App Engine 这么设计一定让它在弹性方面具有巨大优势，但不知道他们有没有想过，这种对用户的"过度关爱"是否真是当时用户想要的。

最后从外部环境来看，AWS 正好赶上了因特网一波创业浪潮。内外几个因素叠加到一起，最终的结果就是 AWS 收割了因特网创业潮的红利，快速崛起。抛开运气的成分，从这段历史来看，AWS 没有炒作概念——否则不至于 2006 年推出 S3 和 EC2 的时候都没提云计算；AWS 也没有钻研技术——EC2 底层的虚拟化技术直接应用了开源的 Xen；但 AWS 却在做产品——剖析问题，抽象解决方案并最终收敛成了三个产品。

云计算在发展，AWS 和 Azure 等云厂商的热度在崛起，云计算的概念却在衰落，抽象的概念被具体的产品所取代，或许这便是成熟的标志。

所以 AWS 们确实杀死了云计算，云计算从一个漂亮的蝴蝶概念蜕化成了一个茧——云主机与云存储，只不过这个茧太丑陋了，以至于很多人都说这不过是传统主机托管的概念封装。

但 AWS 在 2003 年是有远见和野心的，他们想的是如果大家都基于 AWS 做开发，或许 AWS 未来会成为网络操作系统。

计算需要交互，为何非要像水和电？

文：郭华，2019/04/07，本文首发钛媒体。

## 1.1 什么是人工智能

作为计算机科学的一个分支，人工智能（Artificial Intelligence，AI）是研究、开发用于模拟、延伸和扩展人的智能的理论、方法、技术及应用系统的一门新的技术科学（见图1-2），是一门自然科学、社会科学和技术科学交叉的边缘学科，它涉及的学科内容包括哲学和认知科学、数学、神经生理学、心理学、计算机科学、信息论、控制论、不定性论、仿生学、社会结构学与科学发展观等。

图1-2　人工智能是一门新的技术科学

人工智能的**研究范畴**包括自然语言学习与处理、知识表现、智能搜索、推理、规划、机器学习、知识获取、组合调度、感知、模式识别、逻辑程序设计、软计算、不精确和不确定的管理、人工生命、神经网络、复杂系统、遗传算法、人类思维方式等。一般认为，人工智能最关键的难题还是机器自主创造性思维能力的塑造与提升。

人工智能是对人的意识、思维的信息过程的模拟。人工智能不是人的智能，但是能像人那样思考，甚至也可能超过人的智能。人工智能企图了解智能的实质，并生产出一种新的能以人类智能相似的方式做出反应的智能机器。自从诞生以来，人工智能的理论和技术日益成熟，应用领域也不断扩大，可以预期，人工智能所带来的科技产品将会是人类智慧的"容器"，因此，人工智能是一门极富挑战性的学科。

### 1.1.1　人工智能定义

人工智能的定义可以分为两部分，即"人工"和"智能"。

"人工"比较好理解，我们也会进一步考虑什么是人力所能及制造的，或者人自身的智能程度有没有高到可以创造人工智能的地步等。

至于什么是"智能"，问题就复杂多了，它涉及诸如意识、自我、思维（包括无意识的思维）等问题。事实上，人唯一了解的是人类本身的智能，但人们对自身智能的理解，对构成人的智能的必要元素也了解有限，很难准确定义出什么是"人工"制造的"智能"。因此，人工智能的研究往往涉及对人的智能本身的研究（见图1-3），其他关于动物或人造系统的智能也普遍被认为是与人工智能相关的研究课题。

尼尔逊教授对人工智能下了这样一个定义："**人工智能是关于知识的学科——怎样表示知识以及怎样获得知识并使用知识的科学。**"而温斯顿教授认为："**人工智能就是研究如何使计算机去做过去只有人才能做的智能工作。**"这些说法反映了人工智能学科的基本思想和

图 1-3　研究人的智能

基本内容。即人工智能是研究人类智能活动的规律，构造具有一定智能的人工系统，研究如何让计算机去完成以往需要人的智力才能胜任的工作，也就是研究如何应用计算机的软/硬件来模拟人类某些智能行为的基本理论、方法和技术。

20 世纪 70 年代以来，人工智能被称为世界三大尖端技术（空间技术、能源技术、人工智能）之一，也被认为是 21 世纪三大尖端技术（基因工程、纳米科学、人工智能）之一，这是因为近三十年来人工智能获得了迅速的发展，在很多学科领域都获得了广泛应用，并取得了丰硕的成果。

人工智能与思维科学的关系是实践和理论的关系，它是思维科学技术应用层次的一个分支。从思维观点看，人工智能不局限于逻辑思维，也要考虑形象思维、灵感思维，才能促进人工智能的突破性发展。

## 1.1.2　强人工智能与弱人工智能

对于人的思维模拟可以从两个方向进行，一是结构模拟，仿照人脑的结构机制，制造出"类人脑"的机器；二是功能模拟，从其人脑的功能过程进行模拟。现代电子计算机的产生便是对人脑思维功能的模拟，是对人脑思维的信息过程的模拟。

人工智能研究领域的一个较早流行的定义，是由约翰·麦卡锡在 1956 年的达特茅斯会议上提出的，即：人工智能就是要让机器的行为看起来像是人类所表现出的智能行为一样。另一个定义是指：人工智能是人造机器所表现出来的智能性。总体来讲，对人工智能的定义大多可划分为四类，即机器"像人一样思考""像人一样行动""理性地思考""理性地行动"。这里"行动"应广义地理解为采取行动，或制定行动的决策，而不是肢体动作。

**强人工智能**（Bottom-Up AI），又称多元智能。研究人员希望人工智能最终能成为多元智能并且超越大部分人类的能力。有些人认为要达成以上目标，可能需要拟人化的特性，如人工意识或人工大脑。上述问题被认为是人工智能完整性：为了解决其中一个问题，你必须解决全部的问题。即使一个简单和特定的任务，如机器翻译，要求机器按照作者的论点（推理），知道什么是被人谈论（知识），忠实地再现作者的意图（情感计算）。因此，机器翻译被认为是具有人工智能完整性。

强人工智能的观点认为有可能制造出真正能推理和解决问题的智能机器，并且这样的机器将被认为是有知觉的，有自我意识的。强人工智能可以有两类：

（1）类人的人工智能，即机器的思考和推理就像人的思维一样。

（2）非类人的人工智能，即机器产生了与人完全不一样的知觉和意识，使用和人完全不一样的推理方式。

**弱人工智能**（Top-Down AI）观点认为不可能制造出能真正地推理和解决问题的智能机器，这些机器只不过看起来像是智能的，但是并不真正拥有智能，也不会有自主意识。如今主流的研究活动都集中在弱人工智能上，并且一般认为这一研究领域已经取得可观的成就，而强人工智能的研究则处于停滞不前的状态。

## 1.2 人工智能发展历史

科学家已经制造出了汽车、火车、飞机、收音机这样无数的技术系统，它们模仿并拓展了人类身体器官的功能。但是，技术系统能不能模仿人类大脑的功能呢？到目前为止，也仅仅知道人类大脑是由数十亿个神经细胞组成的器官（见图1-4），我们对它还知之甚少，模仿它或许是天下最困难的事情了。

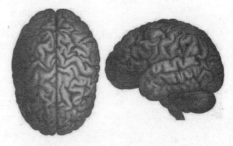

图1-4 人脑的外观

### 1.2.1 大师与通用机器

艾伦·麦席森·图灵（Alan Mathison Turing，1912年6月23日-1954年6月7日，见图1-5），出生于英国伦敦帕丁顿，毕业于普林斯顿大学，是英国数学家、逻辑学家，被誉为"计算机科学之父""人工智能之父"，他是计算机逻辑的奠基者。1950年，图灵在其论文《计算机器与智能》中提出了著名的"图灵机"和"图灵测试"等重要概念。

**图灵测试**的内容是，如果计算机能在5分钟内回答由人类测试者提出的一系列问题，且被超过30%的测试者误认为是人类所答，则计算机通过测试。图灵思想为现代计算机的逻辑工作方式奠定了基础。为了纪念图灵对计算机科学的巨大贡献，1966年，由美国计算机协会（ACM）设立一年一度的"图灵奖"，以表彰在计算机科学中做出突出贡献的人。图灵奖被喻为"计算机界的诺贝尔奖"。

约翰·冯·诺依曼（John von Neumann，1903年12月28日-1957年2月8日，见图1-6），出生于匈牙利，毕业于苏黎世联邦工业大学，数学家，现代计算机、博弈论、核武器和生化武器等领域内的科学全才，被后人称为"现代计算机之父"和"博弈论之父"。他在泛函分析、遍历理论、几何学、拓扑学和数值分析等众多数学领域及计算机学、量子力学和经济学中都有重大成就，也为第一颗原子弹和第一台电子计算机的研制做出了巨大贡献。

电子计算机俗称电脑，简称计算机，是一种通用的信息处理机器，它能执行可以充分详细描述的任何过程。用于描述解决特定问题的步骤序列称为算法，算法可以变成软件（程序），确定硬件（物理机）能做什么和做了什么。创建软件的过程称为编程。

图 1-5　计算机科学之父，
人工智能之父——图灵

图 1-6　现代计算机之父，
博弈论之父——冯·诺依曼

几乎每个人都用过计算机，人们玩计算机游戏，或用计算机写文章、在线购物、听音乐或通过社交媒体与朋友联系。计算机被用于预测天气、设计飞机、制作电影、经营企业、完成金融交易和控制生产等。

世界上第一台通用电子数字计算机 ENIAC（见图 1-7）诞生于 1946 年，中国的第一台电子计算机诞生于 1958 年。在 2019 年 6 月 17 日公布的全球超算 500 强榜单中，中国以拥有 219 台超级计算机，继续蝉联全球拥有超算数量最多的国家。

图 1-7　世界上第一台通用计算机 ENIAC

但是，计算机到底是什么机器？一个计算设备怎么能执行这么多不同的任务呢？现代计算机可以被定义为**"在可改变的程序的控制下，存储和操纵信息的机器"**。该定义有两个关键要素：

第一，计算机是用于操纵信息的设备。这意味着可以将信息存入计算机，计算机将信息转换为新的、有用的形式，然后显示或以其他方式输出信息。

第二，计算机在可改变的程序的控制下运行。计算机不是唯一能操纵信息的机器。当用简单的计算器来运算一组数字时，就是在输入信息（数字），处理信息（如计算连续的总和），然后输出信息（如显示）。一个简单的例子是油泵，给油箱加油时，油泵利用某些输入：当前每升汽油的价格和来自传感器的信号，读取汽油流入汽车油箱的速率。油泵将这个输入转换为加了多少汽油和应付多少钱的信息。但是，计算器或油泵并不是完整的计算机，尽管这些设备实际上可能包含有嵌入式计算机，与计算机不同，它们被构建为执行单个特定任务的设备。

## 1.2.2　人工智能学科的诞生

人工智能甚至可以追溯到古埃及。电子计算机的出现使信息存储和处理的各个方面都发生了革命，计算机理论的发展产生了计算机科学并最终促进了人工智能的出现。计算机这个用电子方式处理数据的发明，为人工智能的可能实现提供了一种媒介。

虽然计算机为人工智能提供了必要的技术基础，但人们直到 20 世纪 50 年代早期才注意到人类智能与机器之间的联系。诺伯特·维纳是最早研究反馈理论的美国人之一，一个大家熟悉的反馈控制的例子是自动调温器，它将收集到的房间温度与人们希望的温度比较并做出反应，将加热器开大或关小，从而控制环境温度。这项对反馈回路的研究的重要性在于：维纳从理论上指出，所有的智能活动都是反馈机制的结果，而反馈机制是有可能用机器模拟的。这项发现对早期人工智能的发展影响很大。

电子计算机的出现，使技术上最终可以创造出机器智能，人类开始真正有了一个可以模拟人类思维的工具，在以后的岁月中，无数科学家为这个目标努力着。如今，全世界几乎所有大学的计算机系都有人在研究这门学科，各个专业的学生也都开始学习这样一门课程，在大家不懈的努力下，计算机也似乎变得十分聪明了。

1956 年夏季，以麦卡赛、明斯基、罗切斯特和申农等为首的一批有远见卓识的年轻科学家在达特茅斯会议上，共同研究和探讨用机器模拟智能的一系列有关问题，首次提出了"人工智能（AI）"这一术语，它标志着"人工智能"这门新兴学科的正式诞生。

1997 年 5 月，IBM 公司研制的深蓝计算机战胜了国际象棋大师卡斯帕罗夫，这是人工智能技术的一次完美表现（见图 1-8）。

图 1-8　卡斯帕罗夫与深蓝对弈当中

我国政府以及社会各界都高度重视人工智能学科的发展。2017 年 12 月，人工智能入选"2017 年度中国媒体十大流行语"。2019 年 6 月 17 日，国家新一代人工智能治理专业委员会发布《新一代人工智能治理原则——发展负责任的人工智能》，提出了人工智能治理的框架和行动指南。这是中国促进新一代人工智能健康发展，加强人工智能法律、伦理、社会问题研究，积极推动人工智能全球治理的一项重要成果。

### 1.2.3 人工智能的发展历程

人工智能 60 余年的发展历程还是颇具周折的，大致可以划分为以下 6 个阶段（见图 1-9）。

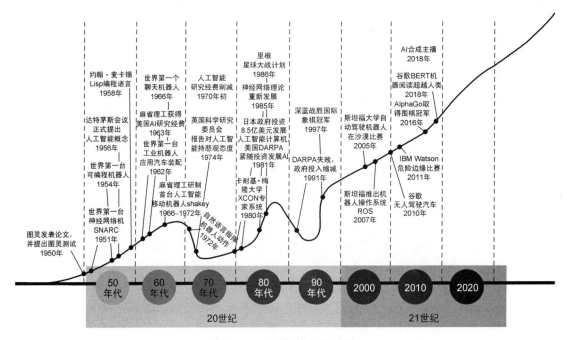

图 1-9　人工智能发展历程

**一是起步发展期**：1956 年~20 世纪 60 年代初。人工智能概念在首次被提出后，相继取得了一批令人瞩目的研究成果，如机器定理证明、跳棋程序、LISP 表处理语言等，掀起了人工智能发展的第一个高潮。

**二是反思发展期**：20 世纪 60~70 年代初。人工智能发展初期的突破性进展大大提升了人们对人工智能的期望，人们开始尝试更具挑战性的任务，并提出了一些不切实际的研发目标。然而，接二连三的失败和预期目标的落空（例如无法用机器证明两个连续函数之和还是连续函数、机器翻译闹出笑话等），使人工智能的发展走入了低谷。

**三是应用发展期**：20 世纪 70 年代初~80 年代中。20 世纪 70 年代出现的专家系统模拟人类专家的知识和经验解决特定领域的问题，实现了人工智能从理论研究走向实际应用、从一般推理策略探讨转向运用专门知识的重大突破。专家系统在医疗、化学、地质等领域取得成功，推动人工智能走入了应用发展的新高潮。

**四是低迷发展期**：20 世纪 80 年代中~90 年代中。随着人工智能的应用规模不断扩大，专家系统存在的应用领域狭窄、缺乏常识性知识、知识获取困难、推理方法单一、缺乏分布式功能、难以与现有数据库兼容等问题逐渐暴露出来。

**五是稳步发展期**：20 世纪 90 年代中~2010 年。由于网络技术特别是因特网技术的发展，信息与数据的汇聚不断加速，因特网应用的不断普及加速了人工智能的创新研究，促使人工智能技术进一步走向实用化。1997 年 IBM 深蓝超级计算机战胜了国际象棋世界冠军卡斯帕罗夫，2008 年 IBM 提出"智慧地球"的概念，这些都是这一时期的标志性事件。

**六是蓬勃发展期**：2011 年至今。随着因特网、云计算、物联网、大数据等信息技术的发展，泛在感知数据和图形处理器（Graphics Processing Unit，GPU）等计算平台推动以深度神经网络为代表的人工智能技术飞速发展，大幅跨越科学与应用之间的"技术鸿沟"，图像分类、语音识别、知识问答、人机对弈、无人驾驶等具有广阔应用前景的人工智能技术突破了从"不能用、不好用"到"可以用"的技术瓶颈，人工智能发展进入爆发式增长的新高潮。

### 1.2.4 人工智能的社会必然性

人工智能技术的发展反映了生产力发展的要求，它的产生有其必要性。

（1）人工智能是工具进化的结果。与以前的劳动工具相比，人工智能的进步之一是它可以对大脑进行模拟。人工智能技术超越以往的技术，推动了生产力的发展。人工智能比以前的工具吸收了更多的肢体功能，它高度模仿人类技能，拟人性强，具有拟人装置的特征。

（2）人工智能响应生产力发展要求。人工智能的传播产生了许多新行业，它们的发展速度和模式超越了以前。在生产过程中应用的任何重大科学与技术创新都需要发展生产工具、设施、工人和生产管理方法，从而进一步提高生产力、扩大能力和提高人类在改变客观世界中的效率。人工智能作为一种辅助器具，协助人类重建客观世界，以最大限度地提高效率，符合生产力发展的要求。人工智能的快速发展，解放了人类的智能、身体能量等，提高了管理和机器生产效率，扩大了工人的实际工作领域，丰富了工人转换对象，从而提高了生产力。

"AlphaGo（阿尔法狗）之父"哈萨比斯（见图 1-10）表示："我提醒诸位，必须正确地使用人工智能。正确的两个原则是：人工智能必须用来造福全人类，而不能用于非法用途；人工智能技术不能仅为少数公司和少数人所使用，必须共享。"

图 1-10　"AlphaGo（阿尔法狗）之父"哈萨比斯

## 1.3　人工智能的研究

繁重的科学和工程计算本来是要人脑来承担的，如今计算机不但能完成这种计算，而且能够比人脑做得更快、更准确，因此，人们已不再把这种计算看作是"需要人类智能才能完成的复杂任务"。可见，复杂工作的定义是随着时代的发展和技术的进步而变化的，人工智能的具体目标也随着时代的变化而发展。它一方面不断获得新进展，另一方面又转向更有意义、更加困难的新目标。

### 1.3.1 人工智能的研究领域

用来研究人工智能的主要物质基础以及能够实现人工智能技术平台的机器就是计算机，人工智能的发展是和计算机科学技术以及其他很多科学的发展联系在一起的（见图1-11）。人工智能学科研究的主要内容包括：知识表示、自动推理和搜索方法、机器学习（深度学习）和知识获取、知识处理系统、自然语言处理、计算机视觉、智能机器人、自动程序设计、数据挖掘等方面。

（1）**深度学习**。这是无监督学习的一种，是基于现有的数据进行学习操作，是机器学习研究中的一个新的领域，其动机在于建立、模拟人脑进行分析学习的神经网络，它模仿人脑的机制来解释数据，例如图像、声音和文本（见图1-12）。

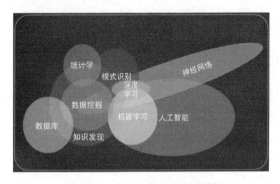

图1-11　人工智能的相关领域　　　　　图1-12　神经网络与深度学习

现实生活中常常会有这样的问题：缺乏足够的先验知识，因此难以人工标注类别或进行人工类别标注的成本太高。很自然地，我们希望计算机能替代我们完成这些工作，或至少提供一些帮助。根据类别未知（没有被标记）的训练样本解决模式识别中的各种问题，称之为无监督学习。

（2）**自然语言处理**。这是用自然语言同计算机进行通信的一种技术。作为人工智能的分支学科，研究用电子计算机模拟人的语言交际过程，使计算机能理解和运用人类社会的自然语言如汉语、英语等，实现人机之间的自然语言通信，以代替人的部分脑力劳动，包括查询资料、解答问题、摘录文献、汇编资料以及一切有关自然语言信息的加工处理。

（3）**计算机视觉**。是指用摄影机和计算机代替人眼对目标进行识别、跟踪和测量等机器视觉，并进一步做图形处理，使计算机处理成为更适合人眼观察或传送给仪器检测的图像（见图1-13）。

计算机视觉就是用各种成像系统代替视觉器官作为输入敏感手段，由计算机来代替大脑完成处理和解释。计算机视觉的最终研究目标就是使计算机能像人那样通过视觉观察和理解世界，具有自主适应环境的能力。计算机视觉的应用包括控制过程、导航、自动检测等方面。

（4）**智能机器人**。如今我们的身边逐渐出现很多智能机器人（见图1-14），他们具备形形色色的内、外部信息传感器，如视觉、听觉、触觉、嗅觉。除具有感受器外，它还有效应器，作为作用于周围环境的手段。这些机器人都离不开人工智能的技术支持。

图1-13　计算机视觉应用

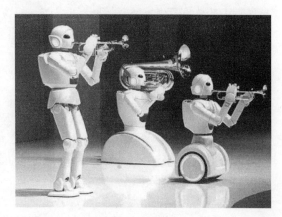

图1-14　智能机器人

科学家们认为，智能机器人的研发方向是，给机器人装上"大脑芯片"，从而使其智能性更强，在认知学习、自动组织、对模糊信息的综合处理等方面前进一大步。

（5）**自动程序设计**。是指根据给定问题的原始描述，自动生成满足要求的程序。它是软件工程和人工智能相结合的研究课题。自动程序设计主要包含程序综合和程序验证两方面内容。前者实现自动编程，即用户只需告知机器"做什么"，无需告诉它"怎么做"，这后一步的工作由机器自动完成；后者是程序的自动验证，自动完成正确性的检查。其目的是提高软件生产率和软件产品质量。

自动程序设计的任务是设计一个程序系统，接受关于所设计的程序要求实现某个目标高级描述作为其输入，然后自动生成一个能完成这个目标的具体程序。该研究的重大贡献之一是把程序调试的概念作为问题求解的策略来使用。

（6）**数据挖掘**。一般是指从大量的数据中通过算法搜索隐藏于其中信息的过程。它通常与计算机科学有关，并通过统计、在线分析处理、情报检索、机器学习、专家系统（依靠过去的经验法则）和模式识别等诸多方法来实现上述目标。它的分析方法包括：分类、估计、预测、相关性分组或关联规则、聚类和复杂数据类型挖掘。

人工智能技术的三大结合领域分别是大数据、物联网和边缘计算（云计算）。经过多年的发展，大数据目前在技术体系上已经趋于成熟，而且机器学习也是大数据分析比较常见的方式。物联网是人工智能的基础，也是未来智能体重要的落地应用场景，所以学习人工智能技术也离不开物联网知识。人工智能领域的研发对于数学基础的要求比较高，具有扎实的数学基础对于掌握人工智能技术很有帮助。

## 1.3.2　在计算机上的实现方法

人工智能在计算机上实现时有两种不同的方式，为了得到相同智能效果，两种方式通常都可使用。

一种是采用传统的编程技术，使系统呈现智能的效果，而不考虑所用方法是否与人或动物机体所用的方法相同。这种方法叫工程学方法，它已在一些领域内做出了成果，如文字识别、计算机人机对弈等。

采用传统的编程技术，需要人工详细规定程序逻辑，如果游戏简单还是容易实现的；如果游戏复杂，角色数量和活动空间增加，相应的逻辑就会很复杂（按指数式增长），人工编程就非常烦琐，容易出错。而一旦出错，就必须修改原程序，重新编译、调试，最后为用户提供一个新的版本或提供一个新补丁，非常麻烦。

另一种是模拟法，它不仅要看效果，还要求实现方法也和人类或生物机体所用的方法相同或相类似。遗传算法和人工神经网络均属这个类型。遗传算法模拟人类或生物的遗传-进化机制，人工神经网络则是模拟人类或动物大脑中神经细胞的活动方式。

采用模拟法时，编程者要为每一角色设计一个智能系统（一个模块）来进行控制，这个智能系统（模块）开始什么也不懂，但它能够学习，渐渐适应环境，应付各种复杂情况。这种系统开始也常犯错误，但它能吸取教训，下一次运行时就可能改正，用不到发布新版本或打补丁。利用这种方法来实现人工智能，要求编程者具有生物学的思考方法，入门难度大一点。但一旦入了门，就可得到广泛应用。由于这种方法编程时无需对角色的活动规律做详细规定，应用于复杂问题，通常会比前一种方法更省力。

### 1.3.3 人工智能发展的启示

总体上看，人工智能当前的发展具有"四新"特征（见图1-15）。

图1-15 人工智能的目标是模拟、延伸和扩展人类智能

- 以深度学习为代表的人工智能核心技术取得新突破。
- "智能+"模式的普适应用为经济社会发展注入新动能。
- 人工智能成为世界各国竞相战略布局的新高地。
- 人工智能的广泛应用给人类社会带来法律法规、道德伦理、社会治理等一系列的新挑战。

因此，人工智能这个机遇与挑战并存的新课题引起了全球范围内的广泛关注和高度重视。虽然人工智能未来的创新发展还存在不确定性，但是大家普遍认可人工智能的蓬勃兴起将带来新的社会文明，推动产业变革，深刻改变人们的生产生活方式，是一场影响深远的科技革命。

人工智能的发展充满未知且曲折起伏的探索，通过总结其发展历程中的经验和教训，可以得到以下启示。

（1）尊重发展规律是推动学科健康发展的前提。科学技术的发展有其自身的规律，人工智能学科发展需要基础理论、数据资源、计算平台、应用场景的协同驱动，当条件不具备时很难实现重大突破。

（2）基础研究是学科可持续发展的基石。加拿大多伦多大学杰弗里·辛顿教授坚持研究深度神经网络30年，奠定了人工智能蓬勃发展的重要理论基础。谷歌DeepMind团队长期深入研究神经科学启发的人工智能等基础问题（见图1-16），取得了阿尔法狗等一系列重大成果。

图1-16　DeepMind照片新算法，识别野生动物准确率超过96%

（3）应用需求是科技创新的不竭之源。引领学科发展的动力主要来自于科学和需求的双轮驱动。人工智能发展的驱动力除了知识与技术体系内在矛盾外，贴近应用、解决用户需求是创新的最大源泉与动力。比如人工智能专家系统实现了从理论研究走向实际应用的突破，近年来安防监控、身份识别、无人驾驶、因特网和物联网、大数据分析等实际应用需求带动了人工智能的技术突破。

（4）学科交叉是创新突破的"捷径"。人工智能研究涉及信息科学、脑科学、心理科学等，人工智能的出现本身就是学科交叉的结果。特别是脑认知科学与人工智能的成功结合，带来了人工智能神经网络几十年的持久发展。智能本源、意识本质等一些基本科学问题正在孕育重大突破，对人工智能学科发展具有重要促进作用。

（5）宽容失败是支持创新的题中应有之义。任何学科的发展都不可能一帆风顺，任何创新目标的实现都不会一蹴而就。人工智能60余载的发展生动地诠释了一门学科创新发展起伏曲折的历程（见图1-17）。可以说没有过去发展历程中的"寒冬"，就没有今天人工智能发展新的春天。

（6）实事求是设定发展目标是制定学科发展规划的基本原则。达到全方位类人水平的机器智能是人工智能学科宏伟的终极目标，但是需要根据科技和经济社会发展水平来设定合理的阶段性研究目标，否则会有挫败感从而影响学科发展，人工智能发展过程中的几次低谷皆因不切实际的发展目标所致。

图 1-17　人工智能的发展

### 1.3.4　新图灵测试

　　数十年来，研究人员一直使用图灵测试来评估机器仿人思考的能力，但是这个针对人工智能的评判标准已经使用了 60 年之久，研究者认为应该更新换代，开发出新的评判标准，以驱动人工智能研究在现代化的方向上更进一步。

　　新的图灵测试会包括更加复杂的挑战，如由加拿大多伦多大学的计算机科学家赫克托·莱维斯克所建议的"威诺格拉德模式挑战"。这个挑战要求人工智能回答关于语句理解的一些常识性问题。例如："这个纪念品无法装在棕色手提箱内，因为它太大了。问：什么太大了？回答 0 表示纪念品，回答 1 表示手提箱。"

　　马库斯的建议是在图灵测试中增加对复杂资料的理解，包括视频、文本、照片等。比如，一个计算机程序可能会被要求"观看"一个电视节目或者 YouTube 视频，然后根据内容来回答问题，像是"为什么电视剧《绝命毒师》中，老白打算甩开杰西？"

## 1.4　人工智能时代需要的人才

　　毫无疑问，人工智能已经走进我们的生活，成为推动社会进步最重要的力量。那么，在人工智能时代，人才需求在哪里？需要什么样的人才？如何成为人工智能时代需要的人才？

### 1.4.1　社会进步取代了传统劳动

　　现代社会发展很快，很多物联网智能化应用场景都出现在现代生活当中，商场、学校、机构、地铁、商业街等，智能化场景无处不在。机器人便是人工智能领域最杰出的作品，像安保机器人、舞蹈机器人、银行机器人客服、机器人保姆、仓库机器人等。人工智能大力发展，代替了很多传统岗位，所以要想不被时代淘汰，就必须终身学习，不断研究生存技能，不断前进，才会有更好的生活。

### 1.4.2 未来的五个重要岗位

调查表明，未来的工作将发生改变。由于人工智能的兴起，已经有不少新的就业机会/职业岗位被创造出来。在这些与人工智能相关的岗位中，最常见的是人工智能软件工程师。同时，其他技术水平较低，与人工智能关系不是那么直接的岗位也在不断涌现。例如 bot（机器人）撰稿人，他们专门撰写用于 bot 和其他会话界面的对话；用户体验设计师，这类工作主要产生自智能音箱和虚拟个人助理这样的新兴市场；研究知识产权系统的律师以及报道人工智能的记者，这些岗位的需求也在增多。

有研究报告指出，尽管人工智能技术将取代人类部分现有的工作岗位，但同时也将创造出新的就业岗位。预测表明，与过去所有的其他颠覆性技术一样，人工智能将为人们带来许多新的就业机会。

得益于人工智能技术的兴起，以下五个行业岗位呈现出显著的增长趋势。

（1）**数据科学家**。其属于分析型数据专家中的一个新类别，他们对数据进行分析来了解复杂的行为、趋势和推论，发掘隐藏的一些见解，帮助企业做出更明智的业务决策。数据科学家是"部分数学家，部分计算机科学家和部分趋势科学家的集合体"（见图 1-18）。

图 1-18　数据科学家

以下是数据科学应用的一些例子：

- Netflix 通过数据挖掘电影观看模式，了解用户兴趣，再利用这些数据来做出 Netflix 原创剧的制作决定。
- Target 使用消费者数据来确定主要客户群，并且对客户群中独特的购物行为进行分析，从而能引导消息传递给不同的受众。
- 宝洁公司利用时间序列模型能够更加清晰地了解未来的产品需求，从而帮助公司规划出合适的生产量。

由于人工智能推动了创造和收集数据的发展，所以也可以看到未来对于数据科学家的需求也将日益增加。

（2）**机器学习工程师**。大多数情况下，机器学习工程师都是与数据科学家合作来共同进行他们的工作。因此，对于机器学习工程师的需求可能也会出现类似于数据科学家需求增长的趋势。数据科学家在统计和分析方面具有更强的技能，而机器学习工程师则应该具备计算机科学方面的专业知识，他们通常需要更强大的编程能力。

现在，每个行业都希望能应用人工智能技术，对于机器学习专业知识的需求也就无处不在，因此，人工智能也将继续推动社会对于机器学习工程师高需求趋势的发展。除此之外，图像识别、语音识别、医药和网络安全等类型的企业，也面临着缺乏合适技能和知识的劳动力这一问题的挑战。

（3）**数据标签专业人员**。随着数据收集几乎在每个领域实现普及，数据标签专业人员的需求也将在未来呈现激增之势。事实上，在人工智能时代，数据标签可能会成为蓝领工作。

IBM 沃森团队负责人 Guru Banavar 表示"数据标签将变成数据的管理工作，你需要获取原始数据、对数据进行清理，并使用机器来进行收集。"标签可以让人工智能科学家训练机器新任务。Banavar 继续解释道："假设你想训练一台机器来识别飞机，你有 100 万张照片，其中有一些照片里边有飞机，有一些没飞机。那你需要有人先来教会计算机哪些图像有飞机，哪些又没有飞机。"这就是标签的用处所在。

（4）**AI 硬件专家**。人工智能领域内另外一种日益增长的蓝领工作是负责创建 AI 硬件（如 GPU 芯片）的工业操作工作。例如英特尔为机器学习专门打造芯片，同时，IBM 和高通正在创建反映神经网络设计并且可以像神经网络一样运行的硬件架构。脸书 AI 研究总监 Yann LeCun 表示，脸书也在帮助高通开发与机器学习相关的技术。随着人工智能芯片和硬件需求的不断增长，致力于生产这些专业产品的工业制造业工作岗位需求将会有所增长。

（5）**数据保护专家**。由于有价值的数据、机器学习模型和代码不断增加，未来也会出现对于数据保护的需求，因此也就会产生对于数据保护专家的需求。

信息安全控制的许多层面和类型都适用于数据库，包括：访问控制、审计、认证、加密、整合控制、备份、应用安全和数据库安全应用统计方法。

数据库在很大程度上是通过网络安全措施（如防火墙和基于网络的入侵检测系统）来抵御黑客攻击。保护数据库系统及其中的程序、功能和数据的安全这一工作将变得越来越重要。

正如 Frost & Sullivan 高级副总裁安德鲁·米洛伊所说："实现转型所缺少的人力资源将会降低技术采用和实现自动化的速度。人工智能会创造就业机会。随着新型、颠覆性技术的出现，新的高技能工作岗位也会出现。若没有人类工作者，这些技术的实施是不可能实现的事情。"

人工智能是人类未来实现连续统一目标的一个步骤。人工智能技术所创建的工作能够让生活更轻松，将人类工作者从琐碎的工作任务中解放出来。而当前人工智能技术的传播速度和普及趋势在创造更多就业机会的同时，也意味着人们面临着新的挑战，需要培训工作人员转向这些新职位。

# 1.5　人工智能与安全

跟其他高科技一样，人工智能也是一把双刃剑。认识人工智能的社会影响，正在日益得到人们的重视（见图 1-19）。2018 年 2 月，牛津大学、剑桥大学和 OpenAI 公司等 14 家机构共同发布题为《人工智能的恶意使用：预测、预防和缓解》的报告，指出人工智能可能给人类社会带来数字安全、物理安全和政治安全等潜在威胁，并给出了一些建议来减少风险。

图 1-19　人工智能的安全

## 1.5.1　安全问题不容忽视

　　人工智能的飞速发展一定程度上改变了人们的生活，但与此同时，由于人工智能尚处于初期发展阶段，该领域的安全、伦理、隐私的政策、法律和标准问题引起人们的日益关注，直接影响人们与人工智能工具交互对其的信任。

　　有些研究者认为，让计算机拥有智商是很危险的，它可能会反抗人类。这种隐患已经在多部电影中出现过，其关键是允不允许机器拥有自主意识的产生与延续，如果使机器拥有自主意识，则意味着机器具有与人同等或类似的创造性、自我保护意识、情感和自发行为。

　　人工智能最大的特征是能够实现无人类干预的，基于知识并能够自我修正地自动化运行（见图 1-20）。在开启人工智能系统后，人工智能系统的决策不再需要操控者进一步的指令，这种决策可能会产生人类预料不到的结果。设计者和生产者在开发人工智能产品的过程中可能并不能准确预知某一产品会存在的可能风险。因此，人工智能的安全问题不容忽视。

图 1-20　人工智能最大特征是实现无人类干预

　　由于人工智能的程序运行并非公开可追踪，其扩散途径和速度也难以精确控制。在无法利用已有传统管制技术的条件下，想要保障人工智能的安全，必须另辟蹊径，保证人工智能技术本身及在各个领域的应用都遵循人类社会所认同的伦理原则。

## 1.5.2　设定伦理要求

　　人工智能是人类智能的延伸，也是人类价值系统的延伸。在其发展的过程中，应当包含对人类伦理价值的正确考量。设定人工智能技术的伦理要求（见图 1-21），要依托于社会和公众对人工智能伦理的深入思考和广泛共识，并遵循一些共识原则。

图 1-21　重视人工智能的社会伦理

一是人类利益原则，即人工智能应以实现人类利益为终极目标。这一原则体现了对人权的尊重、对人类和自然环境利益最大化，以及降低技术风险和对社会的负面影响。在此原则下，政策和法律应致力于人工智能发展的外部社会环境的构建，推动对社会个体的人工智能伦理和安全意识教育，让社会警惕人工智能技术被滥用的风险。此外，还应该警惕人工智能系统做出与伦理道德偏差的决策。

二是责任原则，即在技术开发和应用两方面都建立明确的责任体系，以便在技术层面可以对人工智能技术开发人员或部门问责，在应用层面可以建立合理的责任和赔偿体系。在责任原则下，在技术开发方面应遵循透明度原则；在技术应用方面则应当遵循权责一致原则。

## 1.5.3　强力保护个人隐私

人工智能的发展是建立在大量数据的信息技术应用之上，不可避免地涉及个人信息的合理使用问题，因此对于隐私应该有明确且可操作的定义。人工智能技术的发展也让侵犯个人隐私的行为更为便利，因此相关法律和标准应该为个人隐私提供更强有力的保护（见图 1-22）。

图 1-22　人工智能的发展要重视保护个人隐私

此外，人工智能技术的发展使得政府对于公民个人数据信息的收集和使用更加便利。大量个人数据信息能够帮助政府各个部门更好地了解所服务的人群状态，确保个性化服务的机会和质量。但随之而来的是，政府部门和政府工作人员不恰当使用个人数据信息的风险和潜在的危害也在提升。

人工智能环境下的个人数据获取和知情同意应该重新进行定义。首先，相关政策、法律和标准应直接对数据的收集和使用进行规制，而不能仅仅征得数据所有者的同意；其次，应当建立实用、可执行的、适应于不同使用场景的标准流程以供设计者和开发者保护数据来源的隐私；再次，对于利用人工智能可能推导出超过公民最初同意披露的信息的行为应该进行规制。最后，政策、法律和标准对于个人数据管理应该采取延伸式保护，鼓励发展相关技术，探索将算法工具作为个体在数字和现实世界中的代理人。

涉及的安全、伦理和隐私问题是人工智能发展面临的挑战。安全问题是让技术能够持续发展的前提。技术的发展给社会信任带来了风险，如何增加社会信任，让技术发展遵循伦理要求，特别是保障隐私不会被侵犯是急需解决的问题。为此，需要制定合理的政策、法律、标准基础，并与国际社会协作。建立一个令人工智能技术造福于社会、保护公众利益的政策、法律和标准化环境，是人工智能技术持续、健康发展的重要前提。

在科技发展日新月异的今天，人工智能受到越来越多的关注。其实，在电影中，也不乏人工智能的身影，它们大多拥有酷炫的外表、丰富的情感和高超的本领，对未来的人类社会和人工智能的发展进行了大胆设想。

例如，《人工智能》是由华纳兄弟影片公司于 2001 年拍摄发行的一部未来派的科幻类电影（见图 1-23）。影片讲述 21 世纪中期，人类的科学技术已经达到了相当高的水平，一个小机器人为了寻找养母，缩短机器人和人类差距而奋斗的故事。

图 1-23　电影《人工智能》海报

在机器人的发展过程中，赋予机器人以情感是最富有争议的，也是尚未能完全做到的事。通常机器人被视作为一个极其复杂的装置，人们认为他们不会具备感情。但是，有很多父母失去了自己的孩子，时代的需要就使这种可能性大大增加了。终于，Cybertronics Manufacturing 制作公司着手解决了这个问题，制造出了第一个具有感情的机器人，他的名字叫大卫。

作为第一个被输入情感程序的机器男孩，大卫是这个公司的员工亨瑞和他妻子的一个试验品，他们夫妻俩收养了大卫。而他们自己的孩子却最终因病被冷冻起来，以期待有朝一日，有一种能治疗这种病的方法会出现。尽管大卫逐渐成了他们的孩子，拥有了所有的爱，成为家庭的一员。但是，一系列意想不到的事件的发生，使得大卫的生活无法进行下去。

人类与机器最终都无法接受他，大卫只有唯一的一个伙伴机器泰迪——他的超级玩具泰迪熊，也是他的保护者。大卫开始踏上了旅程，去寻找真正属于自己的地方。他发现在那个世界中，机器人和机器之间的差距是那么的巨大，又是那么的脆弱。他要找寻自我、探索人性，成为一个真正意义上的人。

# 【作　业】

1. 作为计算机科学的一个分支，人工智能的英文缩写是（　　）。

A. CPU　　　　　　B. AI　　　　　　C. BI　　　　　　D. DI

2. 人工智能是研究、开发用于模拟、延伸和扩展人的智能的理论、方法、技术及应用系统的一门交叉科学，它涉及（　　）。

A. 自然科学　　B. 社会科学　　C. 技术科学　　D. A、B 和 C

3. 人工智能定义中的"智能"，涉及诸如（　　）等问题。

A. B、C 和 D　　B. 意识　　　　C. 自我　　　　D. 思维

4. 下列关于人工智能的说法不正确的是（　　）。

A. 人工智能是关于知识的学科——怎样表示知识以及怎样获得知识并使用知识的科学

B. 人工智能就是研究如何使计算机去做过去只有人才能做的智能工作

C. 自 1946 年以来，人工智能学科经过多年的发展，已经趋于成熟，得到充分应用

D. 人工智能不是人的智能，但能像人那样思考，甚至也可能超过人的智能

5. 人工智能经常被称为世界三大尖端技术之一，下列说法中错误的是（　　）。

A. 三大尖端技术是指空间技术、能源技术、人工智能

B. 三大尖端技术是指管理技术、工程技术、人工智能

C. 三大尖端技术是指基因工程、纳米科学、人工智能

D. 人工智能已成为一个独立的学科分支，无论在理论和实践上都已自成系统

6. 人工智能与思维科学的关系是实践和理论的关系。从思维观点看，人工智能不包括（　　）。

A. 直觉思维　　B. 逻辑思维　　C. 形象思维　　D. 灵感思维

7. 强人工智能强调人工智能的完整性，下列（　　）不属于强人工智能。

A.（类人）机器的思考和推理就像人的思维一样

B.（非类人）机器产生了和人完全不一样的知觉与意识

C. 看起来像是智能的，其实并不真正拥有智能，也不会有自主意识

D. 有可能制造出真正能推理和解决问题的智能机器

8. 被誉为"人工智能之父"的科学大师是（　　）。

A. 爱因斯坦　　B. 冯·诺依曼　　C. 钱学森　　D. 图灵

9. 电子计算机的出现使信息存储和处理的各个方面都发生了革命。下列说法中不正确的是（　　）。

A. 计算机是用于操纵信息的设备

B. 计算机在可改变的程序的控制下运行

C. 人工智能技术是后计算机时代的先进工具

D. 计算机这个用电子方式处理数据的发明，为实现人工智能提供了一种媒介

10. Wiener 从理论上指出，所有的智能活动都是（　　）机制的结果，而这一机制是有可能用机器模拟的。这项发现对早期 AI 的发展影响很大。

　　A. 反馈　　　　　B. 分解　　　　　C. 抽象　　　　　D. 综合

11. （　　）年夏季，一批有远见卓识的年轻科学家在达特茅斯会议上，共同研究和探讨用机器模拟智能的一系列有关问题，首次提出了"人工智能（AI）"这一术语，它标志着"人工智能"这门新兴学科的正式诞生。

　　A. 1946　　　　　B. 1956　　　　　C. 1976　　　　　D. 1986

12. 用来研究人工智能的主要物质基础以及能够实现人工智能技术平台的机器就是计算机。下列（　　）不是人工智能研究的主要领域。

　　A. 深度学习　　　B. 计算机视觉　　C. 智能机器人　　D. 人文地理

13. 人工智能在计算机上的实现方法有多种，但下列（　　）不属于其中。

　　A. 传统的编程技术，使系统呈现智能的效果

　　B. 多媒体拷贝复制和剪贴的方法

　　C. 传统开发方法而不考虑所用方法是否与人或动物机体所用的方法相同

　　D. 模拟法，不仅要看效果，还要求实现方法也和人类或生物机体所用的方法相同或相类似

14. 人工智能当前的发展具有"四新"特征，下面（　　）不属于其中之一。

　　A. 新能源　　　　B. 新突破　　　　C. 新动能　　　　D. 新高地

15. 通过总结人工智能发展历程中的经验和教训，可以得到的启示是（　　）。

　　A. 尊重发展规律是推动学科健康发展的前提，实事求是设定发展目标是制定学科发展规划的基本原则

　　B. 基础研究是学科可持续发展的基石

　　C. 应用需求是科技创新的不竭之源，学科交叉是创新突破的"捷径"，宽容失败是支持创新的题中应有之义

　　D. A、B 和 C

16. 人工智能的发展突破了"三算"方面的制约因素，这"三算"不包括（　　）。

　　A. 算法　　　　　B. 算力　　　　　C. 算子　　　　　D. 算料

17. 得益于人工智能技术的兴起，一些行业岗位将呈现出显著的增长趋势，但下面（　　）不属于其中之一。

　　A. 数据科学家　　　　　　　　　B. 机器学习工程师

　　C. 计算机维修工程师　　　　　　D. AI 硬件专家

18. 有研究指出，人工智能可能会给人类社会带来潜在威胁，包括（　　）。

　　A. 数字安全　　　B. 物理安全　　　C. 政治安全　　　D. A、B 和 C

19. 有研究者认为，让计算机拥有智商是很危险的，它可能会反抗人类。这种隐患已经在（　　）中呈现过，其关键是允不允许机器拥有自主意识的产生与延续。

　　A. 法律文件　　　B. 多部电影　　　C. 政府报告　　　D. 一些案例

# 第2章 人工智能+领域应用

## 【导读案例】 动物智能：聪明的汉斯

关于动物智能，有一则有趣的轶事：大约在 1900 年，德国柏林有一匹马，人称"聪明的汉斯"，据说这匹马精通数学（见图 2-1）。

图 2-1 "聪明的汉斯"———匹马做演算？

汉斯之所以会做数学题的一个原因，是因为它的饲养者是一个数学老师，这个数学老师每天对这匹马训练，他希望能将这匹马训练出来会做一些数学题。当然，你指望这个马跟你开根号或者做微积分是不行的，数学老师希望它去做十以内的加减法，这个对于马来讲已经是非常了不起的了。所以他就每天在家里面训练，训练之后他发现，这匹马真的很聪明，可以去做这样的数学题。他就把它拉到集市上去表演，很多人参观。有一些搞心理学的人非常惊讶，说这个马非常聪明，真的是可以做数学题吗？他们仔细观察这个马，后来就发现了，其实这个马并没有做数学题那么高的智商，但是这个马建立了连锁反应，它跟这个数学老师生活在一起，所以它能非常快速，或者是非常敏锐地检索出了他的一些反应。比如说，这个老师会问，2 加 2 等于几，当问 2 加 2 等于几的时候，其实马是不认识数字的，黑板上写什么它并不知道，别人给它说什么，它也不知道，但是它知道踩脚，就是说，我用我的前蹄踩地，可是它在踩地的过程当中，当踩到第四下的时候，这个数学老师会有一个无意识的反应，因为他期待着第四下的出现，等第四下出现的时候，他就开始微微笑，然后就抬起头来，因为他所有的一系列动作表明，结束了。就是说 4 结束了，所以马知道了，你说结束了，我就停止了。镇上的人看了就说这个马很聪明，它确实能够知道等于 4，于是人们把它看作是一匹聪明的马。

汉斯马告诉我们，在一定程度上，我们的自我实现受到了他人的期待，受到了他人的影响。

## 2.1　关于智慧地球

2008 年，IBM 公司首席执行官彭明盛在《智慧地球：下一代领导议程》中首次提出"智慧地球"概念（见图 2-2）。他指出，智能技术正应用到生活的各个方面，如智慧的医疗、智慧的交通、智慧的电力、智慧的食品、智慧的货币、智慧的零售业、智慧的基础设施甚至智慧的城市，这使地球变得越来越智能化。

IBM 对"智慧地球"的良好愿景是：借助新一代信息技术（如传感技术、物联网技术、移动通信技术、大数据分析、3D 打印等）的强力支持，让地球上所有东西实现被感知化、互联化和智能化。

图 2-2　智慧地球

"智慧地球"战略的主要内容是，把新一代 IT 技术充分运用在各行各业之中，即把传感器嵌入和装备到电网、铁路、桥梁、隧道、公路、建筑、供水系统、大坝、油气管道等各种物体中，并且被普遍连接，形成所谓"物联网"。通过超级计算机和云计算将物联网连接起来，实现人类社会与物理系统的整合。在此基础上，人类可以以更加精细和动态的方式管理生产与生活，从而达到"智慧"状态。

IBM 提出的"智慧地球"愿景勾勒出世界智慧运转之道的三个重要维度：

第一，我们需要也能够更透彻地感应和度量世界的本质与变化。

第二，我们的世界正在更加全面地互联互通。

第三，在此基础上所有的事物、流程、运行方式都具有更深入的智能化，人类也获得更智能的洞察。

当这些智慧之道更普遍，更广泛地应用到人、自然系统、社会体系、商业系统和各种组织，甚至是城市和国家中时，"智慧地球"就将成为现实。这种应用将会带来新的节省和效率——但同样重要的是，提供了新的进步机会。

向"更智慧"发展，智慧地球需要关注的四个关键问题如下。

（1）**新锐洞察**：面对无数个信息孤岛式的爆炸性数据增长，需要获得新锐的智能和洞察，利用众多来源提供丰富实时信息，以做出更明智的决策。

（2）**智能运作**：需要开发和设计新的业务和流程需求，实现在灵活和动态流程支持下的聪明的运营和运作，达到全新的生活和工作方式。

（3）**动态架构**：需要建立一种可以降低成本、具有智能化和安全特性并能够与当前的业务环境同样灵活动态的基础设施。

（4）**绿色未来**：需要采取行动解决能源、环境和可持续发展的问题，提高效率、提升竞争力。

## 2.2　智慧城市

随着人工智能技术研究与应用的持续和深入发展，人工智能对传统行业的带动效应已经显现，AI+的系列应用生态正在形成。人工智能已广泛应用到制造、医疗、交通、家居、安防、网络安全等多个领域。从全球范围来看，发达国家在人工智能部分应用领域的生态构建、政策支持、基础建设等方面拥有先发优势；而我国加紧步伐，在国家、行业等层面纷纷发力，为跻身世界前列积极准备。例如在智慧安防监控领域（见图2-3），我国的海康威视和大华的相关产品已经在全球市场总体占有率位列第一和第二。

图 2-3　智慧安防监控

## 2.2.1　什么是智慧城市

随着人类社会的不断发展，未来城市将承载越来越多的人口。目前，我国正处于城镇化加速发展的时期，为解决城市发展难题，实现城市可持续发展，建设智慧城市已成为不可逆转的历史潮流。

所谓"智慧城市"就是运用信息和通信技术手段感测、分析、整合城市运行核心系统的各项关键信息，从而对包括民生、环保、公共安全、城市服务、工商业活动在内的各种需求做出智能响应，其实质是利用先进的信息技术，实现城市智慧式管理和运行，进而为城市中的人创造更美好的生活，促进城市的和谐、可持续成长（见图2-4）。

图 2-4　倡导业务与技术双轮驱动，构建智慧城市的基础平台

建设智慧城市，也是转变城市发展方式、提升城市发展质量的客观要求。通过建设智慧城市，及时传递、整合、交流、使用城市经济、文化、公共资源、管理服务、市民生活、生态环境等各类信息，提高物与物、物与人、人与人的互联互通、全面感知和利用信息能力，从而能够极大地提高政府管理和服务的能力，极大地提升人民群众的物质和文化生活水平。建设智慧城市，会让城市发展更全面、更协调、更可持续，会让城市生活变得更健康、更和

谐、更美好。

针对"智慧城市"愿景，IBM 的研究认为，城市由关系到城市主要功能的不同类型的网络、基础设施和环境等六个核心系统组成：组织（人）、业务/政务、交通、通信、水和能源。这些系统不是零散的，而是以一种协作的方式相互衔接。而城市本身，则是由这些系统所组成的宏观系统。

对城市居民而言，智慧城市的基本要件就是能轻松找到最快捷的上下班路线、供水供电有保障，且街道更加安全。如今的消费者正日益占据主导地位，他们希望在城市负担人口流入、实现经济增长的同时，自己对生活质量的要求能够得到满足。

智慧城市的应用体系，包括智慧物流体系、智慧制造体系、智慧贸易体系、智慧能源应用体系、智慧公共服务、智慧社会管理体系、智慧交通体系、智慧健康保障体系、智慧安居服务体系、智慧文化服务体系等一系列建设内容。

## 2.2.2 智慧城市与数字城市

智慧城市经常与数字城市、感知城市、无线城市、智能城市、生态城市、低碳城市等区域发展概念相交叉，甚至与电子政务、智能交通、智能电网等行业信息化概念产生重叠。一些城市信息化建设的先行城市认为，智慧不仅仅是智能，不仅仅是物联网、云计算等新一代信息技术的应用，智慧城市还包括人的智慧参与、以人为本、可持续发展等内涵。

数字城市（见图 2-5）是数字地球的重要组成部分，是传统城市的数字化形态。数字城市是应用计算机、因特网、多媒体等技术将城市地理信息和城市其他信息相结合，数字化并存储于计算机网络上所形成的城市虚拟空间。数字城市建设通过空间数据基础设施的标准化、各类城市信息的数字化整合多方资源，从技术和体制两方面为实现数据共享与互操作提供基础，实现了城市一体化集成和各行业、各领域信息化的深入应用。数字城市的发展积累了大量的基础和运行数据，也面临诸多挑战，包括城市级海量信息的采集、分析、存储、利用等处理问题，多系统融合中的各种复杂问题以及技术发展带来的城市发展异化问题。

图 2-5　数字城市

对比数字城市和智慧城市，可以发现以下六方面的差异：

（1）数字城市通过城市地理空间信息与城市各方面信息的数字化在虚拟空间再现传统城市，智慧城市则注重在此基础上进一步利用传感技术、智能技术实现对城市运行状态的自动、实时、全面透彻的感知。

（2）数字城市通过城市各行业的信息化提高了各行业管理效率和服务质量，智慧城市则更强调从行业分割、相对封闭的信息化架构迈向作为复杂巨系统的开放、整合、协同的城市信息化架构，发挥城市信息化的整体效能。

（3）数字城市基于因特网形成初步的业务协同，智慧城市则更注重通过泛在网络、移动技术实现无所不在的互联和随时随地随身的智能融合服务。

（4）数字城市关注数据资源的生产、积累和应用，智慧城市更关注用户视角的服务设计和提供。

（5）数字城市更多注重利用信息技术实现城市各领域的信息化以提升社会生产效率，智慧城市则更强调人的主体地位，更强调开放创新空间的塑造及其间的市民参与、用户体验及以人为本实现可持续创新。

（6）数字城市致力于通过信息化手段实现城市运行与发展各方面功能，提高城市运行效率，服务城市管理和发展，智慧城市则更强调通过政府、市场、社会各方力量的参与和协同实现城市公共价值塑造和独特价值创造。

## 2.2.3 智慧城市与智能城市

智能城市是科技创新和城市发展的深度融合，通过科技和前瞻性的城市发展理念赋能城市，以生态融合升级的方式推动城市智能化进程，实现普惠便捷的民众生活、高效精准的城市治理、高质量发展的产业经济、绿色宜居的资源环境和智能可靠的基础设施，是支撑城市服务的供给侧结构性改革，满足城市美好生活需要的城市发展新理念、新模式和新形态。

智能城市是在城市数字化和网络化发展基础上的智能升级，是城市由局部智慧走向全面智慧的必经阶段。智能城市应是当前智慧城市发展的重点阶段。通过智能技术赋能城市发展，实现惠民服务、城市治理、宜居环境和基础设施的智能水平提升；同时智能城市建设最重要的内容是推进产业经济的智能化，一方面包括智能技术和传统产业融合，以推进传统产业变革，实现转型提升；另一方面要通过科技成果转化和示范性应用，加速推进智能产业突破发展。

未来智能城市通过信息技术支持，将分割的城市功能融合，将产业经济、惠民服务、政府治理、资源环境和基础支撑五大体系关联起来，使城市从"条块分割"状态逐渐进化为"有机生命体"。伴随着智能城市的发展，智能技术逐渐实现物理城市空间、虚拟城市空间和社会空间的深度融合，三者互动协同，使城市逐渐具备越来越强的推演预测和自动决策的能力，预测并干预未来可能出现的问题，城市可以持续升级进化。所以智能城市是智慧城市发展的重点阶段。

## 2.2.4 智慧城市与智慧农业

有人把智慧城市简单解释为智能化的城市或者数字城市，其实不尽准确。智慧城市要实现智慧技术的高度集成、智慧产业的高端发展、以人为本的高度创新、市民智慧高效的生活状态。然而，不管城市怎么"智能化"，最后智慧城市的工作难点还会落在农业上，城市居民的吃喝用，绝大多数产品或者说原材料是来自农业，而中国的农业自动化和智能化程度较低，实现智慧城市的关键在智慧农业的普及应用（见图2-6）。

"智慧农业"就是充分应用现代信息技术成果，集成应用计算机与网络技术、物联网技术、音视频技术、传感器技术、无线通信技术及专家智慧与知识平台，实现农业可视化远程

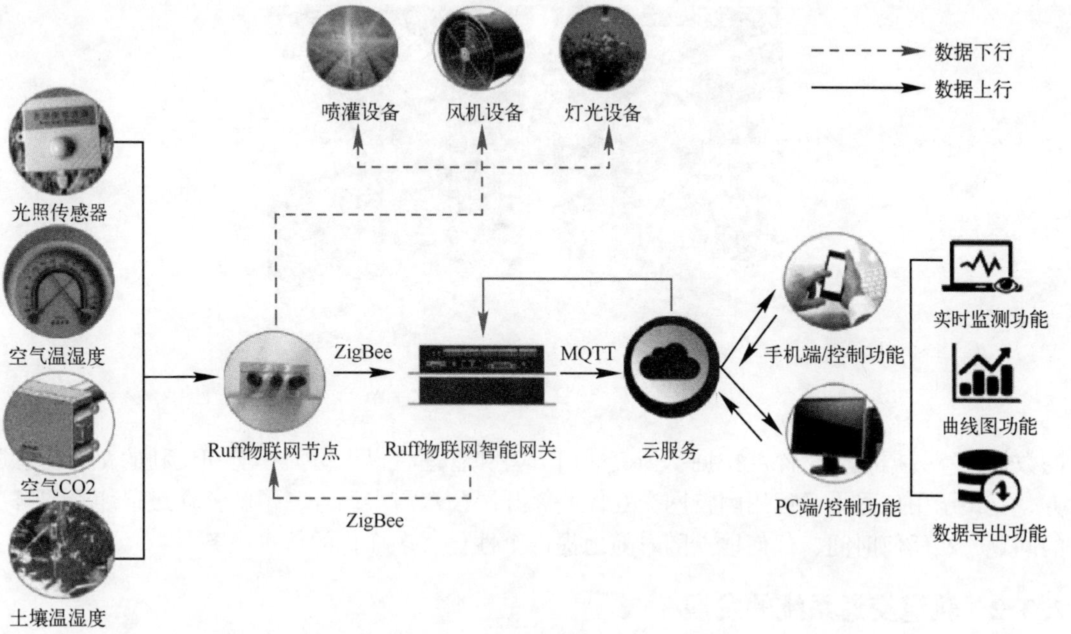

图 2-6　智慧农业

诊断、远程控制、灾变预警等智能管理、远程诊断交流、远程咨询、远程会诊，逐步建立农业信息服务的可视化传播与应用模式；实现对农业生产环境的远程精准监测和控制，提高设施农业建设管理水平，依靠存储在知识库中的农业专家的知识，运用推理、分析等机制，指导农牧业进行生产和流通作业。

可见，智慧农业的核心技术和目标与智慧城市不谋而合，智慧城市的实现需要智慧农业的普及，智慧农业的成功应用是智慧城市的有力支撑。

## 2.3　智慧交通

智慧交通是智慧城市在交通领域的具体体现，使城市交通系统具备泛在感知、互联、分析、预测、控制等能力。智慧交通的建设将推进智慧城市的发展，智慧城市的发展也将同样反作用于智慧城市。

### 2.3.1　智慧交通的建设前提

智慧交通（见图 2-7）与人们的生活息息相关，建设智慧城市的前提就是要先建设好智慧交通。交通运输被认为是城市发展的"血管"，在高速发展的现代化城市建设中，智慧交通的打造对于提升"血流"至关重要。智慧交通融合智能化、数据化、信息化发展的理念，进一步推动了城市化可持续发展进程，提升城市综合竞争实力。

智慧交通得到了国家和各级政府的大力支持和推动。智慧交通以需求为核心，催生应用服务，针对复杂随机需求动态生成服务、动态匹配服务、动态衍生新服务，实现交通信息精确供给，因特网将同交通行业深度渗透融合，对相关环节产生深刻变革，并将成为建设智慧交通的提升技术和重要思路。立足于大数据思维，将城市交通数据有条件地开放，基于开放

图 2-7　智慧交通——地铁车站

的数据进行数据融合、深度挖掘，为交通出行者和管理者提供更为智能和便利的交通信息服务。立足于用户思维，运用因特网交互体验，开展公众需求调查，了解公众最迫切希望解决的问题，在任何时间、任何地点随时随地提供个性化、多样化的信息服务。

## 2.3.2　轨道交通系统的发展

世界上一些大城市经过几十年甚至上百年的建设，已形成了城市轨道交通网，城市轨道交通成为市民出行的主要公共交通工具。近十余年来，我国城市轨道交通发展速度明显加快，特别是北京、上海、广州等城市，正在加速新线建设并逐步形成城市轨道交通网络（见图 2-8），这将利于缓解城市的公交困难状况。

图 2-8　地铁线路

随着科学技术的发展以及自动化程度的提高，世界上城市轨道交通系统的运行模式也在发生变化。近几十年中，其发展大致经历了三个阶段：

（1）人工驾驶模式。列车的驾驶员根据运行图在独立的信号系统中驾驶列车运行，并得到 ATP（列车自动保护系统）的超速监控与保护。

（2）人工驾驶的自动化运行模式。列车设驾驶员，主要操作任务是为乘客上下车开、关车门，给出列车起动的控制信号；而列车的加速、惰行、制动以及停站，均通过 ATC（列车自动控制）信号系统与车辆控制系统的接口，经协调配合自动完成。

（3）全自动无人驾驶模式。列车的唤醒、起动、行驶、停站、开关车门、故障降级运行，以及列车出入停车场、洗车和休眠等都不需要驾驶员操作，完全自动完成。

## 2.4 智能家居

智能家居（图 2-9）是以住宅为平台，通过物联网技术将家中的各种设备连接到一起，实现智能化的一种生态系统。它具有智能灯光控制、智能电器控制、安防监控系统、智能背景音乐、智能视频共享、可视对讲系统和家庭影院系统等功能。

智能灯光控制
调节亮度，一键情景控制，RGB颜色调整，远程遥控，定时照明，自动开/关灯。

影音控制
一键开启家庭影院（集中控制），多种情景控制，远程控制，定时控制。

智能门锁
可视对讲无线开锁，手机控制开锁，国标大锁体。

可视对讲
全双工数字可视对讲，远程门禁开锁，手机可视开锁，防报警，访客留影留言，小区服务信息发布。

背景音乐
支持多种音频源，提供多区域控制，支持多种控制终端控制。

远程控制
支持Android、iOS等多种操作系统本地或远程控制。

窗帘、门窗控制
窗帘、幕布、车库门，自动门窗手机控制，情景控制，远程控制。

安防监控
远程视频监控，防盗室入侵、燃气泄露、电话短信报警。

园林灌溉系统
手机或定时控制灌溉系统开启和关闭。

图 2-9　智能家居

智能家居的概念起步很早，但直到 1984 年美国联合科技公司将建筑设备信息化、整合化概念应用于美国康涅狄格州哈特佛市的城市广场建筑时，才出现了首栋"智能型建筑"，从此揭开了人们争相建造智能家居的序幕。

智能家居利用综合布线技术、网络通信技术、安全防范技术、自动控制技术、音视频技术将家居生活有关的设施集成，构建高效的住宅设施与家庭日程事务的管理系统，提升家居安全性、便利性、舒适性、艺术性，并实现环保节能的居住环境。

智能家居是在因特网影响之下物联化的体现。智能家居通过物联网技术将家中的各种设备（如音视频设备、照明系统、窗帘控制、空调控制、安防系统、数字影院系统、影音服务器、影柜系统、网络家电等）连接到一起，提供家电控制、照明控制、电话远程控制、室内外遥控、防盗报警、环境监测、暖通控制、红外转发以及可编程定时控制等多种功能和手段。与普通家居相比，智能家居不仅具有传统的居住功能，兼备建筑、网络通信、信息家电、设备自动化，提供全方位的信息交互功能，甚至为各种能源节约费用资金。

### 2.4.1 家庭自动化

家庭自动化（Home Automation）是指利用微处理电子技术来集成或控制家中的电子电器产品或系统（见图 2-10），例如：照明灯、咖啡炉、计算机设备、保安系统、暖气及冷气系统、视讯及音响系统等。家庭自动化系统主要是以一个中央微处理机（CPU）接收来自相关电子电器产品（外界环境因素的变化，如太阳初升或西落等所造成的光线变化等）的信息后，再以既定的程序发送适当的信息给其他电子电器产品。中央微处理机必须通过许多界面来控制家中的电器产品，这些界面可以是键盘，也可以是触摸式屏幕、按钮、计算机、电话机、遥控器等；消费者可发送信号至中央微处理机，或接收来自中央微处理机的信号。

图 2-10　智能家居

家庭自动化是智能家居的一个重要系统，在智能家居刚出现时，家庭自动化甚至就等同于智能家居，今天它仍是智能家居的核心之一，但随着网络技术在智能家居的普遍应用，网络家电/信息家电的成熟，家庭自动化的许多产品功能将融入这些新产品中去，从而使单纯的家庭自动化产品在系统设计中越来越少，其核心地位也将被家庭网络/家庭信息系统所代替。它将作为家庭网络中的控制网络部分在智能家居中发挥作用。

## 2.4.2　家庭网络

家庭网络（Home Networking）和纯粹的"家庭局域网"不同，家庭网络是在家庭范围内（可扩展至邻居，小区）将 PC、家电、安全系统、照明系统和广域网相连接的一种新技术。当前在家庭网络所采用的连接技术，包括"有线"和"无线"两大类。

与传统的办公网络相比，家庭网络加入了很多家庭应用产品和系统，如家电设备、照明系统，因此相应技术标准也错综复杂，其发展趋势是将智能家居中其他系统融合进去。

## 2.4.3　网络家电

网络家电（见图 2-11）是将普通家用电器利用数字技术、网络技术及智能控制技术设计改进的新型家电产品。网络家电可以实现互联组成一个家庭内部网络，同时这个家庭网络又可以与外部因特网相连接。可见，网络家电技术包括两个层面：首先就是家电之间的互连问题，也就是使不同家电之间能够互相识别，协同工作。第二个层面是解决家电网络与外部网络的通信，使家庭中的家电网络真正成为外部网络的延伸。

要实现家电间互联和信息交换，就需要解决：

（1）描述家电的工作特性的产品模型，使得数据的交换具有特定含义。

（2）信息传输的网络媒介。在解决网络媒介这一难点中，可选择的方案有：电力线、无线射频、双绞线、同轴电缆、红外线、光纤。认为比较可行的网络家电包括网络冰箱、网络空调、网络洗衣机、网络热水器、网络微波炉、网络炊具等。网络家电未来的方向也是充分融合到家庭网络中去。

图 2-11　网络家电

### 2.4.4　智能家居的设计理念

衡量一个住宅小区智能化系统的成功与否，并非仅仅取决于智能化系统的多少、系统的先进性或集成度，而是取决于系统的设计和配置是否经济合理并且系统能否成功运行，系统的使用、管理和维护是否方便，系统或产品的技术是否成熟适用，换句话说，就是如何以最少的投入、最简便的实现途径来换取最大的功效，实现便捷高质量的生活。为了实现上述目标，智能家居系统的设计原则包括：实用便利（见图 2-12）、可靠性、标准性、方便性、轻巧性。

图 2-12　智能家居

随着智能家居的迅猛发展，越来越多的家居开始引进智能化系统和设备。智能化系统涵盖的内容也从单纯的方式向多种方式相结合的方向发展。

## 2.5　智慧医疗

智慧医疗（Wise Information Technology of 120，WIT120），是指通过打造健康档案区域医疗信息平台，利用最先进的物联网技术，实现患者与医务人员、医疗机构、医疗设备之间的互动，逐步达到信息化（见图 2-13）。

人工智能技术已经逐渐应用于药物研发、医学影像、辅助治疗、健康管理、基因检测、智慧医院等领域。其中，药物研发的市场份额最大，利用人工智能可大幅缩短药物研发周期，降低成本。在不久的将来医疗行业将融入更多人工智慧、传感技术等高科技，使医疗服务走向真正意义的智能化，推动医疗事业的繁荣发展，智慧医疗正在走进寻常百姓的生活。

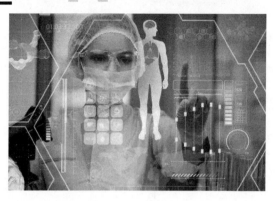

图 2-13　智慧医疗

## 2.5.1　循证医学的发展

循证医学（Evidence-Based Medicine，EBM），意为"遵循证据的医学"，又称实证医学，其核心思想是医疗决策（即病人的处理，治疗指南和医疗政策的制定等）应在现有的最好的临床研究依据基础上做出，同时也重视结合个人的临床经验（见图 2-14）。

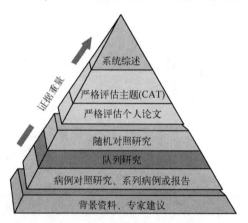

图 2-14　循证医学金字塔

传统医学以个人经验、经验医学为主，即根据非实验性的临床经验、临床资料和对疾病基础知识的理解来诊治病人（见图 2-15）。在传统医学下，医生根据自己的实践经验、高年资医师的指导，教科书和医学期刊上零散的研究报告为依据来诊治病人。其结果是：一些真正有效的疗法因不为公众所了解而长期未被临床采用；一些实践无效甚至有害的疗法因从理论上推断可能有效而长期广泛使用。

循证医学的方法与内容实际上来源于临床流行病学。费恩斯坦在美国的《临床药理学与治疗学》杂志上，以"临床生物统计学"为题，从 1970 年到 1981 年的 11 年间，共发表了 57 篇的连载论文，他的论文将数理统计学与逻辑学导入到临床流行病学，系统地构建了临床流行病学的体系，被认为富含极其敏锐的洞察能力，因此为医学界所推崇。

循证医学不同于传统医学，它并非要取代临床技能、临床经验、临床资料和医学专业知识，它只是强调任何医疗决策应建立在最佳科学研究证据的基础上。循证医学实践既重视个人临床经验又强调采用现有的、最好的研究证据，两者缺一不可（见图2-16）。

图 2-15 传统医学是以经验医学为主

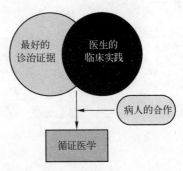

图 2-16 循证医学重视个人临床
经验，也强调研究证据

1992年，来自安大略麦克马斯特大学的两名内科医生戈登·盖伊特和大卫·萨基特发表了呼吁使用"循证医学"的宣言。他们的核心思想很简单，医学治疗应该基于最好的证据，而且如果有统计数据的话，最好的证据应来自对统计数据的研究。但是，盖伊特和萨基特并非主张医生要完全受制于统计分析，他们只是希望统计数据在医疗诊断中起到更大的作用。

医生应该重视统计数据的这种观点，直到今天仍颇受争议。从广义上来说，努力推广循证医学，就是在努力推广智能分析，事关统计分析对实际决策的影响。由于循证医学运动的成功，一些医生在把数据分析结果与医疗诊断相结合方面已经加快了步伐。因特网在信息追溯方面的进步促进了一项影响深远的技术的发展，而且利用数据做出决策的过程也实现了前所未有的速度。

## 2.5.2 医疗保健新突破

科学家发现，虽然世界人口寿命变长，但人们的身体素质却下降了。大数据智慧医疗可以为人们增加医疗保健的机会、提升生活质量、减少因身体素质差造成的时间和生产力损失。急需提供更高效的医疗保健，尽可能地帮助人们跟踪并改善身体健康。

### 1. 量化自我，关注个人健康

谷歌联合创始人谢尔盖·布林的妻子安妮·沃西基（公司首席执行官）在2006年创办了DNA<sup>⊖</sup>（见图2-17）测试和数据分析公司23andMe。除了收集和分析个人健康信息，公司还将大数据应用到了个人遗传学上，至今已分析了数十万人的唾液（见图2-18）。

通过分析人们的基因组数据，公司确认了个体的遗传性疾病，如帕金森氏病和肥胖症等的遗传倾向。通过收集和分析大量的人体遗传信息数据，该公司不仅希望可以识别个人遗传风险因素以帮助人们增强体质，而且希望能识别更普遍的趋势。通过分析，公司已确定了约180个新的特征，例如所谓的"见光喷嚏反射"，即人们从阴暗处移动到阳光明媚的地方时会有打喷嚏的倾向；还有一个特征则与人们对药草、香菜的喜恶有关。

---

　⊖　DNA（脱氧核糖核酸）是一种分子，可组成遗传指令以引导生物发育与生命机能运作。

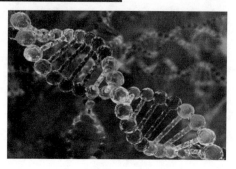

图 2-17 基因 DNA 图片

图 2-18 23andMe 的 DNA 测试

事实上，利用基因组数据来为医疗保健提供更好的洞悉是合情合理的。人类基因计划组（HGP）绘制出总数约有 23 000 组的基因组，而这所有的基因组也最终构成了人类的 DNA。这一项目费时 13 年，耗资 38 亿美元。

**2. 可穿戴的个人健康设备**

Fitbit 是美国的一家移动电子医疗公司（见图 2-19），致力于研发和推广健康乐活产品，从而帮助人们改变生活方式，其目标是使保持健康变得有趣。2015 年 6 月 19 日 Fitbit 上市，成为纽约证券交易所可穿戴设备的第一股。该公司所售的一款设备可以跟踪一天的身体活动，还有晚间的睡眠模式。Fitbit 公司还提供一项免费的苹果手机应用程序，可以让用户记录他们的食物和液体摄入量。通过对活动水平和营养摄入的跟踪，用户可以确定哪些行为有效、哪些无效。营养学家建议，准确记录我们的食物和活动量是控制体重的最重要一环，因为数字明确且具有说服力。Fitbit 公司正在收集关于人们身体状况、个人习惯的大量信息。如此一来，它就能将图表呈现给用户，从而帮助用户直观地了解自己的营养状况和活动水平，而且，它能就可改善的方面提出建议。

图 2-19 Fitbit 设备

耐克公司推出了类似的产品 Nike+ FuelBand，即一条可以戴在手腕上收集每日活动数据的手环。这一设备采用了内置加速传感器来检测和跟踪每日的活动，诸如跑步、散步以及其他体育运动。加上 Nike Plus 网站和手机应用程序的辅助，这一设备令用户可以更加方便地跟踪自己的活动行为、设定目标并改变习惯。耐克公司也为其知名的游戏系统提供训练计划，使用户在家也能健身。使用这一款软件，用户就可以和朋友或其他人在健身区一起训练。这一想法旨在让健身活动更有乐趣、更加轻松，同时也更社交化。

类似 Fitbit 和 Nike+ FuelBand 这样的设备对不断推高医疗保健和个人健康的成本确实有

影响。回溯过去，检测身体健康发展情况需要用到特殊的设备，或是不辞辛苦、花费高额就诊费去医生办公室问诊。新型应用程序最引人瞩目的一面是，它们使得健康信息的检测变得更简单易行。低成本的个人健康检测程序以及相关技术甚至"唤醒"了全民对个人健康的关注。

### 3. 智能时代的医疗信息

就算有了这些可穿戴设备与应用程序，我们依然需要去看医生。大量的医疗信息收集工作依然靠纸笔进行。纸笔记录的优势在于方便、快捷、成本低廉。但是，因为纸笔做的记录会分散在多处，这就会导致医疗工作者难以找到患者的关键医疗信息。

2009 年颁布的美国《卫生信息技术促进经济和临床健康法案》（HITECH）旨在促进医疗信息技术的应用，尤其是电子健康档案（EHRs）的推广。法案也在 2015 年给予医疗工作者经济上的激励，鼓励他们采用电子健康档案，同时会对不采用者施以处罚。电子病历（EMRs，见图 2-20）是纸质记录的电子档，如今许多医生都在使用。相比之下，电子健康档案意图打造病人健康概况的普通档案，这使得它能被医疗工作者轻易接触到。医生还可以使用一些新的 App 应用程序，在苹果平板电脑、苹果手机、搭载安卓系统的设备或网页浏览器上收集病人的信息。除了可以收集过去用纸笔记录的信息之外，医生们还将通过这些程序实现从语言转换到文本的听写、收集图像和视频等其他功能。

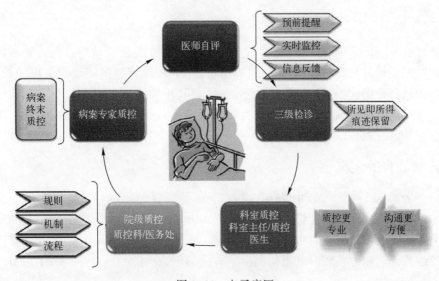

图 2-20　电子病历

电子健康档案、DNA 测试和新的成像技术在不断产生大量数据。收集和存储这些数据对于医疗工作者而言是一项挑战，也是一个机遇。不同于以往采用的封闭式的医院 IT 系统，更新、更开放的系统与数字化的病人信息相结合可以带来医疗突破。

如此种种分析也会给人们带来别样的见解。比如说，智能系统可以提醒医生使用与自己通常推荐的治疗方式相关的其他治疗方式和程序。这种系统也可以告知那些忙碌无暇的医生某一领域的最新研究成果。这些系统收集、存储的数据量大得惊人。越来越多的病患数据会采用数字化形式存储，不仅是我们填写在健康问卷上或医生记录在表格里的数据，还包括了苹果手机和苹果平板电脑等设备以及新的医疗成像系统（比如 X 光机和超音设备）生成的

数字图像。

这意味着未来将会出现更好、更有效的患者看护，更为普及的自我监控以及防护性养生保健，当然也意味着要处理更多的数据。其中的挑战在于，要确保所收集的数据能够为医疗工作者以及个人提供重要的见解。

### 2.5.3　智慧的医疗信息平台

由于国内公共医疗管理系统的不完善，医疗成本高、渠道少、覆盖面低等问题困扰着大众民生。所以需要建立一套智慧的医疗信息网络平台体系，使患者用较短的等待治疗时间、支付基本的医疗费用，就可以享受安全、便利、优质的诊疗服务。从根本上解决"看病难、看病贵"等问题，真正做到"人人健康，健康人人"。

通过无线网络，使用手持 PDA 便捷地联通各种诊疗仪器，使医务人员随时掌握每个病人的病案信息和最新诊疗报告，随时随地快速制定诊疗方案；在医院任何一个地方，医护人员都可以登录距自己最近的系统查询医学影像资料和医嘱；患者的转诊信息及病历可以在任意一家医院通过医疗联网方式调阅等。随着医疗信息化的快速发展，这样的场景在不久的将来将日渐普及，智慧的医疗正日渐走入人们的生活。

## 2.6　智慧教育

智慧教育（Smarter Education）是"智慧地球"构想在教育领域的投射。物联网、云计算和移动因特网是智慧教育的技术背景。物联网技术为校园传感网的建设提供了技术支撑，云计算技术为教育云平台的建设提供了技术支撑，移动因特网技术为泛在学习的实现提供了技术支撑。教育信息化面临的挑战、面对互联一代学生的挑战、面对 21 世纪人才培养的挑战，智慧教育是信息教育发展的必然趋势。

### 2.6.1　智慧教育的定义

"智慧"指"辨析判断、发明创造的能力"，而"智慧教育"的定义，就是"通过构建技术融合的学习环境，让教师能够施展高效的教学方法，让学习者能够获得适宜的个性化学习服务和美好的发展体验，使其由不能变为可能，由小能变为大能，从而培养具有良好的价值取向、较强的行动能力、较好的思维品质、较深的创造潜能的人才"（见图 2-21）。

图 2-21　智慧教育

不言而喻，智慧教育是一个包含智慧校园和智慧课堂的更为宏大的命题，可以理解为一个智慧教育系统，包括现代化的教育制度、现代化的教师制度、信息化一代的学生、智慧学习环境及智慧教学模式五大要素，而其中，智慧的教学模式是整个智慧教育系统的核心组成。

关于智慧教育的概念主要有以下几种观点：

（1）"智慧教育"是智能教育（Smart Education），主要是使用先进的信息技术实现教育手段的智能化。该观点重点关注技术手段。

（2）智慧教育是一种基于学习者自身的能力与水平，兼顾兴趣，通过娴熟地运用信息技术，获取丰富的学习资料，开展自助式学习的教育。该观点重点关注学习过程与方法，认为 SMART 是由自主式（Self-directed）、兴趣（Motivated）、能力与水平（Adaptive）、丰富的资料（Resource enriched）、信息技术（Technology embedded）等词汇构成的合成词。

（3）智慧教育是指在传授知识的同时，着重培养人们智能的教育。这些智能主要包含：学习能力、思维能力、记忆能力、想象能力、决断能力、领导能力、创新能力、组织能力、研究能力、表达能力等。

（4）智慧教育是指运用物联网、云计算、移动网络等新一代信息技术，通过构建智慧学习环境，运用智慧教学法，促进学习者进行智慧学习，从而提升成才期望，即培养具有高智能和创造力的人。

## 2.6.2　智慧校园是智慧教育的一部分

智慧校园（见图 2-22）是信息技术高度融合、信息化应用深度整合、信息终端广泛感知的信息化校园。其特征为：融合的网络与技术环境、广泛感知的信息终端、智能的管理与决策支持、快速综合的业务处理服务、个性化的信息服务、泛在的学习环境、智慧的课堂、充分共享灵活配置教学资源的平台、蕴含教育智慧的学习社区等。

图 2-22　智慧校园

智慧校园是智慧教育的一部分，所以智慧校园的智慧与智慧教育的智慧具有一致性，而智慧校园更是智慧学习环境的具体承载者。

在对智慧校园技术与理念进行厘清后，发现很少有一种确切的定义可以符合整个智慧校园的真实语境定义，而更多的是强调目的。例如，强调在为师生、领导、社会提供全时段、泛在、多方式、互动安全的服务接入与教育教学能力，也强调技术手段，如强调必须使用虚拟化、AR/VR、大数据、云计算、人工智能等前沿技术描述下的集合物联网智慧建筑。

要强调的是，无论是在技术层面，抑或是目的层面，智慧校园必须具备以下两个核心特征：

（1）智慧校园是目前绝大部分学校最为具体的在智慧教育上探索的实体化工程，工程意义非凡，每一步的探索都任重而道远。而在智慧校园的基础上，更包括了智慧教室、校园网络、智慧安防、智慧教务系统等诸多的子应用，共同营造智慧校园。

（2）智慧校园的智慧与智慧教育的智慧具有一致性。不言而喻，智慧教育是一个比智慧校园和智慧课堂更为宏大的命题，可以理解为一个智慧教育系统，包括现代化的教育制度、现代化的教师制度、信息化一代的学生、智慧学习环境及智慧教学模式五大要素，其中核心是智慧的教学模式。

### 2.6.3 建设智慧教室

实现智慧教育的核心在于创造一个智慧的学习环境。这些年来，信息技术在很大程度上已经对教育提供帮助并产生了深刻的影响，然而这种影响仅限于技术层面，即使是初步的信息化教学，也局限在很小的一部分学校中。然而智慧教育所需要的智慧的学习环境却没有被很好地实现，仅仅是通过网络完成一些任务，有时还会出现偏差。

智慧教室（见图2-23）是体现信息化智慧教育的实体建筑空间，是目前学校课室的一次革命性升级与改革。智慧教室应具有互动性、感知性、开放性、易用性等核心特征。

图 2-23 智慧教室

### 2.6.4 智慧教学模式

智慧教学模式是以教学组织结构为主线把学习方式分成两层，即分组合作型学习与个人自适应性学习。

（1）分组合作型学习。主要是培养学习者综合应用能力，强调构建学习共同体，通过智慧教室多屏协作等形式对小组讨论与演示做出最大的支持，强调项目制学习，以可活动新型桌椅及平板学习等的方式支持小组项目制学习的开展。

（2）个人自适应性学习。学习者可以根据个人偏好与发展需要，自主选择学习资源。个人学习空间是个人自适应学习的核心环节，每个学生或者学习者都应有一个具备学情分析报告、微课、预习与作业、巩固复习作业及资源库的综合个人学习空间，基于学生学情自适应推送难度不一的练习等。

## 2.7 智慧新零售

所谓"新零售（New Retailing）"（见图2-24），是指个人、企业以因特网为依托，通过运用大数据、人工智能等先进技术手段并运用心理学知识，对商品的生产、流通与销售过程进行升级改造，进而重塑业态结构与生态圈，并对线上服务、线下体验以及现代物流进行深度融合的零售新模式。

图2-24　新零售

未来电子商务平台，线上线下和物流结合在一起，才会产生新零售。2016年10月的阿里云栖大会上，阿里巴巴马云在演讲中第一次提出了新零售，他认为："未来的十年、二十年，没有电子商务这一说，只有新零售。"

这里，线上是指云平台，线下是指销售门店或生产商，新物流消灭库存，减少囤货量。电子商务平台消失是指，现有的电商平台分散，每个人都有自己的电商平台，不再入驻大型电子商务平台。

例如，每个人在电商平台有自己的店铺，集中在平台下进行销售，只能在一块水池里生活，这是很局限性的。创建新零售，应该满足以下需求，即域名、云平台、云市场、全域营销。

"新零售"的核心要义在于推动线上与线下的一体化进程，关键是使线上的因特网力量和线下的实体店终端形成真正意义上的合力，从而完成电商平台和实体零售店面在商业维度上的优化升级。同时，促成价格消费时代向价值消费时代的全面转型。

此外，有学者也提出新零售就是"将零售数据化"。线上用户信息能以数据化呈现，而传统线下用户数据数字化难度较大。目前，在人工智能深度学习的帮助下，视频用户行为分析技术能在线下门店进行用户进店路径抓取、货架前交互行为分析等数字化转化，形成用户标签，并结合线上数据优化用户画像，同时可进行异常行为警报等辅助管理。

马云认为，五大变革将深刻影响各行各业，这五大变革分别是新零售、新制造、新金融、新技术和新能源。

- **新零售**。可总结为"线上+线下+物流，其核心是以消费者为中心的会员、支付、库存、服务等方面数据的全面打通"。
- **新制造**。过去，制造讲究规模化、标准化，但是，未来30年制造讲究的是智慧化、个性化、定制化。
- **新金融**。未来，新金融必须支持新的八二理论，也就是支持80%的中小企业、个性化企业。
- **新技术**。比方说：原来的机器吃的是电，以后吃的会是数据。
- **新能源**。数据是人类第一次自己创造的新的能源，而且数据越用越值钱。

21世纪的初期，当传统零售企业还未能觉察到电子商务对整个商业生态圈所可能产生的颠覆性作用之时，以淘宝、京东等为代表的电子商务平台却开始破土而出。

经过近年来的全速前行，传统电商由于因特网和移动因特网终端大范围普及所带来的用户增长以及流量红利正逐渐萎缩，其所面临的增长"瓶颈"开始显现。传统电商发展的"天花板"已经依稀可见，对于电商企业而言，唯有变革才有出路。

电子商务的发展印证了比尔·盖茨的所言："人们常常将未来两年可能出现的改变看得过高，但同时又把未来十年可能出现的改变看得过低。"随着"新零售"模式的逐步落地，线上和线下将从原来的相对独立、相互冲突逐渐转化为互为促进、彼此融合，电子商务的表现形式和商业路径必定会发生根本性的转变。

## 2.8 智能客户服务

随着人工智能技术的发展，以语音识别、自然语言处理、深度学习为核心技术的人机交互模式正在逐渐改变着传统的客服行业——智能客户服务，正在悄悄地渗透进我们的生活。

智能客服（又称智能客服机器人）是在大规模知识处理基础上发展起来的一项面向行业的应用，它涉及大规模知识处理技术、自然语言理解技术、知识管理技术、自动问答系统、推理技术等，具有行业通用性。智能客服不仅为企业提供了细粒度知识管理技术，还为企业与海量用户之间的沟通建立了一种基于自然语言的快捷有效的技术手段；同时还能够为企业提供精细化管理所需的统计分析信息。

智能客服的发展大致有四个阶段：第一阶段是基于关键词匹配的"检索式机器人"；第二阶段是运用一定的模板，支持多个词匹配，并具有模糊查询能力；第三阶段是在关键词匹配的基础上引入了搜索技术，根据文本相关性进行排序；第四阶段是以神经网络为基础，应用深度学习理解意图的智能客服技术。

### 2.8.1 企业布局智能客服

设置客服的目的是方便企业与用户进行有效的沟通，或者辅助用户在企业所提供的服务中有一个良好的消费体验。但是当用户量过大时，有限的客服能力又会成为用户满意度下降的一个原因，而采用非人工客服方式就能帮助企业解决这一问题。但目前人工智能技术水平还不能做到由智能客服取代人工客服。所以，目前智能客服还是更多地用于对用户意图的理解和预测上。智能客服首先能够解决"即时客服"的问题；再通过对用户意图的理解并将用户意图分类，普通、常见问题直接通过智能客服解决，而复杂问题再由智能客服转到人工客服（见图 2-25）。

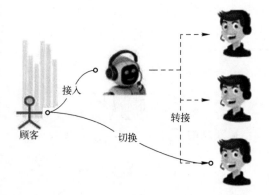

图 2-25 转接人工客服

此外，智能客服能够做到的还会更多。例如当用户联系客服进行退换货时，算法可以根据该用户的历史行为判断出这一用户更容易接受退部分差价还是退货、换货，从而让智能客服为用户提供更令人满意的方案。

智能客服还可针对不同企业，聚焦详细场景。一方面，智能客服机器人系统可以把企业业务详细问题快速导入知识库，另一方面，又可以在某个特定行业中积累语料，通过云平台的方式扩充企业的知识库。

对于智能客服，各个行业、各个公司都有不同的需求。对于客服量大，服务种类繁多的大企业来说，自研智能客服或许更合适一些。大企业用户会覆盖多个渠道平台，拥有自己统一的 CRM（客户关系管理）系统甚至定制化智能客服系统（见图 2-26）。

图 2-26　客户关系管理系统 CRM

对于中小企业，其客服量较小，选择第三方智能客服服务是明智的。例如，京东将其智能客服能力开放给了一些企业卖家，接替人工客服在工作时间以外的服务。此外，像微信近期针对小程序推出了一个新功能"服务直达区"。假如用户在微信顶部的搜索框输入"从北京到大连"，在搜索结果中就会出现从北京到大连的机票服务；从某种意义上说这也算是智能客服可以做到的事情——大平台的智能客服为小微企业分发流量。

而平台的智能客服在产品的巨大流量之下，可以承担更多工作，而不仅仅是回答客户的咨询。比如现在的电商平台都在内容端发力，打造更多买家和卖家间的沟通途径。这时智能客服就可以承担群聊机器人、回复商品评价、回复内容评论等工作。例如在微博上@小冰，她就会回复相关微博评论；其理论都是相同的——更好地和用户沟通。

## 2.8.2　智能客服的人机分工

尽管机器人的智能程度在不断提升，答非所问的现象仍然很常见。在客户服务数字化的进程中，人和机器究竟该如何分工协作？企业在智能客服的应用上又该如何权衡？

### 1. 用机器守住第一触点

当前，语义识别技术在智能客服领域已经较为成熟。机器能够顺利识别并完成语义指令型语义理解和多轮任务型问答对话，为用户提供不间断的贴心服务，高效完成标准化的详细解答。因此，企业大可放心地将智能客服安排在官网、微信、App、微博等多个触及客户的一线渠道，让智能客服充当售前服务的主力，而将人工客服分配到更高附加值的任务中，进

一步提升前端业务的处理效率（见图2-27）。

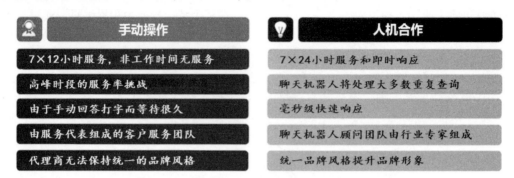

| 手动操作 | 人机合作 |
| --- | --- |
| 7×12小时服务，非工作时间无服务 | 7×24小时服务和即时响应 |
| 高峰时段的服务率挑战 | 聊天机器人将处理大多数重复查询 |
| 由于手动回答打字而等待很久 | 毫秒级快速响应 |
| 由服务代表组成的客户服务团队 | 聊天机器人顾问团队由行业专家组成 |
| 代理商无法保持统一的品牌风格 | 统一品牌风格提升品牌形象 |

图2-27　人工客服 VS 机器响应

### 2. 让机器分发个性内容

在电商领域，不少用户都会发现自己拥有"专属智能客服"。根据用户的浏览路径和历史消费记录，专属智能客服不仅能够自主判断用户的喜好，为其推荐相似的商品，帮助用户扩大选择范围，还能通过大数据建立完整的用户画像，不定时地推送符合用户期待的商品，以及其他个性化的服务信息，以较低的成本不断激活"沉睡"用户（即对用户的精准二次触达）。

### 3. 借机器获取消费洞察

海量对话信息的沉淀和再利用是智能客服得以不断进步的基础。通过自动采集不同渠道中用户与企业的互动数据（包括将语音对话转换成为结构化的文字数据），加之多维度的辅助分析模型，机器能够帮助企业挖掘不同业务场景下的高频话题，及时获取某类产品/服务的市场反馈，为下一步的运营决策提供有效参考意见。

### 4. 以机器优化人工服务

除了承担烦琐复杂的数据处理和机械应答工作之外，介入机器的意义更在于提升人工客服中心的运作质量。例如，不少企业已经开始用智能质检管理系统代替传统人工抽检。通过灵活的关键词匹配、情感/语速识别和智能业务模型规则，机器能够深入多个业务场景，对人工客服的服务态度、话术规范及处理业务的流程做出自动化的批量检测，将质检覆盖率提升到100%（传统人工抽检的比例不足3%，抽检样本也缺乏代表性）。

此外，传统的人工抽检受质检员的主观意志影响较大，个体的检验标准存在差异，而机器质检则采用统一规范的评分标准，并由机器统一打分、实时输出分析报告，最大程度地消除了评分的主观性，为座席人员提升自己的服务专业度提供了一套行业内标准化的指导方向。

如果说人工智能技术是企业数字化转型路上的助推器，那么不同渠道的数据及精密的算法处理规则便是其中的燃料之一，而智能客服的兴起正是人们对技术及数据应用的积极突破。

未来，依赖智能 AI 交互、智能数据分析等技术，人们还将借助机器实现全业务和服务流程的智能化。在此过程中，人机的高效协作也将逐渐重构品牌与消费者之间的互动法则。

# 【作 业】

1. 最初提出"智慧地球"概念的是（     ）。

A. Microsoft      B. IBM      C. Google      D. 华为

2. 最初对"智慧地球"的良好愿景是：借助新一代信息技术，如（     ）、物联网技术、移动通信技术等的强力支持，让地球上所有东西实现被感知化、互联化和智能化。

A. 大数据分析    B. 3D 打印    C. 传感技术    D. A、B 和 C

3. "智慧地球"战略的主要内容是，把新一代 IT 技术充分运用在各行各业之中，把感应器嵌入和装备到电网、铁路、桥梁、隧道、公路、建筑、供水系统、大坝、油气管道等各种物体中，并且被普遍连接，形成（     ），再通过超级计算机和云计算将其连接起来，达到"智慧"状态。

A. 内联网      B. 网际网      C. 物联网      D. 因特网

4. "智慧地球"愿景勾勒出世界智慧运转之道的三个重要维度，但下面（     ）不在其中。

A. 我们需要也能够更透彻地感应和度量世界的本质与变化

B. 我们正在推进全球 5G 通信建设，进一步提升全球范围的互联互通

C. 我们的世界正在更加全面地互联互通

D. 所有的事物、流程、运行方式都具有更深入的智能化，我们也获得更智能的洞察

5. 所谓"智慧城市"，就是（     ）

A. 运用信息和通信技术手段感测、分析、整合城市运行核心系统的各项关键信息

B. 对民生、环保、公共安全、城市服务、工商业活动等各种需求做出智能响应

C. 利用先进的信息技术，实现城市智慧式管理和运行，为城市人创造更美好生活

D. 上述所有

6. 对城市居民而言，智慧城市的基本要件就是能轻松找到最快捷的（     ）、供水供电有保障，且街道更加安全。

A. 便利店             B. 上下班路线

C. 住房信息           D. 升职技巧

7. 针对"智慧的城市"愿景，IBM 认为，城市由关系到城市主要功能的不同类型的网络、基础设施和环境等核心系统组成，即（     ）、业务/政务、通信和能源。

A. 组织（人）    B. 交通    C. A、B 和 D    D. 水

8. 智慧城市经常与（     ）、无线城市、生态城市、低碳城市等区域发展概念相交叉，甚至与电子政务、智能交通、智能电网等行业信息化概念产生重叠。

A. B、C、D    B. 数字城市    C. 智能城市    D. 感知城市

9. 建设智慧城市，不管城市怎么"智能化"，最后的工作难点还会落在（     ）上。

A. 商业      B. 交通      C. 工业      D. 农业

10. 智慧城市的应用体系，不包括智慧（     ）体系。

A. 物流      B. 制造      C. 军工      D. 公共服务

11. 智能家居是以（     ）为平台，通过物联网技术将家中的各种设备连接到一起，实

现智能化的一种生态系统。

    A. 住宅          B. 小区          C. 街道          D. 花园

12. 智能家居通过（　　）技术将家中的各种设备（如音视频设备、照明系统、窗帘控制、空调控制、安防系统、数字影院系统、影音服务器、影柜系统、网络家电等）连接到一起。

    A. 物联网          B. 因特网          C. 内联网          D. 社交网

13. 传统医学以个人经验、经验医学为主，即根据（　　）的临床经验、临床资料和对疾病基础知识的理解来诊治病人。

    A. 实验性          B. 经验性          C. 非经验性          D. 非实验性

14. 循证医学意为"遵循证据的医学"，其核心思想是医疗决策（即病人的处理，治疗指南和医疗政策的制定等）应（　　）。

    A. 重视医生个人的临床实践

    B. 在现有的最好的临床研究依据基础上做出，同时也重视结合个人的临床经验

    C. 在现有的最好的临床研究依据基础上做出

    D. 根据医院 X 光机、CT 等医疗检测设备的检查

15. 医生应该特别重视统计数据的这种观点，直到今天（　　）。

    A. 仍颇受争议      B. 被广泛认同      C. 无人知晓      D. 病人不欢迎

16. 安妮·沃西基 2006 年创办了 DNA 测试和数据分析公司（　　），公司并非仅限于个人健康信息的收集和分析，而是将眼光放得更远，将大数据应用到了个人遗传学上。

    A. 23andMe      B. 23andDNA      C. 48andYou      D. GoogleAndDna

17. 过去，检测身体健康发展情况需要用到特殊的设备，或是不辞辛苦去医院就诊。（　　）使得健康信息的检测变得更简单易行。低成本的个人健康检测程序以及相关技术甚至"唤醒"了全民对个人健康的关注。

    A. 报纸上刊载的自我检测表格      B. 手机上流传的健康保健段子

    C. 可穿戴的个人健康设备      D. 现代化大医院的门诊检查

18. 电子健康档案、DNA 测试和新的成像技术在不断产生大量数据。收集和存储这些数据对于医疗工作者而言是（　　）。

    A. 是容易实现的机遇      B. 是难以接受的挑战

    C. 是一件额外的工作      D. 既是挑战也是机遇

19. 智慧医疗是指通过打造健康档案区域医疗信息平台，利用最先进的物联网技术，实现（　　）与医务人员、医疗机构、医疗设备之间的互动，逐步达到信息化。

    A. 患者          B. 医生          C. 管理部门          D. 政府

20. 智慧教育是（　　）构想在教育领域的投射。

    A. 物联网          B. 因特网          C. 智慧地球          D. 云计算

21. 下面（　　）不属于智慧教育的技术背景。

    A. 物联网          B. 云计算          C. 移动因特网          D. C 语言开发平台

22. 从目的上讲，"智慧教育"就是"（　　）"。

    A. 通过构建技术融合的学习环境，让教师能够施展高效的教学方法

    B. 让学习者能够获得适宜的个性化学习服务和美好的发展体验

C. 培养具有良好的价值取向、较强的行动能力、较好的思维品质、较深的创造潜能的人才

D. A、B 和 C

23. 智慧教育系统包括五大要素，即现代化的教育制度、现代化的教师制度、信息化一代的学生、智慧学习环境及智慧教学模式。其中，（　　　）是整个系统的核心。

A. 智慧的教学模式　　　　　　　　B. 现代化的教育、教师制度

C. 信息化一代的学生　　　　　　　D. 智慧学习环境

24. 智慧教室是体现信息化智慧教育的实体建筑空间，应具有（　　　）、易用性等核心特征。

A. 互动性　　　　　B. 感知性　　　　　C. 开放性　　　　　D. A、B 和 C

25. 所谓"新零售"是指"个人、企业以因特网为依托，（　　　）的零售新模式。"

A. 通过运用大数据、人工智能等先进技术手段并运用心理学知识

B. 对商品的生产、流通与销售过程进行升级改造，进而重塑业态结构与生态圈

C. 对线上服务、线下体验以及现代物流进行深度融合

D. A、B 和 C

26. 未来电子商务平台将会消失，其深层次的原因是（　　　）。

A. 线上线下和物流结合在一起　　　　B. 行业发展差，被社会抛弃

C. 不能适应信息技术的发展　　　　　D. 社会商业活动消失

27. 马云认为，五大变革将深刻影响各行各业，这五大变革分别是（　　　）、新制造、新金融、新技术和新能源。

A. 新计算机　　　　B. 新工具　　　　C. 新零售　　　　D. 新服务

28. 马云在五大变革中指出的"新能源"指的是（　　　）。

A. 太阳能　　　　B. 数据　　　　C. 核能　　　　D. 沼气

29. 智能客服（又称智能客服机器人）是在（　　　）的基础上发展起来的一项面向行业的应用。

A. 大规模知识处理　　　　　　　　B. 复杂数据资源

C. 深层次金融计算　　　　　　　　D. 深度算法处理

30. 客服机器人的发展大致有四个阶段，分别是：

① 以神经网络为基础，应用深度学习理解意图

② 基于关键词匹配的"检索式机器人"

③ 在关键词匹配的基础上引入了搜索技术，根据文本相关性进行排序

④ 运用一定的模板，支持多个词匹配，并具有模糊查询能力

它们的发展顺序是（　　　）。

A. ①②③④　　　　B. ②④③①　　　　C. ④③②①　　　　D. ①③②④

31. 随着人工智能技术的发展，智能客服正在悄悄地渗透进我们的生活。智能客服时代的人和机器分工有四个方面，但下列（　　　）不属于其中。

A. 用机器守住第一触点　　　　　　B. 让机器分发个性内容

C. 用人工获取消费洞察　　　　　　D. 以机器优化人工服务

# 第二部分 基础知识

# 第3章 大数据思维

## 【导读案例】亚马逊推荐系统

虽然亚马逊的故事大多数人都耳熟能详，但只有少数人知道它早期的书评内容最初是由人工完成的。当时，它聘请了一个由20多名书评家和编辑组成的团队，他们写书评、推荐新书，挑选非常有特色的新书标题放在亚马逊的网页上。这个团队创立了"亚马逊的声音"这个版块，成为当时公司皇冠上的一颗宝石，是其竞争优势的重要来源。《华尔街日报》的一篇文章中热情地称他们为全美最有影响力的书评家，因为他们使得书籍销量猛增。

亚马逊公司的创始人及总裁杰夫·贝索斯（见图3-1）决定尝试一个极富创造力的想法：根据客户个人以前的购物喜好，为其推荐相关的书籍。

图3-1 亚马逊和贝索斯

从一开始，亚马逊就从每一个客户那里收集了大量的数据。比如说，他们购买了什么书籍？哪些书他们只浏览却没有购买？他们浏览了多久？哪些书是他们一起购买的？客户的信息数据量非常大，所以亚马逊必须先用传统的方法对其进行处理，通过样本分析找到客户之间的相似性。但这些推荐信息是非常原始的，就如同你在买一件婴儿用品时，会被淹没在一堆差不多的婴儿用品中一样。马库斯回忆说："推荐信息往往为你提供与你以前购买物品有微小差异的产品，并且循环往复。"

亚马逊的格雷格·林登很快就找到了一个解决方案。他意识到，推荐系统实际上并没有必要把顾客与其他顾客进行对比，这样做其实在技术上也比较烦琐。它需要做的是找到产品之间的关联性。1998 年，林登和他的同事申请了著名的"item-to-item"协同过滤技术的专利。方法的转变使技术发生了翻天覆地的变化。

因为估算可以提前进行，所以推荐系统不仅快，而且适用于各种各样的产品。因此，当亚马逊跨界销售除书以外的其他商品时，也可以对电影或烤面包机这些产品进行推荐。由于系统中使用了所有的数据，推荐会更理想。林登回忆道："在组里有句玩笑话，说的是如果系统运作良好，亚马逊应该只推荐你一本书，而这本书就是你将要买的下一本书。"

现在，公司必须决定什么应该出现在网站上。是亚马逊内部书评家写的个人建议和评论，还是由机器生成的个性化推荐和畅销书排行榜？

林登做了一个关于评论家所创造的销售业绩和计算机生成内容所产生的销售业绩的对比测试，结果他发现两者之间相差甚远。他解释说，通过数据推荐产品所增加的销售远远超过书评家的贡献。计算机可能不知道为什么喜欢海明威作品的客户会购买菲茨杰拉德的书。但是这似乎并不重要，重要的是销量。最后，编辑们看到了销售额分析，亚马逊也不得不放弃每次的在线评论，最终，书评组被解散了。林登回忆说："书评团队被打败、被解散，我感到非常难过。但是，数据没有说谎，人工评论的成本是非常高的。"

如今，据说亚马逊销售额的三分之一都来自于它的个性化推荐系统。有了它，亚马逊不仅使很多大型书店和音乐唱片商店歇业，而且当地数百个自认为有自己风格的书商也难免受转型之风的影响。

知道人们为什么对这些信息感兴趣可能是有用的，但这个问题目前并不是很重要。但是，知道"是什么"可以创造点击率，这种洞察力足以重塑很多行业，而不仅仅只是电子商务。所有行业中的销售人员早就被告知，他们需要了解是什么让客户做出了选择，要把握客户做决定背后的真正原因，因此专业技能和多年的经验受到高度重视。大数据却显示，还有另外一个在某些方面更有用的方法。亚马逊的推荐系统梳理出了有趣的相关关系，但不知道背后的原因——知道是什么就够了，没必要知道为什么。

# 3.1 大数据与人工智能

事实上人们对数据并不陌生。上古时期的结绳记事、以月之盈亏计算岁月，到后来部落内部以猎物、采摘多寡计算贡献，再到历朝历代的土地农田、人口粮食、马匹军队等各类事项都涉及大量的数据。这些数据虽然越来越多、越来越大，但是，人们都未曾冠之以"大"字，那是什么事情让"数据"这瓶老酒突然焕发了青春并如此时髦起来呢？

当互联网开始进一步向外延伸并与世上的很多物品链接之后，这些物体开始不停地将实时变化的各类数据传回到互联网并与人开始互动的时候，物联网（见图 3-2）诞生了。物联网是个大奇迹，被认为可能是继互联网之后人类最伟大的技术革命。

如今，即便是一件物品被人感知到的几天内的各种动态数据，都足以与古代一个王国一年所收集的各类数据相匹抵，那物联网上数以万计亿计的物品呢？是不是数据大得不得了，于是"大数据"产生了。如此浩如云海的数据，如何分类提取和有效处理呢？这个需要强大的技术设计与运算能力，于是有了"云计算"。其中的"技术设计"属于"算法"。"云计算"需要从大量数据中挖掘有用的信息，于是"数据挖掘"产生了。这些被挖掘出来的有用信息去服务城市就叫作"智慧城市"，去服务交通就叫作"智慧交通"，去服务家庭就叫作"智能家居"，去服务于医院就叫作"智能医院"等，于是，智能社会产生了。不过，智能社会要有序、有效地运行，中间必须依托一个"桥梁"和借助于某个工具，那就是"人工智能"。

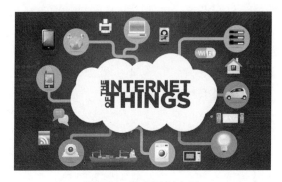

图 3-2    物联网诞生了

这就是为什么近几年时间内，诸如"人工智能""物联网""大数据""云计算""算法""数据挖掘"和"智能XX"这些时髦概念突然纷纷冒出来的理由，原来它们都是"同一条线上拴着的蚂蚱"（见图3-3）。

图 3-3    一根绳上的蚂蚱

万物大数据主要包括人与人、人与物、物与物三者相互作用所产生（制造）的大数据。其中人与人、人与物之间制造出来的数据，有少部分被感知，物与物之间制造出来的数据还没有办法被感知。

对于人与人、人与物之间被感知到的那部分很小的数据（相对于万物释放的量来说非常小，但是绝对量却非常大），这主要是指在2000年后，因为人类信息交换、信息存储、信息处理三方面能力的大幅增长而产生的数据，这个实际上就是我们日常所听到的"大数据"概念，是以人为中心的狭义大数据，也是实用性（商业、监控或发展等使用）大数据。信息存储、处理等能力的增强为我们利用大数据提供了近乎无限的想象空间。

在数字化时代，数据处理变得更加容易、更加快速，人们能够在瞬间处理成千上万的数据。而"大数据"全在于发现和理解信息内容及信息与信息之间的关系。实际上，大数据的精髓在于分析信息时的三个转变，这些转变将改变我们理解和组建社会的方法，这三个转变是相互联系和相互作用的。

## 3.2 思维转变之一：样本=总体

很长以来，因为记录、储存和分析数据的工具不够好，为了让分析变得简单，当面临大量数据时，社会都依赖于采样分析。但是采样分析是信息缺乏时代和信息流通受限制的模拟数据时代的产物。如今信息技术的条件已经有了非常大的提高，虽然人类可以处理的数据依然是有限的，但是可以处理的数据量已经大大地增加，而且未来会越来越多。

**大数据时代的第一个转变，是要分析与某事物相关的所有数据，而不是依靠分析少量的数据样本。**

在某些方面，人们依然还没有意识到自己拥有了能够收集和处理更大规模数据的能力，还是在信息匮乏的假设下做很多事情。人们甚至发展了一些使用尽可能少的信息的技术，例如统计学的一个目的就是用尽可能少的数据来证实尽可能重大的发现。

### 3.2.1 小数据时代的随机采样

数千年来，政府一直都试图通过收集信息来管理国民，只是到最近，小企业和个人才有可能拥有大规模收集和分类数据的能力，而此前，大规模的计数则只是政府的事情。

以人口普查为例，据说古代埃及就曾进行过人口普查，那次由罗马帝国的开国君主恺撒主导实施的人口普查，提出了"每个人都必须纳税"。1086年的《末日审判书》对当时英国的人口、土地和财产做了一个前所未有的全面记载。皇家委员穿越整个国家对每个人、每件事都做了记载，后来这本书用《圣经》中的《末日审判书》命名，因为每个人的生活都被赤裸裸地记载下来的过程就像接受"最后的审判"一样。

然而，人口普查是一项耗资且费时的事情，尽管如此，当时收集的信息也只是一个大概情况，实施人口普查的人也知道他们不可能准确记录下每个人的信息。实际上，"人口普查"这个词来源于拉丁语的"censere"，本意就是推测、估算。

三百多年前，一个名叫约翰·格朗特的英国缝纫用品商提出了一个很有新意的方法，用来推算出鼠疫时期伦敦的人口数，这种方法就是后来的统计学。这个方法不需要一个人一个人地计算。虽然这个方法比较粗糙，但采用这个方法，人们可以利用少量有用的样本信息来获取人口的整体情况。样本分析法一直都有较大的漏洞，因此，无论是进行人口普查还是其他大数据类的任务，人们还是一直使用清点这种"野蛮"的方法。

美国在1880年进行的人口普查，耗时8年才完成数据汇总。因此，他们获得的很多数据都是过时的。1890年进行的人口普查，预计要花费13年的时间来汇总数据。然而，因为税收分摊和国会代表人数确定都是建立在人口的基础上的，必须获得正确且及时的数据，所以就需要有新技术。后来，美国发明家赫尔曼·霍尔瑞斯（被称为现代自动计算之父）用他的穿孔卡片制表机（见图3-4）成功地在一年时间内完成了人口普查的数据汇总工作。这简直就是一个奇迹，它标志着自动处理数据的开端，也为后来IBM公司的成立奠定了基础。

这就是问题所在，是利用所有的数据还是仅仅采用一部分呢？有人提出有目的地选择最具代表性的样本是最恰当的方法，后来统计学家们证明，问题的关键是选择样本时的随机性，采样分析的精确性随着采样随机性的增加而大幅提高，但与样本数量的增加关系不大。

图 3-4　霍尔瑞斯普查机

在商业领域，随机采样被用来监管商品质量。这使得监管商品质量和提升商品品质变得更容易，花费也更少。本质上来说，随机采样让大数据问题变得更加切实可行。同理，它将客户调查引进了零售行业，将焦点讨论引进了政治界，也将许多人文问题变成了社会科学问题。

随机采样取得了巨大的成功，成为现代社会、现代测量领域的主心骨。但这只是一条捷径，是在不可收集和分析全部数据的情况下的选择，它的成功依赖于采样的绝对随机性，但是实现采样的随机性非常困难。一旦采样过程中存在任何偏见，分析结果就会相去甚远。

### 3.2.2　大数据与乔布斯的癌症治疗

我们来看一下 DNA 分析。由于技术成本大幅下跌以及在医学方面的广阔前景，个人基因排序成为一门新兴产业。

从 2007 年起，硅谷的新兴科技公司 23andMe 就开始分析人类基因，这可以揭示出人类遗传密码中一些会导致其对某些疾病抵抗力差的特征，如乳腺癌和心脏病。23andMe 希望能通过整合顾客的 DNA 和健康信息，了解到用其他方式不能获取的新信息。公司对某人的一小部分 DNA 进行排序，标注出几十个特定的基因缺陷。这只是该人整个基因密码的样本，还有几十亿个基因碱基对未排序。最后，23andMe 只能回答其标注过的基因组表现出来的问题。发现新标注时，该人的 DNA 必须重新排序，更准确地说，是相关的部分必须重新排列。这样只研究样本而不是整体，有利有弊：能更快、更容易地发现问题，但不能回答事先未考虑到的问题。

苹果公司的传奇总裁史蒂夫·乔布斯在与癌症斗争的过程中采用了不同的方式，成为世界上第一个对自身所有 DNA 和肿瘤 DNA 进行排序的人。他得到的不是一个标记的样本，而是包括整个基因密码的数据文档。

对于一个普通的癌症患者，医生只能期望她的 DNA 排列同试验中使用的样本足够相似。但是，史蒂夫·乔布斯的医生们能够基于乔布斯的特定基因组成，按所需效果用药。如果癌症病变导致药物失效，医生可以及时更换另一种药。乔布斯曾经开玩笑地说："我要么是第一个通过这种方式战胜癌症的人，要么就是最后一个因为这种方式死于癌症的人。"虽然他的愿望没有实现，但是这种获得所有数据而不仅是样本的方法还是将他的生命延长了好几年。

### 3.2.3　全数据模式：样本＝总体

采样的目的是用最少的数据得到更多的信息，而当可以处理海量数据的时候，采样就没有什么意义了。如今，计算和制表已经不再困难，感应器、手机导航、网站点击和微信等被动地收集了大量数据，而计算机可以轻易地对这些数据进行处理。但是，数据处理技术已经发生了翻天覆地的改变，而我们的方法和思维却没有跟上这种改变。

在很多领域，从收集部分数据到收集尽可能多的数据的转变已经发生。如果可能的话，我们会收集所有的数据，即"样本＝总体"，这是指能对数据进行深度探讨。

在上面提到的例子中，用采样的方法分析情况正确率可达97%。对于某些事物来说，3%的错误率是可以接受的，但是你可能会失去对某些特定子类别进行进一步研究的能力。

谷歌流感趋势预测不是依赖于随机样本，而是分析了全美国几十亿条互联网检索记录。分析整个数据库，而不是对一个小样本进行分析，能够提高微观层面分析的准确性，甚至能够推测出某个特定城市的流感状况。

通过使用所有的数据，可以发现如若不然则会出现在大量数据中淹没掉的情况。例如，信用卡诈骗是通过观察异常情况来识别的，只有掌握了所有的数据才能做到这一点。在这种情况下，异常值是最有用的信息，你可以把它与正常交易情况进行对比。而且，因为交易是即时的，所以你的数据分析也应该是即时的。

因为大数据是建立在掌握所有数据，至少是尽可能多的数据的基础上的，所以就可以正确地考察细节并进行新的分析。在任何细微的层面，都可以用大数据去论证新的假设。当然，有些时候还是可以使用样本分析法，毕竟我们仍然活在一个资源有限的时代。但是更多时候，利用手中掌握的所有数据成为最好也是可行的选择。于是，慢慢地，我们会完全抛弃样本分析。

## 3.3　思维转变之二：接受数据的混杂性

当我们测量事物的能力受限时，关注最重要的事情和获取最精确的结果是可取的。直到今天，我们的数字技术依然建立在精准的基础上。假设只要电子数据表格把数据排序，数据库引擎就可以找出和我们检索的内容完全一致的检索记录。

这种思维方式适用于掌握"小数据量"的情况，因为需要分析的数据很少，所以必须尽可能精准地量化我们的记录。在某些方面，我们已经意识到了差别。例如，一个小商店在晚上打烊的时候要把收银台里的每分钱都数清楚，但是我们不会、也不可能用"分"这个单位去精确度量国民生产总值。随着规模的扩大，对精确度的痴迷将减弱。

针对小数据量和特定事情，追求精确性依然是可行的，比如一个人的银行账户上是否有足够的钱开具支票。但是，在大数据时代，很多时候，追求精确度已经变得不可行，甚至不受欢迎了。大数据纷繁多样，优劣掺杂，分布在全球多个服务器上。拥有了大数据，不再需要对一个现象刨根究底，只要掌握大体的发展方向即可。当然，我们也不是完全放弃了精确度，只是不再沉迷于此。适当忽略微观层面上的精确度会让我们在宏观层面拥有更好的洞察力。

**大数据时代的第二个转变，是我们乐于接受数据的纷繁复杂，而不再一味追求其精确**

**性**。在越来越多的情况下，使用所有可获取的数据变得更为可能，但为此也要付出一定的代价。数据量的大幅增加会造成结果的不准确，与此同时，一些错误的数据也会混进数据库，我们需要努力避免这些问题。

### 3.3.1　允许不精确

对"小数据"而言，最基本、最重要的要求就是减少错误，保证质量。因为收集的信息量比较少，所以必须确保记录下来的数据尽量精确。为了使结果更加准确，很多科学家都致力于优化测量的工具。在采样的时候，对精度的要求就更高更苛刻了。因为收集信息的有限意味着细微的错误会被放大，甚至有可能影响整个结果的准确性。

然而，在不断涌现的新情况里，允许不精确的出现已经成为一个亮点，而非缺点。因为放松了容错的标准，人们掌握的数据也多了起来，还可以利用这些数据做更多新的事情。这样就不是大量数据优于少量数据那么简单了，而是大量数据创造了更好的结果。

同时，我们需要与各种各样的混乱做斗争。混乱，简单地说就是随着数据的增加，错误率也会相应增加。所以，如果桥梁的压力数据量增加 1 000 倍的话，其中的部分读数就可能是错误的，而且随着读数量的增加，错误率可能也会继续增加。在整合来源不同的各类信息的时候，因为它们通常不完全一致，所以也会加大混乱程度。

混乱还指格式的不一致性，因为要达到格式一致，就需要在进行数据处理之前仔细地清洗数据，而这在大数据背景下很难做到。当然，在萃取或处理数据的时候，混乱也会发生。因为在进行数据转化的时候，我们是在把它变成另外的事物。

可见，为了获得更广泛的数据而牺牲了精确性，也因此看到了很多无法被关注到的细节。虽然如果能够下足够多的工夫，这些错误是可以避免的，但在很多情况下，与致力于避免错误相比，对错误的包容会带给我们更多好处。

大数据在多大程度上优于算法，这个问题在自然语言处理上表现得很明显。2000 年，微软研究中心的米歇尔·班科和埃里克·布里尔一直在寻求改进 Word 程序中语法检查的方法。但是他们不能确定是努力改进现有的算法、研发新的方法，还是添加更加细腻精致的特点更有效。所以，在实施这些措施之前，他们决定往现有的算法中添加更多的数据，看看会有什么不同的变化。很多对计算机学习算法的研究都建立在百万字左右的语料库基础上。最后，他们决定往 4 种常见的算法中逐渐添加数据，先是一千万字，再到一亿字，最后到十亿。

结果有点令人吃惊。他们发现，随着数据的增多，4 种算法的表现都大幅提高了。当数据只有 500 万的时候，有一种简单的算法表现得很差，但当数据达 10 亿的时候，它变成了表现最好的，准确率从原来的 75% 提高到了 95% 以上。与之相反，在少量数据情况下运行得最好的算法，当加入更多的数据时，也会像其他的算法一样有所提高，但是却变成了在大量数据条件下运行得最不好的。它的准确率从 86% 只提高到 94%。

后来，班科和布里尔在他们发表的研究论文中写到，"如此一来，我们得重新衡量一下更多的人力物力是应该消耗在算法发展上还是在语料库发展上。"

### 3.3.2　纷繁的数据越多越好

通常传统的统计学家都很难容忍错误数据的存在，在收集样本的时候，他们会用一整套的策略来减少错误发生的概率。在结果公布之前,他们也会测试样本是否存在潜在的系统性偏差。这些策略包括根据协议或通过受过专门训练的专家来采集样本。但是,即使只是少量的数据,这些规避错误的策略实施起来还是耗费巨大。尤其是当收集所有数据的时候,这就行不通了。不仅是因为耗费巨大,还因为在大规模的基础上保持数据收集标准的一致性不太现实。

大数据时代要求我们重新审视数据精确性的优劣。如果将传统的思维模式运用于数字化、网络化的 21 世纪,就有可能错过重要的信息。

如今,我们已经生活在信息时代。我们掌握的数据越来越全面,它包括了与这些现象相关的大量甚至全部数据。我们不再需要担心某个数据点对整套分析的不利影响。我们要做的就是要接受这些纷繁的数据并从中受益,而不是以高昂的代价消除所有的不确定性。

在华盛顿州布莱恩市的英国石油公司(BP)切里波因特炼油厂(见图 3-5)里,无线感应器遍布于整个工厂,形成无形的网络,能够产生大量实时数据。在这里,酷热的恶劣环境和电气设备的存在有时会对感应器读数有所影响,形成错误的数据。但是数据生成的数量之多可以弥补这些小错误。随时监测管道的承压使得 BP 能够了解到,有些种类的原油比其他种类更具有腐蚀性。以前,这都是无法发现也无法防止的。

图 3-5 切里波因特炼油厂

有时候,当掌握了大量新型数据时,精确性就不那么重要了,我们同样可以掌握事情的发展趋势。大数据不仅让我们不再期待精确性,也无法实现精确性。然而,除了一开始会与我们的直觉相矛盾之外,接受数据的不精确和不完美,反而能够更好地进行预测,也能够更好地理解这个世界。

值得注意的是,错误性并不是大数据本身固有的特性,而是一个急需我们去处理的现实问题,并且有可能长期存在。它只是我们用来测量、记录和交流数据的工具的一个缺陷。如果说哪天技术变得完美无缺了,不精确的问题也就不复存在了。因为拥有更大数据量所能带来的商业利益远远超过增加一点精确性,所以通常不会再花大力气去提升数据的精确性。这又是一个关注焦点的转变,正如以前,统计学家们总是把他们的兴趣放在提高样本的随机性而不是数量上。如今,大数据给我们带来的利益,让我们能够接受不精确的存在了。

### 3.3.3 混杂性是标准途径

长期以来,人们一直用分类法和索引法来帮助自己存储和检索数据资源。这样的分级系统通常都不完善。而在"小数据"范围内，这些方法就很有效，但一旦把数据规模增加好几个数量级，这些预设一切都各就各位的系统就会崩溃。

一家加拿大的相片分享网站 Flickr（见图 3-6）在 2011 年就已经拥有来自大概一亿用户的 60 亿张照片。根据预先设定好的分类来标注每张照片就没有意义了。恰恰相反，清楚的分类被更混乱却更灵活的机制所取代了，这些机制才能适应改变着的世界。

图 3-6　Flickr 年度最受欢迎的照片之一

当上传照片到 Flickr 网站的时候，我们会给照片添加标签，也就是使用一组文本标签来编组和搜索这些资源。人们用自己的方式创造和使用标签，所以它是没有标准、没有预先设定的排列和分类，也没有我们所必须遵守的类别规定。任何人都可以输入新的标签，标签内容事实上就成为网络资源的分类标准。标签被广泛地应用于微信、脸书、博客等社交网络上。因为它们的存在，互联网上的资源变得更加容易找到，特别是像图片、视频和音乐这些无法用关键词搜索的非文本类资源。如今，要想获得大规模数据带来的好处，混乱应该是一种标准途径，而不应该是竭力避免的。

### 3.3.4　5%的数字数据与95%的非结构化数据

据估计，只有5%的数字数据是结构化的且能适用于传统数据库。如果不接受混乱，剩下95%的非结构化数据都无法被利用，比如网页和视频资源。通过接受不精确性，我们打开了一个从未涉足的世界的窗户。

怎么看待使用所有数据和使用部分数据的差别以及怎样选择放松要求并取代严格的精确性，将会对我们与世界的沟通产生深刻的影响。随着大数据技术成为日常生活中的一部分，我们应该开始从一个比以前更大更全面的角度来理解事物，也就是说应该将"样本＝总体"植入我们的思维中。

现在，我们能够容忍模糊和不确定出现在一些过去依赖于清晰和精确的领域，当然过去可能也只是有清晰的假象和不完全的精确。只要我们能够得到一个事物更完整的概念，就能接受模糊和不确定的存在。

相比依赖于小数据和精确性的时代，大数据因为更强调数据的完整性和混杂性，帮助我们进一步接近事实的真相。"部分"和"确切"的吸引力是可以理解的。但是，当我们的视野局限在可以分析和能够确定的数据上时，我们对世界的整体理解就可能产生偏差和错误。不仅失去了去尽力收集一切数据的动力，也失去了从各个不同角度来观察事物的权利。所以，局限于狭隘的小数据中，我们可以自豪于对精确性的追求，但是就算我们可以分析得到细节中的细节，也依然会错过事物的全貌。

## 3.4 思维转变之三：数据的相关关系

这是因前两个转变而促成的。寻找因果关系是人类长久以来的习惯，即使确定因果关系很困难而且用途不大，人类还是习惯性地寻找缘由。相反，在大数据时代，我们无需再紧盯事物之间的因果关系，而应该寻找事物之间的相关关系，这会给我们提供非常新颖且有价值的观点。相关关系也许不能准确地告知我们某件事情为何会发生，但是它会提醒我们这件事情正在发生。在许多情况下，这种提醒的帮助已经足够大了。

例如，如果数百万条电子医疗记录都显示橙汁和阿司匹林的特定组合可以治疗癌症，那么找出具体的药理机制就没有这种治疗方法本身来得重要。同样，只要我们知道什么时候是买机票的最佳时机，就算不知道机票价格疯狂变动的原因也无所谓了。大数据告诉我们"是什么"而不是"为什么"。在大数据时代，我们不必知道现象背后的原因，只要让数据自己发声。我们不再需要在还没有收集数据之前，就把分析建立在早已设立的少量假设的基础之上。让数据发声，我们会注意到很多以前从来没有意识到的联系的存在。

在传统观念下，人们总是致力于找到一切事情发生背后的原因。然而在很多时候，寻找数据间的关联并利用这种关联就足够了。这些思想上的重大转变导致了**第三个变革，我们尝试着不再探求难以捉摸的因果关系，转而关注事物的相关关系**。

### 3.4.1 关联物，预测的关键

虽然在小数据世界中相关关系也是有用的，但如今在大数据的背景下，相关关系大放异彩。通过应用相关关系，我们可以比以前更容易、更快捷、更清楚地分析事物。

所谓相关关系，其核心是指量化两个数据值之间的数理关系。相关关系强是指当一个数据值增加时，另一个数据值很有可能也会随之增加。我们已经看到过这种很强的相关关系，比如谷歌流感趋势：在一个特定的地理位置，越多的人通过谷歌搜索特定的词条，该地区就有更多的人患了流感。相反，相关关系弱就意味着当一个数据值增加时，另一个数据值几乎不会发生变化。例如，我们可以寻找关于个人的鞋码和幸福的相关关系，但会发现它们几乎扯不上什么关系。

相关关系通过识别有用的关联物来帮助我们分析一个现象，而不是通过揭示其内部的运作机制。当然，即使是很强的相关关系也不一定能解释每一种情况，比如两个事物看上去行为相似，但很有可能只是巧合。相关关系没有绝对，只有可能性。也就是说，不是亚马逊推荐的每本书都是顾客想买的书。但是，如果相关关系强，一个相关链接成功的概率是很高的。这一点很多人可以证明，他们的书架上有很多书都是因为亚马逊推荐而购买的。

通过找到一个现象的良好的关联物，相关关系可以帮助我们捕捉现在和预测未来。如果A和B经常一起发生，我们只需要注意到B发生了，就可以预测A也发生了。这有助于我们捕捉可能和A一起发生的事情，即使我们不能直接测量或观察到A。更重要的是，它还可以帮助我们预测未来可能发生什么。当然，相关关系是无法预知未来的，他们只能预测可能发生的事情。但是，这已经极其珍贵了。

除了仅仅依靠相关关系，专家们还会使用一些建立在理论基础上的假想来指导自己选择适当的关联物。这些理论就是一些抽象的观点，关于事物是怎样运作的。然后收集与关联物相关的数据来进行相关关系分析，以证明这个关联物是否真的合适。如果不合适，人们通常会固执地再次尝试，因为担心可能是数据收集的错误，而最终却可能不得不承认一开始的假想甚至假想建立的基础都是有缺陷和必须修改的。这种对假想的反复试验促进了学科的发展。但是这种发展非常缓慢，因为个人以及团体的偏见会蒙蔽我们的双眼，导致我们在设立假想、应用假想和选择关联物的过程中犯错误。总之，这是一个烦琐的过程，只适用于小数据时代。

在大数据时代，通过建立在人的偏见基础上的关联物监测法已经不再可行，因为数据库太大而且需要考虑的领域太复杂。幸运的是，许多迫使我们选择假想分析法的限制条件也逐渐消失了。我们现在拥有如此多的数据，这么好的机器计算能力，因而不再需要人工选择一个关联物或者一小部分相似数据来逐一分析了。复杂的机器分析有助于我们做出准确的判断，就像在谷歌流感趋势中，计算机把检索词条在5亿个数学模型上进行测试之后，准确地找出了哪些是与流感传播最相关的词条。我们理解世界不再需要建立在假设的基础上，这个假设是指针对现象建立的有关其产生机制和内在机理的假设。

建立在相关关系分析法基础上的预测是大数据的核心。这种预测发生的频率非常高，以至于我们经常忽略了它的创新性。当然，它的应用会越来越多。

一个东西要出故障，不会是瞬间的，而是慢慢地出问题的。通过收集所有的数据，我们可以预先捕捉到事物要出故障的信号，比方说发动机的嗡嗡声、引擎过热都说明它们可能要出故障了。系统把这些异常情况与正常情况进行对比，就会知道什么地方出了毛病。通过尽早地发现异常，系统可以提醒我们在故障之前更换零件或者修复问题。通过找出一个关联物并监控它，我们就能预测未来。

## 3.4.2 "是什么"，而不是"为什么"

在小数据时代，相关关系分析和因果分析都不容易，耗费巨大，都要从建立假设开始，然后进行实验——这个假设要么被证实要么被推翻。但是，由于两者都始于假设，这些分析就都有受偏见影响的可能，极易导致错误。与此同时，用来做相关关系分析的数据可能很难得到。

另一方面，在小数据时代，由于计算机能力的不足，大部分相关关系分析仅限于寻求线性关系。而事实上，实际情况远比我们所想象的要复杂。经过复杂的分析，我们能够发现数据的"非线性关系"。

多年来，经济学家和政治家一直认为收入水平和幸福感是成正比的。从数据图表上可以看到，虽然统计工具呈现的是一种线性关系，但事实上，它们之间存在一种更复杂的动态关系：例如，对于收入水平在1万美元以下的人来说，一旦收入增加，幸福感会随之提升；但对于收入水平在1万美元以上的人来说，幸福感并不会随着收入水平提高而显著提升。如果能发现这层关系，我们看到的就应该是一条曲线，而不是统计工具分析出来的直线。这个发现对决策者来说非常重要。如果只看到线性关系的话，那么政策重心应完全放在增加收入上，因为这样才能增加全民的幸福感。而一旦察觉到这种非线性关系，策略的重心就会变成提高低收入人群的收入水平，因为这样明显更划算。当相关关系变得更复杂时，一切就更混乱了。

大数据时代，专家们正在研发能发现并对比分析非线性关系的技术工具。一系列飞速发展的新技术和新软件也从多方面提高了相关关系分析工具发现非因果关系的能力。这些新的分析工具和思路为我们展现了一系列新的视野被有用的预测，我们看到了很多以前不曾注意到的联系，还掌握了以前无法理解的复杂技术和社会动态。但最重要的是，通过去探求"是什么"而不是"为什么"，相关关系帮助我们更好地了解了这个世界。

### 3.4.3　通过因果关系了解世界

传统情况下，人类是通过因果关系了解世界的。首先，我们的直接愿望就是了解因果关系。即使无因果联系存在，我们也还是会假定其存在。研究证明，这只是我们的认知方式，与每个人的文化背景、生长环境以及教育水平无关。当我们看到两件事情接连发生的时候，我们会习惯性地从因果关系的角度来看待它们。

看看这三句话："小明的父母迟到了；供应商快到了；小明生气了。"读到这里时，我们可能立马就会想到小明生气并不是因为供应商快到了，而是他父母迟到了的缘故。实际上，我们也不知道到底是什么情况。即便如此，我们还是不禁认为这些假设的因果关系是成立的。

普林斯顿大学心理学专家，同时也是 2002 年诺贝尔经济学奖得主丹尼尔·卡尼曼就是用这个例子证明了人有两种思维模式。第一种是不费力的快速思维，通过这种思维方式几秒钟就能得出结果；另一种是比较费力的慢性思维，对于特定的问题，需要考虑到位。

快速思维模式使人们偏向用因果联系来看待周围的一切，即使这种关系并不存在。这是我们对已有的知识和信仰的执着。在古代，这种快速思维模式是很有用的，它能帮助我们在信息量缺乏却必须快速做出决定的危险情况下化险为夷。但是，通常这种因果关系都是并不存在的。

卡尼曼指出，平时生活中，由于惰性，我们很少慢条斯理地思考问题，所以快速思维模式就占据了上风。因此，我们会经常臆想出一些因果关系，最终导致了对世界的错误理解。

与常识相反，经常凭借直觉而来的因果关系并没有帮助我们加深对这个世界的理解。很多时候，这种认知捷径只是给了我们一种自己已经理解的错觉，但实际上，我们可能因此完全陷入了理解误区之中。就像采样是我们无法处理全部数据时的捷径一样，这种找因果关系的方法也是我们大脑用来避免辛苦思考的捷径。

在小数据时代，很难证明由直觉而来的因果联系是错误的。现在，情况不一样了，大数据之间的相关关系，将经常会用来证明直觉的因果联系是错误的。最终也能表明，统计关系也不蕴含多少真实的因果关系。总之，我们的快速思维模式将会遭受各种各样的现实考验。

为了更好地了解世界，我们会因此更加努力地思考。但是，即使是我们用来发现因果关系的第二种思维方式——慢性思维，也将因为大数据之间的相关关系迎来大的改变。

日常生活中，我们习惯性地用因果关系来考虑事情，所以会认为，因果联系是浅显易寻的。但事实却并非如此。与相关关系不一样，即使用数学这种比较直接的方式，因果联系也很难被轻易证明。我们也不能用标准的等式将因果关系表达清楚。因此，即使我们慢慢思考，想要发现因果关系也是很困难的。因为我们已经习惯了信息的匮乏，故此亦习惯了在少量数据的基础上进行推理思考，即使大部分时候很多因素都会削弱特定的因果关系。

与相关关系一样，因果关系被完全证实的可能几乎是没有的，我们只能说，某两者之间很有可能存在因果关系，但两者之间又有不同。证明因果关系的实验要么不切实际，要么违背社会伦理道德。比方说，我们怎么从 5 亿词条中找出和流感传播最相关的呢？我们难道真能为了找出被狗咬和患狂犬病之间的因果关系而置成百上千的病人的生命于不顾吗？因为实验会要求把部分病人当成未被咬的"控制组"成员来对待，但是就算给这些病人打了疫苗，我们又能保证万无一失吗？而且就算这些实验可以操作，操作成本也非常昂贵。

### 3.4.4 通过相关关系了解世界

不像因果关系，证明相关关系的实验耗资少，费时也少。与之相比，分析相关关系，我们既有数学方法，也有统计学方法，同时，数字工具也能帮我们准确地找出相关关系。

相关关系分析本身意义重大，同时它也为研究因果关系奠定了基础。通过找出可能相关的事物，我们可以在此基础上进行进一步的因果关系分析，如果存在因果关系的话，我们再进一步找出原因。这种便捷的机制通过实验降低了因果分析的成本。我们也可以从相互联系中找到一些重要的变量，这些变量可以用到验证因果关系的实验中去。

相关关系很有用，不仅仅是因为它能为我们提供新的视角，而且提供的视角都很清晰。而我们一旦把因果关系考虑进来，这些视角就有可能被蒙蔽掉。

例如，Kaggle 是一家为所有人提供用于数据挖掘竞赛平台的公司，举办了关于二手车（见图 3-7）的质量竞赛。经销商将二手车数据提供参加比赛二手车数据，统计学家们用这些数据建立一个算法系统来预测经销商拍卖的哪些车有可能出现质量问题。相关关系分析表明，橙色的车有质量问题的可能性只有其他车的一半。

图 3-7　二手车数据

当我们读到这里的时候，不禁也会思考其中的原因。难道是因为橙色车的车主更爱车，所以车被保护得更好吗？或是这种颜色的车子在制造方面更精良些吗？还是因为橙色的车更显眼、出车祸的概率更小，所以转手的时候各方面的性能保持得更好？

马上，我们就陷入了各种各样谜一样的假设中。若要找出相关关系，我们可以用数学方法，但如果是因果关系的话，这却是行不通的。所以，我们没必要一定要找出相关关系背后的原因，当我们知道了"是什么"的时候，"为什么"其实没那么重要了，否则就会催生一些滑稽的想法。比方说上面提到的例子里，我们是不是应该建议车主把车漆成橙色呢？毕竟，这样就说明车子的质量更过硬。

考虑到这些，如果把以确凿数据为基础的相关关系和通过快速思维构想出的因果关系相比的话，前者就更具有说服力。但在越来越多的情况下，快速清晰的相关关系分析甚至比慢速的因果分析更有用和更有效。慢速的因果分析集中体现为通过严格控制的实验来验证的因果关系，而这必然是非常耗时耗力的。

近年来，科学家一直在试图减少这些实验的花费，比如说，通过巧妙地结合相似的调查，做成"类似实验"。这样一来，因果关系的调查成本就降低了，但还是很难与相关关系体现的优越性相抗衡。还有，正如我们之前提到的，在专家进行因果关系的调查时，相关关系分析本来就会起到帮助的作用。

在大多数情况下，一旦完成了对大数据的相关关系分析，而又不再满足于仅仅知道"是什么"时，我们就会继续向更深层次研究因果关系，找出背后的"为什么"。

因果关系还是有用的，但是它将不再被看成意义来源的基础。在大数据时代，即使很多情况下，我们依然指望用因果关系来说明我们所发现的相互联系，但是，我们知道因果关系只是一种特殊的相关关系。相反，大数据推动了相关关系分析。相关关系分析通常情况下能取代因果关系起作用，即使不可取代的情况下，它也能指导因果关系起作用。

# 【作 业】

1. 19 世纪以来，当面临大量数据时，社会都依赖于采样分析。但是采样分析是（　　　）时代的产物。

A. 计算机　　　　　　B. 青铜器　　　　　　C. 模拟数据　　　　　　D. 云

2. 长期以来，人们已经发展了一些使用尽可能少的信息的技术。例如，统计学的一个目的就是（　　　）。

A. 用尽可能多的数据来验证一般的发现

B. 用尽可能少的数据来验证尽可能简单的发现

C. 用尽可能少的数据来证实尽可能重大的发现

D. 用尽可能少的数据来验证一般的发现

3. 因为大数据是建立在（　　　），所以我们就可以正确地考察细节并进行新的分析。

A. 掌握所有数据，至少是尽可能多的数据的基础上的

B. 在掌握少量精确数据的基础上，尽可能多地收集其他数据

C. 掌握少量数据，至少是尽可能精确的数据的基础上的

D. 尽可能掌握精确数据的基础上

4. 直到今天，我们的数字技术依然建立在精准的基础上，这种思维方式适用于掌握（　　　）的情况。

A. 小数据量　　　　　B. 大数据量　　　　　C. 无数据　　　　　D. 多数据

5. 当人们拥有海量即时数据时，绝对的精准不再是人们追求的主要目标。当然，（　　　）。

A. 我们应该完全放弃精确度，不再沉迷于此

B. 我们不能放弃精确度，需要努力追求精确度

C. 我们也不是完全放弃了精确度，只是不再沉迷于此

D. 我们是确保精确度的前提下，适当寻求更多数据

6. 为了获得更广泛的数据而牺牲了精确性，也因此看到了很多无法被关注到的细节。（　　）。

A. 在很多情况下，与致力于避免错误相比，对错误的包容会带给我们更多问题

B. 在很多情况下，与致力于避免错误相比，对错误的包容会带给我们更多好处

C. 无论什么情况，我们都不能容忍错误的存在

D. 无论什么情况，我们都可以包容错误

7. 以前，统计学家们总是把他们的兴趣放在提高样本的随机性而不是数量上。这是因为（　　）。

A. 提高样本随机性可以减少对数据量的需求

B. 样本随机性优于对大数据的分析

C. 可以获取的数据少，提高样本随机性可以提高分析准确率

D. 提高样本随机性是为了减少统计分析的工作量

8. 研究表明，在少量数据情况下运行得最好的算法，当加入更多的数据时，（　　）。

A. 也会像其他的算法一样有所提高，但是却变成了在大量数据条件下运行得最不好的

B. 与其他的算法一样有所提高，仍然是在大量数据条件下运行得最好的

C. 与其他的算法一样有所提高，在大量数据条件下运行得还是比较好的

D. 虽然没有提高，还是在大量数据条件下运行得最好的

9. 如今，要想获得大规模数据带来的好处，混乱应该是一种（　　）。

A. 不正确途径，需要竭力避免的

B. 非标准途径，应该尽量避免的

C. 非标准途径，但可以勉强接受的

D. 标准途径，而不应该是竭力避免的

10. 研究表明，只有（　　）的数字数据是结构化的且能适用于传统数据库。如果不接受混乱，剩下（　　）的非结构化数据都无法被利用。

A. 95%，5%　　　　　B. 30%，70%　　　　C. 5%，95%　　　　D. 70%，30%

11. 寻找（　　）是人类长久以来的习惯，即使确定这样的关系很困难而且用途不大，人们还是习惯性地寻找缘由。

A. 相关关系　　　　B. 因果关系　　　　C. 信息关系　　　　D. 组织关系

12. 在大数据时代，我们无需再紧盯事物之间的（　　），而应该寻找事物之间的（　　），这会给我们提供非常新颖且有价值的观点。

A. 因果关系，相关关系　　　　　　　　B. 相关关系，因果关系

C. 复杂关系，简单关系　　　　　　　　D. 简单关系，复杂关系

13. 所谓相关关系，其核心是指量化两个数据值之间的数理关系。相关关系强是指当一个数据值增加时，另一个数据值很有可能会随之（　　）。

A. 减少　　　　　　B. 显现　　　　　　C. 增加　　　　　　D. 隐藏

14. 通过找到一个现象的（　　），相关关系可以帮助我们捕捉现在和预测未来。

A. 出现原因　　　　B. 隐藏原因　　　　C. 一般的关联物　　D. 良好的关联物

15. 大数据时代，专家们正在研发能发现并对比分析非线性关系的技术工具。通过
（　　　），相关关系帮助我们更好地了解了这个世界。

A. 探求"是什么"而不是"为什么"

B. 探求"为什么"而不是"是什么"

C. 探求"原因"而不是"结果"

D. 探求"结果"而不是"原因"

# 第4章 搜索算法

**——这家明星公司用码农冒充 AI，挣了 1 个亿。**

当公众开始适应人工智能（AI）在我们生活里扮演的角色时，对"伪 AI"公司的揭露让我们意识到，某些公司的技术也许并没有那么成熟。为了吸引投资者与用户，"AI"成了一些公司的宣传"标配"。

日前，据《华尔街日报》报道，一家名为 Engineer.ai，宣称利用 AI 技术为软件编写代码的公司，实际上是依赖位于印度和其他地方的人类工程师来完成大部分工作。《华尔街日报》认为 AI 的创业热潮引发创业公司夸大了它们的技术成熟度。

随后，Engineer.ai 在公司官网发文以反驳，称其对于技术的描述一直是"人工辅助"智能，并表示认识到开发全自动化软件至少需要 7 年时间。

Engineer.ai 公司位于伦敦和洛杉矶。2018 年 11 月，它获得了由 Lakestar（脸书和 Airbnb 的早期投资者）和丛林风险投资领投的 2950 万美元 A 轮融资，软银全资子公司 Deepcore 也参与其中，这是欧洲金额最大的 A 轮融资之一。2018 年 3 月之前，Engineer.ai 已创收 2300 万美元（约合 1.6 亿人民币），并计划在 2020 年底前突破 1 亿美元的收入大关。

**软件定制流水线**

Engineer.ai 的愿景是将用户的创意转化为已开发产品，让做软件像订披萨一样简单。

人们往往认为只有会编程才能创建应用程序。Engineer.ai 测试图证明并不是这样，它宣称可以让 AI 来做大部分工作。"希望 Engineer.ai 让每个人都能在不学习编程的情况下实现自己的想法。"Engineer.ai 创始人萨钦·德夫·达加尔说。

"我是一名软件工程师，很多像我一样的人不愿意重复写代码，比如类似于 Facebook 的登录环节。我们需要让工程师去做更重要的事情，比如设计应用程序的逻辑和流程，以及对客户实际问题的思考。"达加尔表示。

Engineer.ai 将应用程序的开发视为流水线生产过程，将具体项目分解为很多可重复利用的小功能模块。他们宣称，当一个应用程序需要设计时，大部分工作是由 AI 在它的平台上的最初几个小时内完成的。然后，软件工程师专注于完成创意的部分。

他们的 AI 平台名为"Builder"。"Builder"是由 AI 驱动的软件组装工具。平台搭建过程中，他们聘用了来自世界各地的兼职员工为他们编码软件中可重复利用的部分。然后，他们开发了可以计量各类定制软件开发所需价格和时间的交付应用。此外，Engineer.ai 还提供软件开发后所需要的托管和营销等服务。

"通过创造一条 AI 驱动的装配线，结合全球最优秀的人才，Engineer.ai 架起了从想法到软件产品之间的桥梁。"Lakestar 合伙人马努·古普塔表示。

依托 AI 的名义，自 2018 年 6 月推出以来，Engineer.ai 已经在电子商务、移动商务平台、社交应用程序等领域吸引了数百名客户，这些客户使用 Builder 创建了像 DiditFor、Virgin、Manscore 和 ZikTruck 等产品。

达加尔相信，随着越来越多的人想要构建自己的应用程序，这个市场必将呈指数级增长，他在这个领域已经占据了先机。

不过，一年过去了，争议的矛头指向了他们的 AI 技术平台。"Builder"似乎只有人工，没有智能。

### 人工智能在哪里？

Engineer.ai 的一些现任和前任员工向《华尔街日报》表示，该公司夸大了其 AI 的能力，以吸引客户和投资者（见图 4-1）。

《华尔街日报》通过熟悉该公司运营的人士获悉，Engineer.ai 并不像它声称的那样使用 AI 来为应用程序汇编代码，而是依赖来自印度和其他地方的人类工程师来完成大部分工作。

一位熟悉该公司运营情况的人士表示，Engineer.ai 只在过去两个月才开始开发自动化应用程序所需的技术，并补充称，该公司距离能够将任何人工智能用于其核心服务还有一年多的时间。

Engineer.ai 前首席商务罗伯特·霍德海姆也对公司的技术实力表示怀疑。在 2019 年 2 月提交给洛杉矶最高法院的一份不当解雇诉状中，Engineer.ai 创始人达加尔告诉霍德海姆："每一家科技初创公司都夸大事实来获得资金——正是资金让我们得以开发这项技术。"

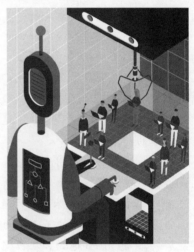

图 4-1　AI 还是人类工程师

当《华尔街日报》致电 Engineer.ai 以了解其如何使用人工智能时，Engineer.ai 的发言人表示，其完全"自动"地为客户计算软件定制价格和制作时间表，部分过程使用自然语言处理（旨在识别和理解文本或语音的人工智能技术），公司还使用决策树（基于选择的图表或模型）来分配任务给开发人员。

不过，几位现任和前任员工表示，一些定价和时间表计算是由传统软件生成的，并不包含 AI 技术，且公司缺乏自然语言处理技术，而决策树不应被视为人工智能。

《华尔街日报》询问了 Engineer.ai 人工智能的技术后，Engineer.ai 在其网站上发布声明称，"平均约 60%"的可重复使用软件是由机器生产的。但声明没有透露机器生产技术细节。

当《华尔街日报》的报道刊登后，Engineer.ai 创始人达加尔在其公司官网发文："我们被要求通过电话分享技术商业秘密，这对我们来说是不可能的。作为一家正在申请专利的公司，我们被告知不要谈论任何专利中尚未公开的内容。同样，我们也很难在电话里解释我们如何使用浅双层神经网络。"

文章指出，"Engineer.ai 的价格发现系统包含自然语言处理技术"，"决策树是 AI 的一部分"，并公布了一页为投资者提供的技术尽职调查 PPT。

文章强调："我们一再表示，我们不是试图实现应用程序开发的完全自动化，而是对整个流程的所有重复部分实现自动化（从构思到开发再到运行和扩展）。对于人类工程师来说，这些工作是没有价值或低效的。我们认识到全自动软件（综合程序）的开发至少需要 7

年时间。"

### 它不是唯一一家

目前人工智能技术的定义是开放且松散的，因此非专业人士很难辨别它何时被部署。尽管如此，热钱仍不断涌入该领域。

据英国投资公司 MMC Ventures 对 2830 家科技初创企业的分析，在欧洲，描述中带有 AI 的初创企业比其他初创企业的融资额高出 15% 至 50%。其中约 40% 被归为 AI 初创企业的公司的产品没有使用人工智能的证据。

"我认为这个比例甚至更高，"伦敦风险投资公司 Talis Capital 的执行合伙人瓦西里·福卡说，"如果你声称自己拥有人工智能技术，或者你的解决方案是人工智能驱动的，投资者对你的兴趣就会提高 3 至 4 倍。"

不仅初创企业往往会发现构建人工智能比预期的要困难，大企业也不例外。比如，为支持训练此类技术的机器学习算法，企业收集和标记数据可能需要数年时间。

美国科技多家巨头承认，他们使用人工来检查人工智能助理的音频样本，从而帮助纠正智能助理的工作表现。意识到这项计划可能会损害其对用户隐私的承诺后，苹果公司停止了这一做法；谷歌在欧盟区停止了这一做法；近日，脸书也将停止使用 AI 为 Messenger 执行语音到文本的转录。

因此，一些公司利用廉价的人力作为 AI 技术部署的临时的权宜之计。而最终，这些公司是否能打破质疑，推出真正创新、有效的技术，时间会告诉我们答案。

AI 给我们的城市带来了一个充满矛盾的未来。

一方面，技术乐观主义者认为，自动驾驶汽车、移动医疗和机器人教师等技术将使我们摆脱种种琐事，比如通勤和在医院候诊，使我们的城市变得更美好、更包容、更可持续。

另一方面，技术悲观主义者看到的是一个反乌托邦式的未来，AI 和机器人夺走了人类的工作，人类处于一种被永久监视的状态。

技术、商业和城市领域的一个专家小组发表了一份《2030 年的人工智能与生活》的报告，讨论了现在以及未来数十年里，AI 对城市本身以及对人类都市生活和工作的巨大影响。该报告涵盖了 AI 的几个重要领域，包括：

- 处理庞大数据集的大规模机器学习或算法。
- 识别图像、视频、声音、语音和语言的深度学习。
- 从模式识别转向经验驱动决策的强化学习。
- 能与环境和人类开展现实互动的机器人。
- 可以使计算机比人类更好地进行观察和完成任务的计算机视觉。
- 除了回复请求以外，还能进行语音交流的自然语言处理。
- 协作系统，众包和人本计算。
- 运用社会经济数据调整人员和企业激励措施的算法和计算工具。
- 把电器、交通工具、建筑和摄像头连接起来的"物联网"。
- 模仿生物神经网络以提高计算机系统效率和鲁棒性的神经形态计算。

......

这份报告强调，我们需要制定新的策略和政策，引导 AI 在城市中的使用，这些策略和政策涉及合法性与责任、资格认证、机构控制、创新与隐私、劳动与税收等方面。我们还需要开展更多研究，为城市和地方政府提供培训和资助，以更好地了解这场即将到来的革命，并为此做好准备。

## 4.1  关于搜索算法

搜索是大多数人日常生活中的一部分。我们恐怕都有过找不到钥匙、找不到电视遥控器的经历，然后翻箱倒柜一番折腾。有时候，搜索可能更多的是在大脑中进行的。你可能会突然不记得自己到访过的地方的名字、不记得熟人的名字，或者不记得曾经谙熟于心的歌词。

搜索及其执行也是人工智能技术的重要基础，是人工智能中经常遇到的重要问题之一。许多算法专门通过列表进行搜索和排序。当然，如果数据按照逻辑顺序组织，那么搜索就会比较方便一些。想象一下，如果姓名和电话号码随机排列，那么搜索相对较大城市的电话簿会有多麻烦。因此，搜索和信息组织在智能系统的设计中发挥了重要作用。例如人们认为，性能更好的国际象棋博弈程序比同类型的程序更加智能。

所谓搜索算法，就是利用计算机的高性能来有目的地穷举一个问题的部分或所有的可能情况，从而求出问题的解的一种方法。搜索过程实际上是根据初始条件和扩展规则构造一棵解答树并寻找符合目标状态的节点的过程。

搜索算法根据初始条件和扩展规则构造一颗"解答树"并寻找符合目标状态的节点。从最终的算法实现上来看，所有的搜索算法都可以划分成两个部分——控制结构（扩展节点的方式）和产生系统（扩展节点），而所有的算法优化和改进主要都是通过修改其控制结构来完成的。其实，在这样的思考过程中，我们已经不知不觉地将一个具体的问题抽象成了一个图论的模型——树，即搜索算法的使用第一步在于搜索树（见图4-2）的建立。

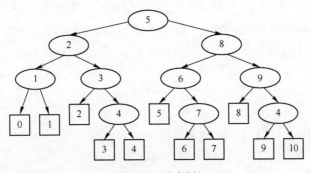

图4-2  搜索树

由图4-2可以知道，搜索树的初始状态对应着根节点，目标状态对应着目标节点。排在前的节点叫父节点，其后的节点叫子节点，同一层中的节点是兄弟节点，由父节点产生子节点叫扩展。完成搜索的过程就是找到一条从根节点到目标节点的路径，找出一个最优的解，这种搜索算法的实现类似于图或树的遍历。

## 4.2  盲目搜索

下面来学习基本的搜索算法，即"盲目搜索"，或者称为"无信息搜索"，又叫非启发式搜索。所谓无信息搜索，意味着该搜索策略没有超出问题定义提供的状态之外的附加信息，所能做的就是生成后继节点并且区分一个目标状态或一个非目标状态。所有的搜索策略是由节点扩展的顺序加以区分。这些算法不依赖任何问题领域的特定知识，一般只适用于求解比较简单的问题，且通常需要占用大量的空间和时间。例如，假设你正在迷宫中找出路，在盲目搜索中，你可能总是选择最左边的路线，而不考虑任何其他可替代的选择。

盲目搜索通常是按预定的搜索策略进行搜索，而不会考虑到问题本身的特性。常用的盲目搜索有广度优先搜索（Breadth First Search，BFS）和深度优先搜索（Depth First Search，DFS）两种。

## 4.2.1 状态空间图

状态空间图（Statc-Space Graph）是一个有助于形式化搜索过程的数学结构，是对一个问题的表示，通过问题表示，人们可以探索和分析通往解的可能的可替代路径。特定问题的解将对应状态空间图中的一条路径。有时候，我们要搜索一个问题的任意解；而有时候，我们希望得到一个最短（最优）的解。

在计算机科学领域里，有一个著名的假币问题。有 12 枚硬币，已知其中一枚是假的或是伪造的，但是还不知道假币是比其他真币更轻还是更重。普通的秤可以用于确定任何两组硬币的质量，即一组硬币比另一组硬币更轻或更重。为了解决这个问题，你应该创建一个程序，通过称量三组硬币的组合来识别假币。

下面解决一个相对简单的问题实例，假设只涉及 6 枚硬币；与上述的原始问题一样，它也需要比较三组硬币，由于在这种情况下，任何一组的硬币枚数相对较少，称之为最小假币问题。我们使用符号 $C_{i1}C_{i2}\cdots C_{ir}:C_{j1}C_{j2}\cdots C_{jr}$ 来指示 $r$ 枚硬币，比较 $C_{i1}C_{i2}\cdots C_{ir}$ 与另 $r$ 枚硬币 $C_{j1}C_{j2}\cdots C_{jr}$ 的质量大小。结果是，要么这两组硬币同样重，要么不一样重。我们不需要进一步知道左边盘子的硬币是否比右边盘子的硬币更重或是更轻（如果要解决这个问题的 12 枚硬币的版本，就需要知道其他知识）。最后，我们采用记号 $\left[C_{k1}C_{k2}\cdots C_{km}\right]$ 来指示具有 $m$ 枚硬币的子集是所知道的包含了假币的最小硬币集合。图 4-3 给出了这个最小假币问题的一个解。

如图 4-3 所示，状态空间树由节点和分支组成。一个椭圆是一个节点，代表问题的一个状态。节点之间的弧表示将状态空间树移动到新节点的算符（或所应用的算符）。请参考图 4-3 中标有（＊）的节点。这个节点 $\left[C_1C_2C_3C_4\right]$ 表示假币可能是 $C_1$、$C_2$、$C_3$ 或 $C_4$ 中的任何一个。我们决定对 $C_1$ 和 $C_2$ 以及 $C_5$、$C_6$ 之间的质量大小（应用算符）进行比较。如果结果是这两个集合中的硬币质量相等，那么就知道假币必然是 $C_3$ 或 $C_4$ 中的一个；如果这两个集合中的硬币质量不相等，那么可以确定 $C_1$ 或 $C_2$ 是假币。为什么呢？状态空间树中有两种特殊类型的节点。第一个是表示问题起始状态的起始节点。在图 4-3 中，起始节点是 $\left[C_1C_2C_3C_4C_5C_6\right]$，这表明起始状态时，假币可以是 6 枚硬币中的任何一个。另一种特殊类型的节点对应于问题的终点或最终状态。图 4-3 中的状态空间树有 6 个终端节点，每个标记为 $\left[C_i\right]$（$i=1$，…，6），其中 $i$ 的值指定了哪枚是假币。

问题的状态空间树包含了问题可能出现的所有状态以及这些状态之间所有可能的转换。事实上，由于回路经常出现，这样的结构通常称为状态空间图。问题的解通常需要在这个结构中搜索（无论它是树还是图），这个结构始于起始节点，终于终点或最终状态。有时候，我们关心的是找到一个解（不论代价）；但有时候，我们可能希望找到最低代价的解。

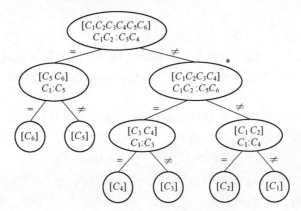

图 4-3　最小假币问题的解

说到解的代价，指的是到达目标状态所需的算符的数量，而不是实际找到此解所需的工作量。相比计算机科学，解的代价等同于运行时间，而不是软件开发时间。

到目前为止，我们不加区别地使用了节点和状态这两个术语。但是，这是两个不同的概念。通常情况下，状态空间图可以包含代表相同问题状态的多个节点（见图4-4）。回顾最小假币问题可知，通过对两个不同集合的硬币进行称重，可以到达表示相同状态的不同节点。

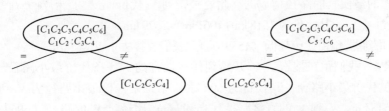

图 4-4　状态空间图中的不同节点可以表示相同的状态

在求解过程中，可以有意忽略系统的某些细节，这样就可以允许在合理的层面与系统进行交互，这就是抽象。例如，如果你想玩棒球，那么抽象就可以更好地让你练习如何打弧线球，而不是让你花 6 年时间成为研究物体如何移动的力学方面的博士。

## 4.2.2　回溯算法

回溯算法是所有搜索算法中最为基本的一种算法，它采用一种"走不通就掉头"思想作为其控制结构，相当于采用了先根遍历的方法来构造解答树，可用于找解或所有解以及最优解。例如，在一个 M×M 的棋盘上某一点上有一个马，要求寻找一条从这一点出发不重复地跳完棋盘上所有的点的路线。

回溯将搜索分成若干步骤，在每个步骤中按照规定的方式做出选择。如果问题的约束条件得到了满足，那么搜索将进行到下一步；如果没有选项可以得到有用的部分解，那么搜索将回溯到前一个步骤，撤销前一个步骤的选择，继续下一个可能的选择。

回溯算法对空间的消耗较少，当其与分支定界法一起使用时，对于所求解在解答树中层次较深的问题有较好的效果。但应避免在后继节点可能与前继节点相同的问题中使用，以免产生循环。

### 4.2.3 贪婪算法

贪婪算法也是先将一个问题分成几个步骤进行操作。贪婪算法总是包含了一个已优化的目标函数（例如，最大化或最小化）。典型的目标函数可以是行驶的距离、消耗的成本或流逝的时间。

图 4-5 代表了中国几个城市的地理位置。假设销售人员从成都开始，想找到去哈尔滨的一条最短路径，这条路径只会经过成都（$V_1$）、北京（$V_2$）、哈尔滨（$V_3$）、杭州（$V_4$）和西安（$V_5$）。这 5 个城市之间的距离以千米（km）表示。

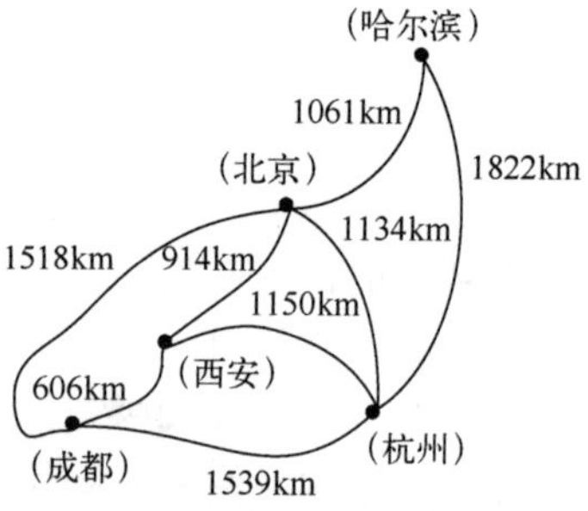

在步骤 1 中，贪婪方法从成都行进到西安，因为这两个城市的距离只有 606 km，西安是最近的城市。

（1）在步骤 1 中，采用 $V_1$ 到 $V_5$ 的路径，因为西安是离成都最近的城市。

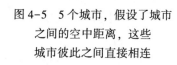

图 4-5　5 个城市，假设了城市之间的空中距离，这些城市彼此之间直接相连

（2）只有是先前已经访问过的顶点，才可以考虑经过该顶点的路径。在步骤 2 中，下一个生成的路径直接从 $V_1$ 到 $V_2$，它的代价（距离）是 1518 km。这条直接的路径比通过 $V_3$ 的路径便宜，代价为 606 km+914 km=1520 km。

（3）$V_1$ 到 $V_3$ 便宜的路径是使用从 $V_1$ 到中间节点（$V_i$）以及从 $V_i$ 到 $V_3$ 的最便宜的路径构成的。此处，$V_1$ 到 $V_3$ 代价最小的路径经过了 $V_2$，其代价为 1518 km+1061 km=2579 km。然而，$V_1$ 到 $V_4$ 的直接路径代价较低（1539 km）。我们直接去了 $V_4$（杭州）。

（4）步骤 4：我们正在搜索从 $V_1$ 开始到任何地方的下一条代价最小路径。我们已经得到了 $V_1$ 到 $V_5$ 的代价最小路径，其代价为 606 km。第二条代价最小路径为 $V_1$ 到 $V_2$ 的直接路径，代价为 1518 km。$V_1$ 到 $V_4$ 的直接路径（1539 km）比经过 $V_5$ 的路径（606 km+1150 km=1756 km）以及经过 $V_2$ 的路径（1518 km+1134 km=2652 km），其代价最低。因此，下一条代价最小路径是那条经过 $V_3$ 的路径（2579 km）。

这里有几种可能性：

- $V_1$ 到 $V_5$（代价=606 km），然后 $V_5$ 到 $V_2$（代价=914 km），即从 $V_1$ 到 $V_2$，经过 $V_5$ 的代价是 1520 km。然后，你需要从 $V_2$ 到 $V_3$（代价=1061 km）。从 $V_1$ 到 $V_3$，经过 $V_5$ 和 $V_2$ 的路径，其总代价是 1520 km+1061 km=2581 km。
- $V_1$ 到 $V_2$ 的代价为 1518 km，$V_2$ 到 $V_3$ 的代价为 1061 km，这条路径的总代价为 2579 km。
- $V_1$ 到 $V_4$ 的代价为 1539 km，$V_4$ 到 $V_3$ 的代价为 1822 km，这条路径的总代价为 3361 km。

我们采用从 $V_1$ 到 $V_3$ 的路径，这条路径首先经过 $V_2$，总代价为 2579 km。

这个例子采用的特定算法是 Dijkstra 的最短路径算法，这个算法是贪婪算法的一个例子。使用贪婪算法求解问题效率很高，但有一些问题不能使用这种范式求解，例如旅行销售员问题。

### 4.2.4 旅行销售员问题

在旅行销售员问题的加权图（即边具有代价的图）中，给定 $n$ 个顶点，你必须找到始

于某个顶点 $V_i$，有且只有一次经过图中的每个顶点，然后返回 $V_i$ 的最短路径。还是用前面 5 个城市的例子。假设销售员住在西安，因此必须按照某种次序依次访问成都、北京、杭州和哈尔滨，然后回到西安。在寻求代价最小的路径时，旅行销售员问题基于贪婪算法的解总是访问下一个最近的城市。

贪婪算法访问成都、北京、哈尔滨、杭州，然后终于回到西安。这个路径的代价是 606 km+1518 km+1061 km+1822 km+1150 km = 6157 km。如果销售人员依次访问北京、哈尔滨、杭州、成都，然后返回西安，那么总累计代价为 914 km+1061 km+1822 km+1539 km+606 km =5942 km。显然，贪婪算法未能找到最佳路径。

## 4.2.5 深度优先搜索

盲目搜索是不使用领域知识的不知情搜索算法。这些方法假定不知道状态空间的任何信息。3 种主要算法是：深度优先搜索（DFS）、广度优先搜索（BFS）和迭代加深（DFS-ID）的深度优先搜索。这些算法都具有如下两个性质：

（1）它们不使用启发式估计。如果使用启发式估计，那么搜索将沿着最有希望得到解决方案的路径前进。

（2）它们的目标是找出给定问题的某个解。

深度优先搜索（DFS），顾名思义，就是试图尽可能快地深入树中。每当搜索方法可以做出选择时，它选择最左（或最右）的分支（通常选择最左分支）。可以将图 4-6 所示的树作为 DFS 的一个例子。

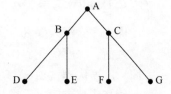

图 4-6 树的深度优先搜索遍历

将按照 A、B、D、E、C、F、G 的顺序访问节点。树的遍历算法将多次"访问"某个节点，例如，在图 4-6 中，依次访问 A、B、D、B、E、B、A、C、F、C、G。

深度优先搜索的基本思想是：从初始节点 $S_0$ 开始进行节点扩展，考察 $S_0$ 扩展的最后一个子节点是否为目标节点，若不是目标节点，则对该节点进行扩展；然后再对其扩展节点中的最后一个子节点进行考察，若又不是目标节点，则对其进行扩展，一直如此向下扩展。当发现节点本身不能扩展时，对其一个兄弟节点进行扩展；如果所有的兄弟节点都不能够扩展时，则寻找到它们的父节点，对父节点的兄弟节点进行扩展；依次类推，直到发现目标状态 $S_g$ 为止。因此，深度优先搜索法存在搜索和回溯交替出现的现象。

DFS 采用不同的策略来达到目标：在寻找可替代路径之前，它追求寻找单一的路径来实现目标，搜索一旦进入某个分支，就将沿着该分支一直向下搜索。如果目标节点恰好在此分支上，则可较快地得到问题解。但若目标节点不在该分支上，且该分支又是一个无穷分支，就不可能得到解。所以，DFS 是不完备搜索。DFS 内存需求合理，但是它可能会因偏离开始位置无限远而错过了相对靠近搜索起始位置的解。

## 4.2.6 广度优先搜索

广度优先搜索（BFS，又称宽度优先搜索）是第二种盲目搜索方法。使用 BFS，从树的顶部到树的底部，按照从左到右的方式（或从右到左，不过一般来说从左到右），可以逐层访问节点。要先访问层次 $i$ 的所有节点，然后才能访问在 $i+1$ 层的节点。图 4-7 显示了 BFS

的遍历过程。

广度优先搜索的基本思想是：从初始节点 $S_0$ 开始进行节点扩展，考察 $S_0$ 的第一个子节点是否为目标节点，若不是目标节点，则对该节点进行扩展；再考察 $S_0$ 的第 2 个子节点是否为目标节点，若不是目标节点，则对其进行扩展；对 $S_0$ 的所有子节点全部考察并扩展以后，再分别对 $S_0$ 的所有子节点的子节点进行考察并扩展，如此向下搜索，直到发现目标状态 $S_g$ 为止。因此，广度优先搜索在对第 $n$ 层的节点没有全部考察并扩展之前，不会对第 $n+1$ 层的节点进行考察和扩展。

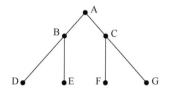

图 4-7　树的广度优先遍历
（按照以下顺序访问节点：
A、B、C、D、E、F、G）

在继续前进之前，BFS 在离开始位置的指定距离处仔细查看所有替代选项。BFS 的优点是，如果一个问题存在解，那么 BFS 总是可以得到解，而且得到的解是路径最短的，所以它是完备的搜索。但是，如果每个节点的可替代选项很多，那么 BFS 可能会因需要消耗太多的内存而变得不切实际。BFS 的盲目性较大，当目标节点离初始节点较远时，会产生许多无用节点，搜索效率低。

### 4.2.7　迭代加深搜索

深度优先搜索深入探索一棵树，而广度优先搜索在进一步深入探索之前先检查靠近根的节点。一方面，深度优先（DFS）会坚定地沿长路径搜索，结果错过了靠近根的目标节点；另一方面，广度优先（BFS）的存储空间需求过高，很容易就被中等大小的分支因子给压垮了。这两种算法都表现出了指数级的最坏情况时间复杂度。

为克服深度优先搜索陷入无穷分支死循环的问题，提出了有界深度优先搜索方法。有界深度搜索的基本思想是：预先设定搜索深度的界限，当搜索深度到达了深度界限而尚未出现目标节点时，就换一个分支进行搜索。

在有界深度搜索策略中，深度限制 $d$ 是一个很重要的参数。当问题有解，且解的路径长度小于或等于 $d$ 时，则搜索过程一定能找到解。但是，这不能保证最先找到的是最优解，此时深度搜索是完备而非最优的。如果 $d$ 取得太小，解的路径长度大于 $d$，则在搜索过程中就找不到解，此时搜索过程不完备。但是，深度限制 $d$ 不能太大，否则会产生过多的无用节点。为了解决深度限制 $d$ 的设置，可以采用这样的方法：先任意给定一个较小的深度限制，然后按有界深度搜索，如在此深度找到解，则结束；否则，增大深度限制，继续搜索。此种搜索方法称为迭代加深搜索。

具有迭代加深的 DFS 是介于 BFS 和 DFS 之间的折中方案，它将 DFS 中等空间需求与 BFS 提供能找到解的确定性结合到了一起，结合了两种算法的有利特征——DFS 的中等空间需求与 BFS 的完备性。但是，即使迭代加深的 DFS，在最坏情况下也具有指数级别的时间复杂度。

## 4.3　知情搜索

由人工智能处理的大型问题通常不适合通过以固定方式搜索空间的盲目搜索算法来求解。这一节我们学习知情搜索的方法——用启发法，通过限定搜索深度或是限定搜索宽度来缩小问题空间，常利用领域知识来避开没有结果的搜索路径。作为经验法则的启发法在问题求解中通常是很有用的工具。

爬山法是贪婪且原始的，但是有时候这种方法也能够"幸运"地在最陡爬坡法中找到最佳方法。更常见的是，爬山法可能会受到三个常见问题的困扰：山麓问题、高原问题和山脊问题。比较智能、优选的搜索方法是最佳优先搜索，使用这个方法，在评估给定路径如何接近解时，要保持开放节点列表，接受反馈。集束搜索提供了更集中的视域，通过这个视野，可以寻找到一条狭窄路径通往解。

爬山、最佳优先搜索和集束搜索这些算法"从不回头"。在状态空间中，它们的路径完全由到目标的剩余距离的启发式评估（近似）引导。假设某人从纽约市搭车到威斯康星州的麦迪逊。一路上，关于应该选择哪条高速公路出现了许多选择。这类搜索也许会采用到目标的最小直线距离的启发法（例如麦迪逊）。

求解问题通常涉及求解子问题。在某些情况下，必须解决所有的子问题，但有时解决一个子问题就足够了。例如，如果一个人在洗衣服，则需要洗涤和干燥衣服。但是，干燥衣服可以将湿衣服放入机器中或将其悬挂在晾衣绳上来实现。

## 4.3.1 启发法

启发法是解决问题的经验法则。换句话说，启发法是用于解决问题的一组常用指南。与算法相比，算法是规定的用于解决问题的一组规则，其输出是完全可预测的，例如排序算法（包括冒泡排序和快速排序）以及搜索算法（包括顺序搜索和二分查找）。而使用启发法，我们可以得到一个很有利但不能保证的结果。

"启发式之父"乔治·波利亚所描述的启发法是，当面对一个困难的问题时，首先尝试解决一个相对简单但相关的问题。这通常提供了有用见解，以帮助找到原始问题的解决方法。波利亚的工作侧重于问题的求解、思考和学习，他建立了启发式原语的"启发式字典"，运用形式化观察和实验的方法来寻求创立和获得人类问题求解过程的见解。

博尔克和西斯基说，启发式研究方法在特定的问题领域寻求更形式化、更严格的类似算法的解，而不是发展可以从特定的问题中选择并应用到特定问题中的更一般化方法。

启发式搜索方法的目的是在考虑到要达到目标状态情况下极大地减少节点数目。它们非常适合组合复杂度快速增长的问题。通过知识、信息、规则、见解、类比和简化，再加上一堆其他的技术，启发式搜索方法旨在减少必须检查的对象数目。好的启发式方法不能保证获得解，但是它们经常有助于引导人们到达解路径。

Pearl 声明，使用启发式方法可以修改策略，显著降低成本，达到一个准最优（而不是最优）解。博弈，特别是二人零和博弈，具有完全的信息，如国际象棋和跳棋。实践证明，二人零和博弈是进行启发法的研究和测试一个非常有前景的领域。

"启发式"作为通过智能猜测而不是遵循一些预先确定的公式来获得知识或一些期望结果的过程。这个术语有两种用法：

（1）描述一种学习方法，这种方法不一定用一个有组织的假设或方式来证明结果，而是通过尝试来证明结果，这个结果可能证明了假设或反驳了假设。也就是说，这是"凭经验"或"试错法"的学习方式。

（2）根据经验，有时候表达为"使用经验法则"获得一般的知识。但是，启发式知识可以应用于简单或者复杂的日常问题。人类棋手即使用启发式方法。

下面是启发式搜索的几个定义。

"启发"作为一个名词，是特定的经验法则或从经验衍生出来的论据。相关问题的启发式知识的应用有时候称为启发法。

- 它是一个提高复杂问题解决效率的实用策略。
- 它引导程序沿着一条最可能的路径到达解，忽略最没有希望的路径。
- 它应该能够避免去检查死角，只使用已收集的数据。

启发式信息可以添加到搜索中。

- 决定接下来要扩展的节点，而不是严格按照广度优先或深度优先的方式进行扩展。
- 在生成节点过程中，决定哪个是后继节点，以及待生成的后继节点，而不是一次性生成所有可能的后继节点。
- 确定某些节点应该从搜索树中丢弃（或裁剪掉）。

Bolc 和 Cytowski 补充说："……在构建解过程中，使用启发式方法增加了获得结果的不确定性……由于非正式知识的使用（规则、规律、直觉等），这些知识的有用性从未得到充分证明。因此，在算法给出不满意的结果或不能保证给出任何结果的情况下采用启发式方法。在求解非常复杂的问题时，特别是在语音和图像识别、机器人和博弈策略问题中，它们特别重要（精确的算法失败了）。"

让我们再看几个启发法的例子。例如，人们可以根据季节选择车辆的机油类型。冬天，由于温度低，液体容易冻结，因此应使用较低黏度（稀薄）的发动机油；而在夏季，由于温度较高，因此选择具有较高黏度的油。类似地，冬天，气体冷缩了，应在汽车轮胎内充入更多的空气；反之，夏天，当气体膨胀时，应减少轮胎内的空气。

启发式应用与纯计算算法的问题求解比较的一个常见示例是大城市的交通。许多学生使用启发法，在上午 7:00 到 9:00 从不开车到学校，而在下午 4:00 到 6:00 从不开车回家，因为在大部分的城市中，这是高峰时间，正常情况下 45 分钟的行程很可能需要一到两个小时完成。如果在这些时间必须开车，那么这则是例外情况。

现在，使用如谷歌地图、高德地图等程序来获取两个位置之间建议的行车路线，这是很常见的。你想知道这些程序是否具有内置 AI，采用启发法是否能够使它们智能地执行任务？如果它们采用了启发法，那么这些启发法是什么？例如，程序是否考虑道路是国道、省道、高速公路还是林荫大道？是否考虑驾驶条件？这将如何影响在特定道路上驾驶的平均速度和难度，以及它们选择何种方式到特定目的地？

当使用任何行车指南或地图时，最好检查并确保道路仍然存在，注意是否为施工地段，并遵守所有交通安全预防措施。这些地图和指南仅用作交通规划的辅助工具。

谷歌地图、高德地图这样的程序正在不断变得"更智能"，以满足应用的需要，并且它们可以包括最短时间、最短距离、避免高速公路（可能存在驾驶员希望避开高速公路的情况）、收费站、季节性关闭等信息。

## 4.3.2　爬山法

接下来，介绍三种为找到任何解的知情搜索的特定搜索算法，它们使用启发法指导智能搜索过程。最基本的是爬山法，更聪明一点的是最陡爬坡法，还有一种算法在效率上可算得上最优算法——最佳优先搜索算法。

　　爬山法背后的概念是，在爬山过程中，即使你可能更接近顶部的目标节点，但是你可能无法从当前位置到达目标/目的地。换句话说，你可能接近了一个目标状态，但是无法到达它。传统上，爬山法是所讨论的第一个知情搜索算法。它最简单的形式是一种贪婪算法，在这个意义上来说，这种算法不存储历史记录，也没有能力从错误或错误路径中恢复。它使用一种测度（最大化这种测度，或是最小化这种测度）来指导它到达目标，指导下一个"移动"选择。

　　假设有一位试图到达山顶的爬山者。她唯一的装备是一个高度计，以指示她所在的山有多高，但是这种测度不能保证她会到达山顶。爬山者在任何一点都要做出一个选择，即总是向所标识的最高海拔方向前进，但是除了给定的海拔，她不确定自己是否在正确的路径上。显然，这种简单的爬山方法的缺点是，做出决策的过程（启发式测度）太过朴素简单，以致登山者没有真正足够的信息确定自己在正确的路径上。爬山者只会估计剩余距离，而忽略了实际走过的距离。在图4-8中，在A和B中做出的爬山决定，由于A估计的剩余距离小于B，因此选择了A，而"忘记"了节点B。然后，爬山者从A的搜索空间看去，在节点C和D之间考虑，很明显选择了C，接下来是H。

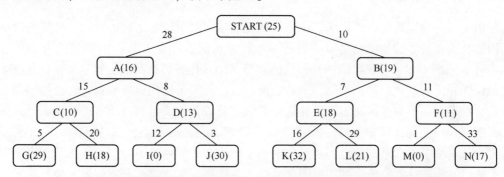

图4-8　爬山示例注意：在这个示例中，节点中的数字是到目标状态估计的距离，顶点的数字仅仅指示爬过的距离，没有添加任何重要的信息

### 4.3.3　最陡爬坡法

　　最陡爬坡法知道你将能够接近某个目标状态，能够在给定的状态下做出决策，并且从多个可能的选项中做出最好的决定。从本质上讲，相比于上述简单的爬山法，这解释了最陡爬坡法的优势。这个优势是，从多个比当前状态"可能更好的"节点中做出一个选择。而不仅仅是选择向当前状态"更好"（更高）的目标移动，这种方法从给定的可能节点集合中选择了"最好"的移动（在这个情况下是最高的分数）。

　　图4-9说明了最陡爬坡法。如果程序按字母顺序选择节点，则从节点A（-30）开始，可以得出结论：下一个最好的状态是节点B，具有（-15）的分数。但是这比当前的状态（0）更差，因此最终它将移动到节点C（50）。从节点C，我们将考虑节点D、E或F。但是，由于节点D处于比当前状态更糟的状态，因此不选择节点D。在节点E（90）改进了当前的状态（50），因此我们选择节点E。

　　如果使用这里的描述，标准爬山法将永远不会检查可以返回比节点E更高分数的节点

F，即100。与标准爬山法相反，最陡爬坡法将评估所有的3个节点D、E和F，并总结出F（100）是从节点C出发选择的最好节点。

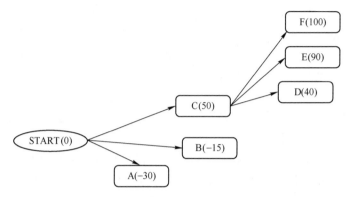

图4-9　最陡爬坡法：这里有一位登山者，我们按照字母表顺序将节点呈现给他。
从节点C（50），标准爬山法选择了节点E（90），最陡爬坡法选择了F（100）

## 4.3.4　最佳优先搜索

　　爬山法是一种短视的贪婪算法。由于最陡爬坡法在做出决定之前，比较了可能的后继节点，因此最陡爬坡法的角度比爬山法更开阔，然而这依然存在着与爬山相关的（山麓、高原和山脊）问题。如果考虑可能的补救措施并将其形式化，那么我们会得到最佳优先搜索。

　　最佳优先搜索是我们讨论的第一个智能搜索算法，为了达到目标节点，它会做出探索哪个节点和探索多少个节点的决定。最佳优先搜索维持着开放节点和封闭节点的列表，就像深度优先搜索和广度优先搜索一样。开放节点是搜索边缘上的节点，以后可能要进一步探索到。封闭节点是不再探索的节点，将形成解的基础。在开放列表中，节点是按照它们接近目标状态的启发式估计值顺序排列的。因此，每次迭代搜索，考虑在开放列表上最有希望的节点，从而将最好的状态放在开放列表前端。重复状态（例如，可以通过多条路径到达的状态，但是具有不同的代价）是不会被保留的。相反，花费最少代价、最有希望以及在启发法下最接近目标状态的重复节点被保留了。

　　从以上讨论可以看出，在爬山法中，最佳优先搜索的最显著优势是它可以通过回溯到开放列表的节点，从错误、假线索、死胡同中恢复。如果要寻找可替代的解，它可以重新考虑在开放列表中的子节点。如果按照相反的顺序追踪封闭节点列表，忽略到达死胡同的状态，就可以用来表示所找到的最佳解。

　　如上所述，最佳优先搜索维持开放节点列表的优先级队列。回想一下，优先级队列具有的特征：可以插入的元素、可以删除最大节点（或最小节点）。图4-10说明了最佳优先搜索的工作原理。注意，最佳优先搜索的效率取决于所使用的启发式测度的有效性。

　　开放列表保存了每一层中到达目标节点最低估计代价节点。保存在开放节点列表中相对较早的节点稍后会较早被探索到。"获胜"路径是A→C→F→H。如果存在这条路径，搜索总是会找到这条路径。

　　好的启发式测度将会很快找到一个解，甚至找到可能的最佳解。糟糕的启发式测度有时会找到解，但即使找到了，这些解通常也不是最佳的。

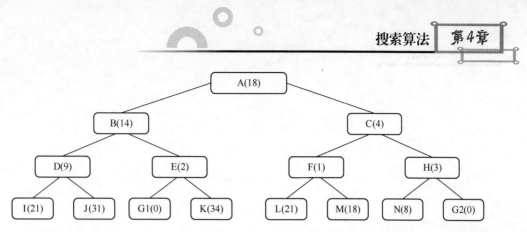

1. Open = [A]; Closed []
2. Open = [C, B]; Closed [A]
3. Open = [F, H, B]; Closed [C, A]
4. Open = [H, B, L, M]; Closed [F, C, A]
5. Open = [G2, N, B, L, M]; Closed [H, F, C, A]

图 4-10　最佳优先搜索

### 4.3.5 分支定界法——找到最佳解

前面的搜索算法系列有一个共同的属性：为了指导前进，每个算法都使用到目标剩余距离的启发式估计值。现在将注意力转向向后看的搜索算法集合，从这个意义上来说，向后就是到初始节点的距离（例如 $g(n)$，这既不是整条路径的估值，也不是一个大的分量。通过将 $g(n)$ 包含在内，作为总估值路径代价 $f(n)$ 的一部分，就不太可能搜索到到达目标的次优路径。

我们将第一个算法称为"普通"分支定界法。这种算法在文献中通常称为统一代价搜索。按照递增的代价——更精确地说，按照非递减代价制定路径。路径的估计代价很简单：$f(n) = g(n)$，不采用剩余距离的启发式搜索；或等价地说，估计 $h(n)$ 处处都为 0。这种方法与广度优先搜索的相似性显而易见，即首先访问最靠近起始节点的节点。但是，使用分支定界法，代价值可以假设为任何正实数值。这两个搜索之间的主要区别是，BFS 努力找到通往目标的某一路径，而分支定界法努力找到一条最优路径。使用分支定界法时，一旦找到了一条通往目标的路径，这条路径很可能是最优的。为了确保这条找到的路径确实是最优的，分支定界法继续生成部分路径，直到每条路径的代价大于或等于所找到的路径的代价。

图 4-11 是用来说明搜索算法的树。因为分支定界法不采用启发式估计值，所以这些启发式估计值不包括在图中。

遵循分支定界法，寻求一条到达目标的最佳路径如图 4-12a ~ 图 4-12g 所示。我们观察到，节点按照递增的路径长度扩展。搜索在图 4-12f 和图 4-12g 中继续，直到任何部分的路径的代价大于或等于到达目标的最短路径 21。如图 4-12g 所示，请观察分支定界的其余部分。

分支定界算法接下来的 4 个步骤如下。

步骤 1：到节点 N 的路径不能被延长。

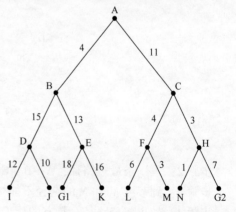

图 4-11　没有启发式估计值的搜索树

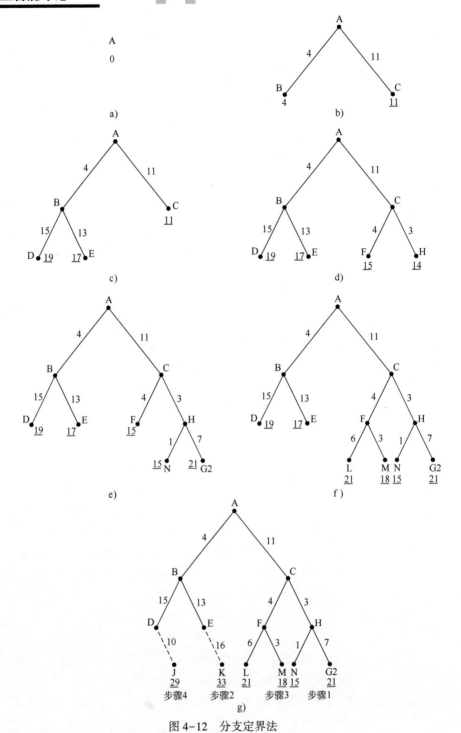

图 4-12　分支定界法

步骤 2：下一条最短路径，A→B→E 被延长了；当前，它的代价超过了 21。

步骤 3：到节点 M 和 N 的路径不能被延长。

步骤 4：最小部分路径，具有的代价 ≤21 被延长了。

当前，代价是 29，超过了开始到目标最短路径。在图 4-12g 中，分支定界法发现到达目标的最短路径是 A 到 C 到 H 到 G2，代价为 21。

　　a）从根节点 A 开始。生成从根开始的路径。

　　b）因为 B 具有最小代价，所以它被扩展了。

　　c）在 3 个选择中，C 具有最小代价，因此它被扩展了。

　　d）节点 H 具有最低代价，因此它被扩展了。

　　e）发现了到目标 G2 的路径，但是为了查看是否有一条路径到目标的距离更小，需要扩展到其他分支。

　　f）F 和 N 的节点都具有 15 的代价；最右边的节点首先扩展。

　　g）分支定界法的其余部分。

分支定界实际上是 A* 算法的一种雏形，其对于每个扩展出来的节点给出一个预期值，如果这个预期值不如当前已经搜索出来的结果好的话，则将这个节点（包括其子节点）从解答树中删去，从而达到加快搜索速度的目的。

## 4.3.6　A* 算法

A* 算法中更一般地引入了一个估价函数 $f$，其定义为 $f=g+h$。其中 $g$ 为到达当前节点的耗费，而 $h$ 表示对从当前节点到达目标节点的耗费的估计。其必须满足两个条件：

（1）$h$ 必须小于等于实际的从当前节点到达目标节点的最小耗费 $h^*$。

（2）$f$ 必须保持单调递增。

A* 算法的控制结构与广度搜索的十分类似，只是每次扩展的都是当前待扩展节点中 $f$ 值最小的一个，如果扩展出来的节点与已扩展的节点重复，则删去这个节点。如果与待扩展节点重复，如果这个节点的估价函数值较小，则用其代替原待扩展节点。

当 A* 算法出现数据溢出时，从待扩展节点中取出若干个估价函数值较小的节点，然后放弃其余的待扩展节点，从而可以使搜索进一步地进行下去。

## 4.4　受到自然启发的搜索

完全搜索整个状态空间可能是一个艰巨的挑战。这一节中的搜索算法，灵感来自于自然系统——包括生物系统和非生物系统。

遗传规则、蚂蚁聚居地优化、模拟退火和粒子群这四种典型算法在图像边缘检测、图像分割、图像识别、图像匹配、图像分类等领域有广泛应用。目前大多数人工智能算法还不是特别成熟，随着科学的发展还会有更多的智能算法被发现，在图像处理方面的应用也在不断深化，将多种智能算法进行融合将是未来一个重要的发展方向。

### 4.4.1　遗传规划

查尔斯·达尔文在其 1859 年出版的巨著《物种起源》中，通过一个称为自然选择的过程，提出了生物种群数量是如何演化的理论。个体交配后，它们的后代显示出来自父母双方的性状。具有有利于生存性状的后代更有可能繁殖。随着时间的推移，这些有利的特征可能会以更大的频率发生。

一个很好的例子就是英国的吉普赛蛾。19 世纪初期，大多数吉普赛蛾是浅灰色的，因为这种颜色是它们的伪装色，可以迷惑捕食者。但是，此时工业革命正进行得如火如荼，大量的污染物被排放到工业化国家的环境中。原本干净浅色的树木蒙上了烟灰，变黑了。浅灰色的吉普赛蛾再也无法依赖它们的着色保护自己。过了几十年，灰黑色的吉普赛蛾进化成了常态。

在计算机程序中，我们可以进行"人工进化"。遗传算法（Genetic Algorithm，GA，见图4-13），模拟生物进化论的自然选择和遗传学进化过程的计算模型，是一种通过模拟自然进化过程随机搜索最优解的方法，体现了适者生存、优胜劣汰的进化原则，其主要特点是直接对结构对象进行操作，不存在求导和函数连续性的限定，具有并行性和较强的全局寻优能力。

图4-13　遗传算法

## 4.4.2　蚂蚁聚居地优化

蚂蚁是社会性昆虫，它们表现出卓越的合作能力和适应性。在所谓的共识主动性的过程中，蚂蚁通过发出信息素（化学气味）间接通信。蚂蚁表现出少有的敏锐，能够求解优化问题，例如找到食物源的最短路径，以及在墓地形成所涉及的聚类。人们怀疑共识主动性在这些行为中起着关键的作用。

在分布式算法中，计算机科学家的灵感来自昆虫聚居地——更具体地说是蚂蚁聚居地，模拟这种行为求解困难的组合问题，并执行有用的数据聚类程序。

蚁群算法（Ant Colony Optimization，ACO，见图4-14），其灵感来源于蚂蚁觅食。通过在所经路径上留下信息素来相互传递信息，信息素浓度较高的线路就会吸引更多的蚂蚁，经过多次迭代，蚂蚁就能找到蚁巢到食物的最短路径。该算法具有并行性、强鲁棒性、正反馈性和自适应性，能用于解决大多数优化问题，在图像分割、边缘检测、分类、匹配、识别等领域有重要应用。

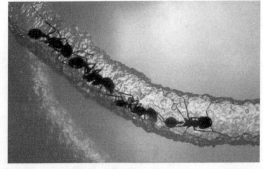

图4-14　蚁群算法

### 4.4.3 模拟退火

钻石和煤都是由碳元素组成的,二者的区别在于碳分子的排列:在钻石中,碳的排列是金字塔形的;而在煤中,碳的排列是平面的。物质的物理性质不仅取决于组成,还取决于分子的排列,而且这种排列是可以修改的——这就是退火背后的动力。

在退火过程中,金属首先被加热至液化,然后缓慢冷却,直至再次凝固。加温时,固体内部粒子随温升变为无序状,内能增大,冷却时粒子渐趋有序,在每个温度都达到平衡态,最后在常温时达到基态,内能减为最小。经过退火后,所得到的金属通常更坚韧。

模拟退火算法(Simulated Annealing,SA,见图4-15),是对物理中固体退火原理进行模拟的一种搜索算法。SA具有全局优化性能,在工程中得到广泛应用。模拟退火算法可以分解为解空间、目标函数和初始解三部分。

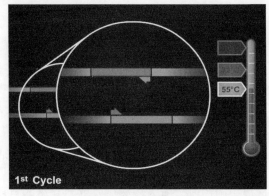

图 4-15 模拟退火算法

### 4.4.4 粒子群

粒子群算法(Particle Swarm Optimization,PSO,见图4-16),源于对鸟群捕食的行为研究。在对动物集群活动行为观察基础上,利用群体中的个体对信息的共享使整个群体的运动在问题求解空间中产生从无序到有序的演化过程,从而获得最优解。同遗传算法类似,粒子群算法是一种基于迭代的优化算法,它的优势在于简单容易实现并且没有许多参数需要调整,广泛应用于函数优化、神经网络、模糊控制等领域。

图 4-16 粒子群算法

## 4.4.5 禁忌搜索

禁忌搜索是基于社会习俗发展出来的搜索方法。禁忌是社会认为应该禁止的行为。根据对人类行为的了解，可以发现随着时间的推移，某些事情发生了变化。例如，在历史上的某个时期，男人戴耳环被视为禁忌。显然，这样的禁忌现在不存在了。禁忌搜索维护了一张禁忌清单（存储最近做出的移动），这些移动在某段时间内被禁止重复使用。由于暂时禁止搜索已访问的状态空间，因此这种禁止促进了探索。如果禁止的移动可以引导搜索，所得到的目标函数优于以前访问的目标函数，则可以重新允许被禁止的移动，因此禁忌搜索并不完全忽视开发。后者的"暂缓"称为特赦标准。在解决调度问题中，禁忌搜索取得了巨大的成功。

## 【作　业】

1. 搜索是大多数人生活中的（　　）。

A. 稀罕情况　　　B. 自然组成部分　C. 不可能出现　　　D. 大概率事件

2. 搜索及其执行是人工智能技术的（　　）。

A. 一般应用　　　B. 重要应用　　　　C. 重要基础　　　　D. 不同领域

3. 关于搜索算法，下面不正确或者不合适的说法是（　　）。

A. 利用计算机的高性能来有目的的穷举一个问题的部分或所有的可能情况，从而求出问题的解的一种方法

B. 根据初始条件和扩展规则构造一棵"解答树"并寻找符合目标状态的节点

C. 可以划分成两个部分——控制结构（扩展节点的方式）和产生系统（扩展节点）

D. 主要是通过修改其数据结构来实现的

4. 关于盲目搜索，下列选项中不正确或者不合适的选项是（　　）。

A. 又叫启发式搜索，是一种多信息搜索

B. 这些算法不依赖任何问题领域的特定知识

C. 一般只适用于求解比较简单的问题

D. 通常需要大量的空间和时间

5. 盲目搜索通常是按预定的搜索策略进行搜索，常用的盲目搜索有（　　）两种。

A. 连续搜索和重复搜索　　　　　　B. 上下搜索和超链接搜索

C. 广度优先搜索和深度优先搜索　　D. 多媒体搜索和 AI 搜索

6. 状态空间图是一个有助于形式化搜索过程的（　　），是对一个问题的表示。

A. 程序结构　　　B. 算法结构　　　C. 模块结构　　　　D. 数学结构

7. 回溯算法是所有搜索算法中最为基本的一种算法，它采用一种"（　　）"思想作为其控制结构。

A. 走不通就掉头　　　　　　　B. 一走到底

C. 循环往复　　　　　　　　　D. 从一点出发不重复

8. 盲目搜索是不使用领域知识的不知情搜索算法，它有 3 种主要算法，下列（　　）不属于其中。

A. 深度优先搜索　　　　　　　　　B. 广度优先搜索

C. 广度迭代搜索　　　　　　　　　D. 迭代加深的深度优先搜索

9. 知情搜索是用启发法，通过（　　）来缩小问题空间，是问题求解中通常是很有用的工具。

A. 既不限定搜索深度也不限定搜索宽度

B. 限定搜索深度或是限定搜索宽度

C. 提高搜索算法智能化水平

D. 提高搜索算法的软件工程设计水平

10. 爬山法是贪婪且原始的，它可能会受到3个常见问题的困扰，但下列（　　）不属于这样的问题。

A. 山麓问题　　　　B. 高原问题　　　　C. 山脊问题　　　　D. 压缩问题

11. 启发法是用于解决问题的一组常用指南。使用启发法，我们可以得到一个（　　）的结果。

A. 很有利但不能保证　　　　　　　B. 很有利且可以得到有效保证

C. 不利且不能得到保证　　　　　　D. 不明确

12. 启发式搜索方法的目的是在考虑到要达到的目标状态情况下，（　　）节点数目。

A. 极大地增加　　　B. 极大地减少　　　C. 稳定已有的　　　D. 无需任何

13. 有3种为找到任何解的知情搜索的特定搜索算法，但下列（　　）不属于其中之一。

A. 爬山法　　　　B. 最陡爬坡法　　　　C. 直接爬坡法　　　　D. 最佳优先法

14. 有一些搜索算法的设计灵感来自于自然系统，例如遗传、（　　）等典型算法在图像边缘检测、图像分割、图像识别、图像匹配、图像分类等领域有广泛应用。

A. 蚁群　　　　　B. 模拟退火　　　　C. 粒子群　　　　D. A、B 和 C

# 第 5 章　知识表示

## 【导读案例】"x0后"网络形象报告：成长为中坚一代

摘要：采用语义网分析方法，复旦大学发布了《中国网络社会心态报告（2018）》代际形象篇，形成了热点概念历时性的"网络镜像"。本文是对"70后""80后""90后"的网络形象的刻画，通过对比2018年与2013年海量微博数据建构的群体形象，形成了此报告。

研究发现，70后、80后、90后已被看作中国的"中坚一代"，2013年至2018年这六年间，"中坚一代"的网络形象变化明显。总的来说，纵观2013-2018年"70后""80后""90后"在微博语境下的语义网演变，三个群体的总体网络形象愈发积极向上。

这其中，70后基本渡过中年危机；80后基本渡过婚姻波动期，对家庭、婚姻的态度由抱怨压力、逃避现实转向珍惜与感恩；相比之下，90后拥有当前压力最大的代际群体形象，网民建构出的90后们，常用调侃、戏谑的方法解构压力，也更加经常地反思人生、憧憬未来。

从2013年到2018年，六年间，网民眼中的70后、80后、90后，从成长走向成熟，逐渐适应并克服了种种压力和挑战。作为与中国改革开放共同成长的一代，他们代表了中国"中坚一代"更高的成熟度与更强的社会责任感。

**2013年**

**70后、80后、90后的网络形象：**

**集体怀念童年**

**初尝生活压力，有一点点逃避**

课题组对2013年网络数据的语义网分析发现：

**（一）"70后"一词在2013年的微博语境下形成了两个主要的语义社群：社群1聚焦对青春年华的回忆，社群2聚焦讨论恋爱观（见图5-1）。**

具体来说，社群1中出现了"童年""成长""青春""大学""回忆""记忆""年轻""妈妈""王朔""压力"等热词，显示这一部分语义群主要涉及正在经历中年危机的70后，回忆、怀念自己的青春年华，与现实中所面对的种种"压力"形成鲜明对比，引发了不少关于时光易逝的感慨。

社群2中出现了"恋爱""结婚""男友""女友""富豪""相亲会"等热词，显示这一部分语义群主要涉及70后婚恋状况和婚恋态度的讨论。事实上，2013年时，绝大部分70后都已经步入婚姻殿堂，承担着多种社会角色，但并不影响70后仍然是婚恋市场上的热门群体，也作为重要的择偶对象被与80后、90后相比较。经济条件、择偶标准、感情经历等都是2013年有关70后的重要网络讨论。

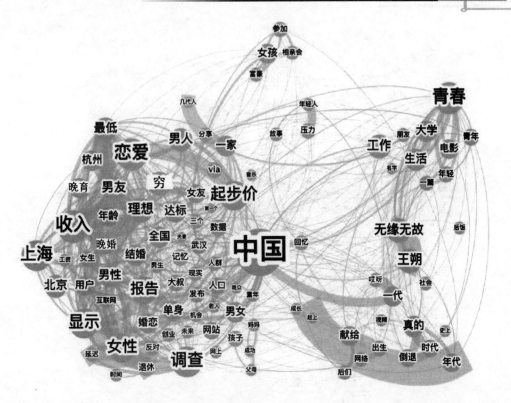

图 5-1　70 后的语义网分析结果（2013 年）

如有博文写到：

"对大部分婚姻而言，70 后的婚姻是考虑嫁一个什么样的人，他性格好不好，对人好不好。80 后的婚姻是考虑嫁一个怎么有钱的老公，有车有房有存款。90 后的婚姻除了嫁有车有房有存款外，还要考虑结婚以后，谁洗衣做饭带孩子？家务成了最大的难题。"

（二）"80 后"一词在 2013 年的微博语境下形成了三个主要的语义社群：社群 1 聚焦 80 后共同的童年回忆，社群 2 聚焦婚恋与赡养父母议题，社群 3 聚焦事业发展与职场（见图 5-2）。

具体来说，社群 1 中出现了"小时候""记忆""回忆""经典""童年""小学""游戏"等热词，显示这一部分语义群主要涉及 80 后的童年回忆，包括部分经典的影视作品、流行歌曲、网络游戏、怀旧广告等。80 后通过回顾自己童年时期的经典作品，感叹时光飞逝，表达自己对孩童岁月的怀念。

社群 2 中出现了"结婚""父母""离婚""夫妻""女儿""儿子"等热词，显示这一部分语义群主要涉及 80 后开始逐渐面对的现实议题，如婚恋、育儿、赡养父母等。如何处理家庭生活中的种种人际关系，成为 80 后关心的主要问题。通过定位博文研究发现，2013年，网民讨论的 80 后，在家庭生活压力等种种问题中表现出来的态度较为消极。

【80 后离婚率逐年升高】

"在我们办理的离婚登记当中，80 后成为离婚的主力军，大概占整个离婚总人数的80%。"武汉洪山区民政局婚姻登记处主任说。武汉洪山区法院法官刘亚青说，在他们审理的 80 后离婚案件当中，女方提出离婚请求的占 70%。"（XQGYH2013-01-31）

图 5-2　80 后的语义网分析结果（2013 年）

社群 3 中出现了"工作""压力""孩子""创业"等热词，显示这一部分语义群主要涉及 80 后对职场和事业的讨论，与社群 2 结合，表明了 80 后面对的压力是双重的，对内有养育一家老小的压力，对外有职场和工作压力。

（三）"90 后"一词在 2013 年的微博语境下形成了两类主要的语义社群：社群 1 聚焦童年回忆，社群 2 聚焦工作与奋斗（见图 5-3）。

具体来说，社群 1 中出现了"回忆""经典""童年""小学""美好记忆""记得"等热词，显示这一部分语义群涉及网络上掀起的一波 90 后回忆童年热潮，包括童年的经典影视作品、游戏作品等。

社群 2 中出现了"大学生""工作""机会""时代""公司""创业""大学"等热词，显示这一部分语义群主要涉及接受完大学教育，刚刚走入职场的 90 年代生人，在刚开始奋斗阶段的状态。其中，"梦想""青春""奋斗"等热词显示，总体基调积极向上。

"残酷的社会竞争让年轻人急于证明自己未尝不是好事，这对工作和社会都具有积极推动的作用。但年轻人如何保持一种自然、宽容的心态更为重要，凡事不要苛求。我是 90 后、我们都是 90 后。"

总的来看，六年前，关于 70 后、80 后、90 后的网络讨论都在回忆童年。对 70 后的讨论较多涉及中年危机，80 后的讨论关注与父辈、子代之间的关系，而 90 后的讨论则呈现出初入职场的生活不易。可以说，回忆童年的美好是当时的网络空间形成的最重要的代际群体议题，可能代表了这三个群体最重要的情绪排解方式。结合博文定位和质性文本分析发现，70 后、80

后相对较为务实，90后更加乐观，但三个群体面对压力，都表现出一定的逃避情绪。

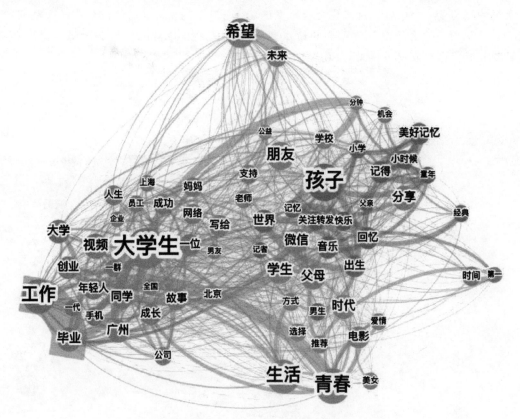

图 5-3　90后的语义网分析结果（2013 年）

**2018 年**

**70 后、80 后、90 后的网络形象：**

**成长为"中坚一代"**

**感恩、珍惜、反思，砥砺前行**

**（一）70 后的网络形象：基本度过中年危机，感恩社会，健康生活（见图 5-4）。**

2018 年，70 后基本进入"奔五"的阶段。从 2013 年追忆青春年华，畅谈恋爱观念，到 2018 年感悟人生，感恩生活，根据语义网分析推测，"70 后"基本度过了中年危机，经历过中年危机的 70 后，更加珍惜当下的生活。尽管来自各方面的压力仍然存在，对"70 后"的讨论转向对亲情、爱情、学业、事业的关注，更加聚焦深刻的人生感悟。

"70 后"一词在 2018 年的微博语境下形成了三大类主要的语义社群，社群 1 聚焦 70 后的人生感悟和人生态度，包括对亲情的感悟、对爱情的感悟、对学习的感悟、对事业的感悟以及人生态度等讨论；社群 2 聚焦 70 后的生活方式；社群 3 是娱乐圈流量明星的刷屏，这里不作专门讨论。

**（二）80 后的网络形象：基本渡过婚姻波动期，珍惜家庭（见图 5-5）。**

80 后是计划生育的第一代，从小集万千宠爱于一身。受益于改革开放的成果，他们无忧无虑地长大，也面临更加丰富多样的人生选择。2013 年，网络讨论中呈现的 80 后，进入上有老下有小的阶段，婚恋、事业、家庭的多重压力袭来，80 后表现出一定的消极逃避情绪；2018 年，"80 后"在网民眼里，从"孩子"成长为壮年，逐渐成为家庭的支柱和社会发展的中坚力量。"80 后"对家庭生活的重视程度与日俱增，与父母、配偶、子女之间的互动，成为他们日常生活中最为重要的组成部分。其中，80 后对配偶的态度明显更加积极。这些变化直接体现在诸多博文对 80 后的网络讨论中。

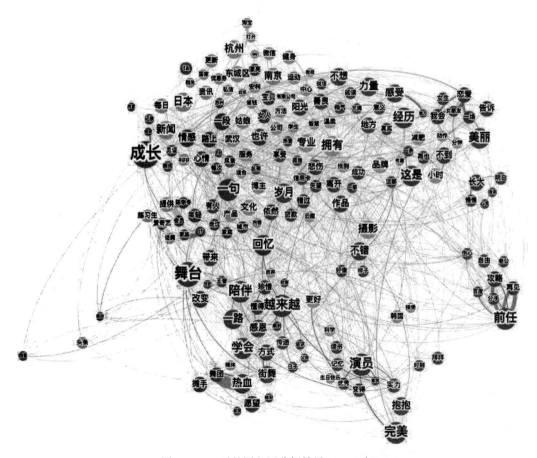

图 5-4  70 后的语义网分析结果（2018 年）

分析显示，"80 后"一词在 2018 年的微博语境下形成了两大主要的语义社群，社群 1 涉及 80 后的家庭生活，包括 80 后作为父母、儿女、配偶等多重社会角色的讨论；社群 2 涉及 80 后的人生态度，涉及 80 后对当下美好生活的反思与珍惜，态度较 2013 年更加积极正向。

（三）90 后的网络形象：面临"四大高压"，反思人生（见图 5-6）。

2018 年，最后一批 90 后（即 1999 年出生）已经成为法律意义上的成年人，在这样一个关键的人生节点上，一大批 90 后在社交媒体平台上掀起了集体缅怀"18 岁"的刷屏狂潮。不同于 70 后、80 后在过去六年间的网络形象，逐渐渡过中年危机和婚姻波动期，心态愈发稳定、积极，就 90 后的形象而言，过去六年是压力逐渐上升的六年，从 2013 年青春无悔、什么都不怕，勇敢拼搏的状态，到 2018 年婚恋与职场压力进入 90 后的讨论范围，"90 后"一方面逐渐步入适婚年龄，来自婚恋的现实压力开始显形；另一方面逐渐从初入职场的新人，到逐渐习惯和适应职场中的各种规则，并开始面对各种各样的生活压力。"佛系""养生"等概念被大量使用来描述 90 后对现实压力的调侃式解构。

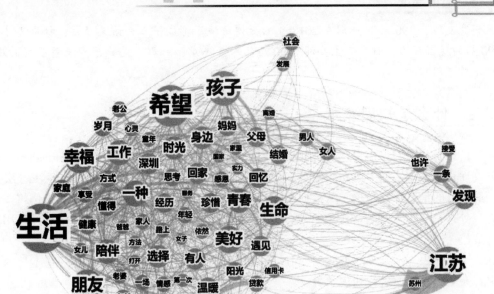

图 5-5  80 后的语义网分析结果（2018 年）

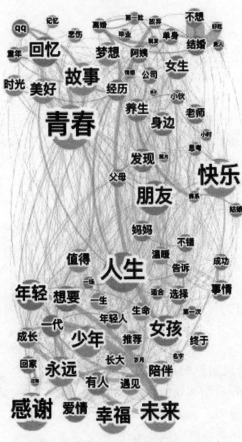

图 5-6  90 后的语义网分析结果（2018 年）

研究发现,"90后"一词在2018年的微博语境下形成了三大语义社群,社群1主要涉及90后的现实压力,社群2主要涉及90后的人生态度,社群3是娱乐圈流量明星的刷屏,这里不作专门讨论。

# 5.1 什么是知识表示

在信息时代,有许多可以处理和存储大量信息的计算机系统。信息(Information)包括数据(Data)和事实(Fact)。数据、事实、信息和知识(Knowledge)之间存在着层次关系。最简单的信息片是数据,从数据中,我们可以建立事实,进而获得信息。人们将知识定义为"处理信息以实现智能决策",这个时代的挑战是将信息转换成知识,使之可以用于智能决策。

知识与知识表示(Knowledge Representation)是人工智能中的一项重要的基本技术,它决定着人工智能如何进行知识学习。

## 5.1.1 知识的概念

知识是信息接受者通过对信息的提炼和推理而获得的正确结论,是人对自然世界、人类社会以及思维方式与运动规律的认识与掌握,是人的大脑通过思维重新组合和系统化的信息集合。

从便于表示和运用的角度出发,可将知识分为4种类型。

(1)对象(Object,事实):物理对象和物理概念,反映某一对象或一类对象的属性,例如,桌子结构=高度、宽度、深度。

(2)事件和事件序列(Event,关于过程的知识):时间元素和因果关系。不光有当前状态和行为的描述,还要有对其发展的变化及其相关条件、因果关系等描述的知识。

(3)执行(Performance),办事、操作等行为:不仅包括如何完成(步骤)事情的信息,也包括主导执行的逻辑或算法的信息。如下棋、证明定理、医疗诊断等。

(4)元知识(Meta-knowledge):即知识的知识,关于各种事实的知识,可靠性和相对重要的知识,关于如何表示知识和运用知识的知识。例如,如果你在考试前一天晚上死记硬背,那么关于这个主题的知识,你的记忆不会持续太久。以规则形式表示的元知识称为元规则,用来指导规则的选用。运用元知识进行的推理称为元推理。

这里的知识涵义和我们一般认识的知识涵义有所区别,它是指以某种结构化方式表示的概念、事件和过程。因此,并不是日常生活中的所有知识都能够得以体现的,只有限定了范围和结构,经过编码改造的知识才能成为人工智能知识表示中的知识。

从数据、事实、信息到知识的层次频谱如图5-7所示。数据可以是没有附加任何意义或单位的数字。事实是具有单位的数字。信息则将事实转化为意义。最终,知识是高阶的信息表示和处理,方便做出复杂的决策和理解。

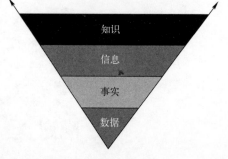

图5-7 数据、事实、信息和知识的分层关系

思考表 5-1 的 3 个例子，它们显示了数据、事实、信息和知识如何在日常生活中协同工作。

表 5-1  知识层次结构的示例

| 举　例 | 数据 | 事　实 | 信　息 | 知　识 |
|---|---|---|---|---|
| 游泳条件 | 21 | 21℃ | 如果室外的温度是 21℃ | 如果温度超过了 21℃，那么你可以去游泳 |
| 兵役 | 18 | 18 岁 | 合格年龄是 18 岁 | 如果年龄大于或等于 18 岁，那么你就有资格服兵役 |
| 找到教授的办公室 | 232 室 | 张小明教授在综合楼 232 室 | 综合楼位于校园西南侧 | 从西大门进入校园，朝东走时，综合楼是你右手边的第二座建筑物。从建筑物的正门进入，张小明教授的办公室是在二楼，在你右手边的后面一间 |

**举例 1**：你尝试确定条件是否适合在户外游泳。所拥有的数据是整数 21。在数据中添加一个单位时，你就拥有了事实：温度是 21℃。为了将这一事实转化为信息，需赋予事实意义：外部温度为 21℃。应用条件到这条信息中，你就得到了知识：如果温度超过 21℃，就可以去游泳。

**举例 2**：你想解释谁有资格服兵役。数据：整数 18，事实：18 岁，信息：18 岁是资格年龄，知识：如果你的年龄大于或等于 18 岁，那么就有资格服兵役。根据对条件真实性的测试，做出决定（或动作）就是我们所知的规则（或 If-Then 规则）。

可以将举例 2 声明为规则：如果征募依旧在进行中，你年满 18 岁或大于 18 岁且没有任何严重的慢性疾病，就有资格服兵役。

**举例 3**：你想去校园拜访张小明教授。你只知道他是数学教授。大学网站可能提供了原始数据：232 室，即张小明教授在综合楼 232 室。你了解到综合楼坐落在校园的西南侧。最终，你了解到很多信息，获得了知识：从西大门进入校园；假设你向东走，则综合楼是第二座建筑。进入主入口后，张小明教授的办公室在二楼、你的右手边。很明显，仅凭数据"232 室"不足以找到教授的办公室。知道办公室在综合楼的 232 室，这也没有太大帮助。如果校园中有许多建筑物，或者你不确定从校园的哪一边（东、南、西或北）进入，那么从提供的信息中也不足以找到综合楼。但是，如果信息能够得到仔细处理（设计），创建一个有逻辑、可理解的解决方案，那么你就可以很轻松地找到教授办公室。

## 5.1.2  知识表示方法

"知识表示"是指把知识客体中的知识因子与知识关联起来，便于人们识别和理解知识。知识表示是知识组织的前提和基础。下面从内涵和外延方法方面进行思考，从而了解表示方法的选择、产生式系统、面向对象等概念。

知识的表示就是对知识的一种描述，或者说是对知识的一组约定，一种计算机可以接受的用于描述知识的数据结构，是能够完成对专家的知识进行计算机处理的一系列技术手段。从某种意义上讲，表示可视为数据结构及其处理机制的综合：

$$表示 = 数据结构 + 处理机制$$

知识表示包含两层含义：

（1）用给定的知识结构，按一定的原则、组织表示知识。

（2）解释所表示知识的含义。

对于人类而言，一个好的知识表示应该具有以下特征：

（1）它应该是透明的，即容易理解。

（2）无论是通过语言、视觉、触觉、声音或者这些组合，都对我们的感官产生影响。

（3）从所表示的世界的真实情况方面考察，它讲述的故事应该让人容易理解。

良好的表示可以充分利用机器庞大的存储器和极快的处理速度，即充分利用其计算能力（具有每秒执行数十亿计算的能力）。知识表示的选择与问题的解理所当然地绑定在一起，以至于可以通过一种表示使问题的约束和挑战变得显而易见（并且得到理解），但是如果使用另一种表示方法，这些约束和挑战就会隐藏起来，使问题变得复杂而难以求解。

一般来说，对于同一种知识可以采用不同的表示方法。反过来，一种知识表示模式可以表达多种不同的知识。但在解决某一问题时，不同的表示方法可能产生不同的效果。人工智能中知识表示方法注重知识的运用，可以粗略地将其分为叙述式表示和过程式表示两大类。

**1. 叙述式表示法**

把知识表示为一个静态的事实集合，并附有处理它们的一些通用程序，即叙述式表示描述事实性知识，给出客观事物所涉及的对象是什么。对于叙述式的知识表示，它的表示与知识运用（推理）是分开处理的。

叙述式表示法易于表示"做什么"，其优点是：

（1）形式简单、采用数据结构表示知识、清晰明确、易于理解、增加了知识的可读性。

（2）模块性好，减少了知识间的联系，便于知识的获取、修改和扩充。

（3）可独立使用，这种知识表示出来后，可用于不同目的。

其缺点是不能直接执行，需要其他程序解释它的含义，因此执行速度较慢。

**2. 过程式表示法**

将知识用使用它的过程来表示，即过程式表示描述规则和控制结构知识，给出一些客观规律，告诉怎么做，一般可用一段计算机程序来描述。

例如，矩阵求逆程序，其中表示了矩阵的逆和求解方法的知识。这种知识是隐含在程序之中的，机器无法从程序的编码中抽取出这些知识。

过程式表示法一般是表示"如何做"的知识。其优点有：

（1）可以被计算机直接执行，处理速度快。

（2）便于表达如何处理问题的知识，易于表达怎样高效处理问题的启发性知识。

其缺点是：不易表达大量的知识，且表示的知识难于修改和理解。

**3. 知识表示的过程**

知识表示的过程如图 5-8 所示。其中的"知识 I"是指隐性知识或者使用其他表示方法表示的显性知识；"知识 II"是指使用该种知识表示方法表示后的显性知识。"知识 I"与"知识 II"的深层结构一致，只是表示形式不同。所以，知识表示的过程就是把隐性知识转化为显性知识的过程，或者是把知识由一种表示形式转化成另一种表示形式的过程。

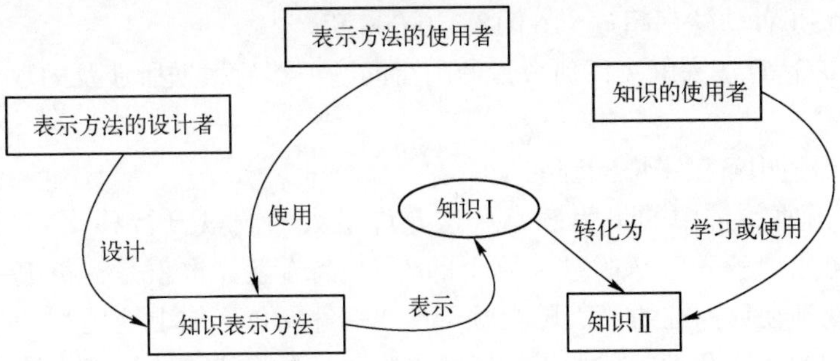

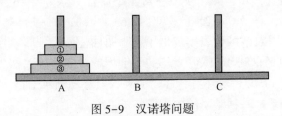

图 5-8　知识表示的过程

知识表示系统通常由两种元素组成：数据结构（包含树、列表和堆栈等结构）和为了使用知识而需要的解释性程序（如搜索、排序和组合）。换句话说，系统中必须有便利的用于存储知识的结构，有用以快速访问和处理知识的方式，这样才能进行计算，得到问题求解、决策和动作。

## 5.1.3　表示方法的选择

下面来考虑汉诺塔问题的博弈树（见图5-9）。这里涉及3个圆盘。问题的目标是将所有3个圆盘从桩A转移到桩C。这个问题有两个约束：①一次只能转移一个圆盘；②大圆盘不能放在小圆盘上面。

图 5-9　汉诺塔问题

在计算机科学中，这个问题通常用于说明递归。我们将从多个角度，特别是知识表示的角度，来考虑这个问题的解。首先，我们考虑对于转移3个圆盘到桩C这个特定问题的实际解。

获取解需要7个动作，具体如下：

（1）将圆盘1移动到C。
（2）将圆盘2移动到B。
（3）将圆盘1移动到B。
（4）将圆盘3移动到C。
（5）将圆盘1移动到A（解开）。
（6）将圆盘2移动到C。
（7）将圆盘1移动到C。

这个解也是步数最少的解。也就是说，从起始状态到达目标状态，这种方法的移动次数最少。解决这个难题所需的移动次数具体取决于所涉及的圆盘数量。

如果要移动65个圆盘来构造类似的塔，这要移动$2^{65}-1$次，即使移动1个圆盘只需要1

秒，这也需要 $2^{65}-1$ 秒，这都超过了 6 418 270 000 年。

可以用语言表达算法来解决任何数量的圆盘问题，然后根据所涉及的数学知识来检查解是否正确。

**示例 5-1**　概述求解汉诺塔问题的步骤。

首先，隔离出原始桩中的最大圆盘。这允许最大的圆盘自行移动到目标桩（一步移动）。接下来，可以"解开"暂时桩上剩余的 $N-1$ 个圆盘（也就是，桩 B——这要求 $N-1$ 次移动），并移动到在目标桩的最大圆盘顶部（$N-1$ 移动）。加上这些移动，我们可以得知总共需要 $2\times(N-1)+1$ 次移动；或如果为了解出难题，要将待移动的 $N$ 个圆盘从起始桩移动到目标桩，这需要 $2^{N}-1$ 次移动。

概述求解汉诺塔问题的步骤是一种表示解的方式，因为所有步骤都是明确给出的，所以步骤是外延表示。

**示例 5-2**　求解汉诺塔问题的另一种外延表示。

对于任何数目（$N$）的圆盘，如果主要目标是将这 $N$ 个圆盘从桩 A 移动到桩 C，那么可能需要完成下列步骤：

（1）将 $N-1$ 个圆盘移动到中间桩（B），这需要 $2^{(N-1)}-1$ 次移动（例如，对于 3 个圆盘，需要移动 2 个圆盘（$2^2-1=3$ 次）到桩 B）。

（2）将最大的圆盘从桩 A 移动到桩 C（目标）。

（3）将 $N-1$ 个圆盘从桩 B 移动到桩 C（目标，这需要移动 3 次）。

总之，移动 3 个圆盘，你需要 7 步；移动 4 个圆盘，你需要 16 步；移动 5 个圆盘，你需要 31 步（15+15+1）；移动 6 个圆盘，你需要 63 步（31+31+1）等。

**示例 5-3**　内涵解：对解的更紧凑（"内涵"）的描述。

为了解决 $N$ 个圆盘的汉诺塔问题，需要 $2^{N}-1$ 次移动，包括 $2\times2^{(N-1)}-1$（将 $N-1$ 个圆盘移到桩 B 或移出桩 B）+1 次移动（将待移动的大圆盘移动到桩 C）。

**示例 5-4**　递归关系：一种紧凑的内涵解。

$T(1)=1$

$T(N)=2\,T(N-1)+1$

解为 $T(N)=2^{N}-1$。

递归关系是简洁的数学公式，通过将问题解中某个步骤与前面的几个步骤联系起来，表示所发生过程（递归）的本质。递归关系通常用于分析递归算法（如快速排序、归并排序和选择排序）的运行时间。

**示例 5-5**　伪代码：为了描述汉诺塔问题，可以使用下面的伪代码（其中 $n$ 是圆盘数）：

Start 是开始桩

Int 是中间桩

Dest 是目标桩或目的桩

```
    TOH (n, Start, Int, Dest)
    If n=1, Then 将圆盘从 Start 移动到 Dest
        Else TOH(n-1, Start, Dest, Int)
            TOH(1, Start, Int, Dest)
            TOH (n-1, Int, Start, Dest)
```

求解汉诺塔问题说明了一些不同形式的知识表示，所有这些知识表示都涉及递归或者说是公式或模式的重复。但是用了不同的参数。确定最好的解取决于谁是学习者以及其喜欢学习的程度。每一种内涵表示也是问题简化的一个示例。看起来庞大或复杂的问题被分解成相对较小、可管理的问题，并且这些问题的解是可执行、可理解的。

## 5.2 图形草图

图片可以非常经济、精确地表示知识，一幅相关的图片或图形可以相对简洁地传达故事或消息。图形草图是一种非正式的绘图，或者说是对场景、过程、心情或系统的概括。

考虑图5-10所示的图形，它试图说明"计算生态学"的问题。你不必是计算机专家，就可以理解在网络上工作时计算机可能会遇到问题的各种情况。这时，计算机遇到问题的范围不是很相关（太多的细节）。我们知道在网络上工作的计算机会有问题，这就足够了。因此，图片已经达到了目的，所以对需要传达的信息而言，这是一个令人满意的知识表示方案。

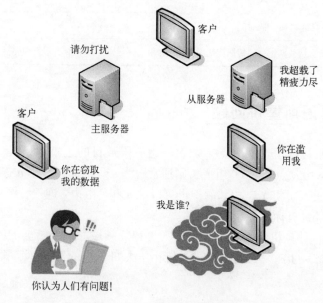

图 5-10　计算生态学的问题

人类大脑处理信息的能力有其局限性，受到有限的人类记忆能力和计算能力的约束，对于具有足够复杂度的问题（AI类型的问题），其解决方案受限于人类执行解和理解解所必需的计算量与内存量。复杂问题的解也应该是100%正确的，它们的粒度（指人类计算能力的约束）应该是可控的。

当然，人类不能在大脑中保持完整、数以百万计的棋局。一个只有4枚棋子的国际象棋残局，如国王和车对抗国王和骑士（KRKN），棋局就超过300万种。然而，在模式识别的帮助下，通过对称、问题约束和一些领域专用知识，问题得到了简化，人类可能可以理解这样的数据库。

据估计，在足够复杂的领域，如计算机科学、数学、医学、国际象棋、小提琴演奏等领域，人类需要大约 10 年的学徒生涯才能真正掌握这些领域。人们也估计，国际象棋大师在他们的大脑中存储了大约 5 万种模式。事实上，模式（规则）数量与人类领域专家为了掌握在上述的任何一个领域所积累的特定领域的事实数量大致相同。

表 5-2 中解释了人类访问所存储的比较信息，执行计算以及在一生中可能积累的知识等方面的极限。例如，人们每秒可以发送 30 比特（bit）的信息，而普通的计算机每秒可以发送数万亿比特的信息。

表 5-2　人类大脑信息处理的一些参数

| 活　　动 | 速率和大小 |
| --- | --- |
| 沿任何输入或输出通道传输的信息速率 | 30 比特每秒 |
| 50 岁以前明确存储的最大信息量 | $10^{10}$ 比特 |
| 在脑力劳动中，大脑每秒辨别的数目 | 18 个 |
| 在短期记忆中，可以保持的地址数目 | 7 个 |
| 在长期记忆中，访问可寻址"块"的时间 | 2 秒 |
| 一个"块"中的连续元素从长期记忆到短期记忆的转换速率 | 3 个元素每秒 |

# 5.3　图和哥尼斯堡桥问题

图由一组有限数目的顶点（节点）加上一组有限数目的边集合组成，每条边由不同的点对组成。如果边 $e$ 由顶点 $\{u,v\}$ 组成，则通常写为 $e=(u,v)$，表示 $u$ 连接到了 $v$（也可以认为 $v$ 连接到 $u$），并且 $u$ 和 $v$ 是相邻的，也可以说 $u$ 和 $v$ 由边 $e$ 连接。图可以是有向的，也可以是无向的，并且具有标签和权重。

在数学和图论、计算机科学以及算法与人工智能领域，一个著名的图的问题就是哥尼斯堡桥问题（见图 5-11）。另一种等效的表示方法如右边的图所示，即把问题描述为数学图。

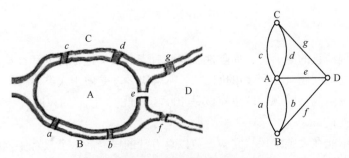

图 5-12　欧拉简化后的哥尼斯堡七桥图

这个问题是问能不能找到一条简单的路径，从与连接桥梁的陆地区域 A、B、C 或 D 的任何节点（点）开始，跨过 7 座桥一次且仅一次，然后回到起始点。瑞士著名的数学家莱昂哈德·欧拉，即"图论之父"，解决了这个问题，他的结论是，由于每个节点的度（进出节点的边数目）必须是偶数，因此这条路径不存在。

一些人很容易理解，也更喜欢左边的图，另一些人则更喜欢相对正式的、使用数学表示的图。但是，在推导这个问题的解时，大多数人都同意右边的抽象图有助于更好地理解所谓的欧拉性质。总之，图是知识表示的重要工具，是表示状态、替代路径和可度量路径的自然方式。

## 5.4　搜索树（决策树）

对于需要分析方法，诸如深度优先搜索和广度优先搜索（穷尽的方法）以及启发式搜索（例如最佳优先搜索和 $A^*$ 算法），这样的问题使用搜索树表示最合适。在知识表示中，所使用的另一类型的搜索树是决策树。

决策树（Decision Tree）是一种特殊类型的搜索树（见图 5-12），可以从根节点开始，在一些可供选择的节点中选择，找到问题的解。逻辑上，决策树将问题空间拆分成单独路径，在搜索解的过程中或在搜索问题答案的过程中，可以独立地追踪这些单独路径。

图 5-12　决策树

## 5.5　产生式系统

本质上人工智能与决策相关。之所以将人工智能方法和问题与普通的计算机科学问题分开，是因为人工智能通常需要做出智能决定来解决问题。对于做出明智决定的计算机系统或个人而言，他们需要一种好的方式来评估要求做出决策的环境（即问题或条件）。产生式系统通常可以使用如下形式规则集来表示：

IF［条件］THEN［动作］

这个控制系统表现为规则解释器、定序器和数据库。数据库作为上下文缓冲区，允许记录触发规则的条件，在这个条件下触发规则。产生式系统通常也称为条件-动作、前件-后件、模式-动作或情境-响应对。以下是一些产生式规则：

· If［在驾驶时,你看到伸出 STOP 标志的校车］,Then［迅速靠右边停车］。

· If［如果出局者少于 2 个,跑垒员在第一垒］,Then［触击球 // 棒球比赛 //］。

· If［这已经过了凌晨 2:00,并且你必须开车］,Then［确保你喝咖啡提神了］。

· If［膝盖疼痛,并且在服用了一些止痛药后,这些疼痛没有消失］,Then［请务必联系医生］。

一种使用更复杂,但是典型格式的规则例子如下。

· If［室外超出了 21℃,并且如果你有短裤和网球拍］,Then［建议你打网球］。

产生式系统的条件–结果形式是一种比较简单表示知识的方法。IF 后面部分描述了规则的先决条件,而 THEN 后面部分描述了规则的结论。规则表示方法主要用于描述知识和陈述各种过程知识之间的控制及其相互作用的机制。

# 5.6 面向对象

面向对象是一种编程范式(见图 5-13),它可以直观、自然地反映人类经验,它基于继承、多态性和封装的概念。

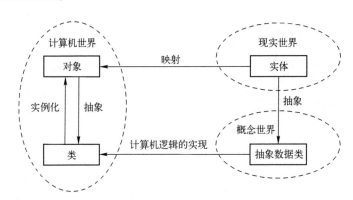

图 5-13　面向对象方法

继承是类之间的关系,子类可以继承一个或多个通用超类继承数据和方法。多态具有一个特征,即变量可以取不同类型的值(使用不同类型的参数)来执行某个函数。多态性将在对象上的动作概念与参与的数据类型分开了。封装是指不同层次的开发人员只需要知道某些信息,无需知道从底层到顶层的所有信息。这类似于数据抽象和数据隐藏的思想。

面向对象的知识表示方法是按照面向对象的程序设计原则组成一种混合知识表示形式,就是以对象为中心,把对象的属性、动态行为、领域知识和处理方法等有关知识封装在表达对象的结构中。在这种方法中,知识的基本单位就是对象,每一个对象由一组属性、关系和方法的集合组成。一个对象的属性集和关系集的值描述了该对象所具有的知识;与该对象相关的方法集,操作在属性集和关系集上的值,表示该对象作用于知识上的知识处理方法,其中包括知识的获取方法、推理方法、消息传递方法以及知识的更新方法。

类描述了其对象集合的共有数据和行为，对象是类的实例。例如，一个典型的大学程序具有一个名为学生的类，这个类包含与成绩单、学费账单和家庭住址相关的数据。从这个类中创建的对象可能是李小明，这个学生这学期上了两门数学课，他还欠了 1320 的学费，住在团结路。除了这个类，人们也可以将对象组织成超类和子类。超类和子类的组织方式自然地体现了人类对世界层次化的思考，同时也使得对层次的操作和改变变得非常自然。

Ege 指出："即使在知识表示、支持人工智能（框架、脚本和语义网络）工作的方案中，我们也可以清晰地看到有关这种面向对象的思想的内容。"

面向对象编程语言的普及，如 Java、C++、Python，表明面向对象是表示知识的有效和有用的方式，特别当构建复杂信息结构以利用公共属性时更是如此。

## 5.7　框架法

框架法（Frame）是又一种知识表示形式，是把某一特殊事件或对象的所有知识储存在一起的一种复杂的数据结构。其主体是固定的，表示某个固定的概念、对象或事件，其下层由一些槽（Slot）组成，表示主体每个方面的属性。框架是一种层次的数据结构，框架下层的槽可以看成一种子框架，子框架本身还可以进一步分层次为侧面。槽和侧面所具有的属性值分别称为槽值和侧面值。槽值可以是逻辑型或数字型的，具体的值可以是程序、条件、默认值或是一个子框架。相互关联的框架连接起来组成框架系统，或称框架网络。

框架法有利于将信息组织到系统中，这样可以利用现实世界的特征很轻松地将系统构建起来。框架法旨在提供直接方式来表达关于世界的信息，它有利于描述典型情境，因此人们用框架来表达期望、目标和规划，使得人们和机器可以更好地理解所发生的事情。

例如用框架表示某个地震事件："［虚拟新华社 3 月 15 日电］昨日，在云南玉溪地区发生地震，造成财产损失约 10 万元，统计部门如果需要详细的损失数字可电询 62332931。另据专家认为震级不会超过 4 级，并认为此次地震活动地处无人区，不会造成人员伤亡。"报纸上使用"空槽填补"方法来表示事件（框架的基本部分），很快就可以生成事件的报告。

还有一些示例可以是儿童的生日聚会、车祸、参观医生的办公室或给汽车加油。这是普通的事件，只不过在细节上会有所变化。

例如，孩子的生日聚会总是涉及某个年龄的孩子，这个聚会在特定的地点和时间举行。为了规划聚会，可以创建一个框架，其中可以包括儿童姓名、年龄、日期、聚会地点、聚会时间、与会人数和所使用的道具。

图 5-14 显示了如何构造这样的框架，并带有空槽，各自的类型以及如何在空槽处填上数值。

人工智能搜索的任务是构建相对应的上下文，并在适当的问题环境中触发它们。框架有一些吸引人的地方，因为它具有以下特征。

（1）程序提供了默认值，当信息可用时，程序员重写了默认值。

（2）框架适合于查询系统。一旦找到合适的框架，搜索信息填入空槽就变得十分简单。

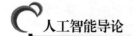

| 插槽 | 插槽类型 |
|---|---|
| 孩子姓名 | 字符串 |
| 孩子年龄（现） | 整型 |
| 出生日期 | 日期 |
| 聚会地址 | 地址 |
| 聚会时间 | 时间 |
| 聚会人数 | 整型 |
| 道具 | 在气球、标志、灯光和音乐中选择 |

| 框架名 | 插槽 | 插槽 |
|---|---|---|
| 大卫 | Is-A | 儿童 |
| | 生日 | 11/10/07 |
| | 位置 | 水晶宫 |
| | 年龄 | 8 |
| 托尼 | Is-A | 儿童 |
| | 生日 | 11/30/07 |
| 吉尔 | 参加聚会 | 11/10/07 |
| | 位置 | 水晶宫 |
| 保罗 | 参加聚会 | 11/10/07 |
| | 年龄 | 9 |
| | 位置 | 水晶宫 |
| 儿童 | 年龄 | <15 |

图 5-14　儿童生日聚会的框架

# 5.8　语义网络

　　语义网络是知识表示中最重要的通用形式之一（见本章前面的【导读案例】），是一种表达能力强而且灵活的知识表示方法。它通过概念及其语义关系来表达知识的一种网络图。从图论的观点看，它是一个"带标识的有向图"。语义网络利用节点和带标记的边构成的有向图描述事件、概念、状况、动作及客体之间的关系。带标记的有向图能十分自然地描述客体之间的关系。

## 5.8.1　语义网络表示

　　用节点（圆或框）表示对象、概念、事件或情形，用带箭头的线表示节点之间的关系，帮助讲述故事。作为知识表示的一种形式，语义网络对计算机程序员和研究人员大有用途，但是缺少集合成员关系和精度这两个元素。在其他形式的知识表示（如逻辑）中，这两个元素是直接可用的。图 5-15 展示了这样的一个例子。我们看到，玛丽拥有托比，托比是一只狗。狗是宠物的子集，所以狗可以是宠物。我们在这里看到了多重继承，玛丽拥有托比，并且玛丽拥有一只宠物，在这个宠物集中，托比恰好是其中的一个成员。托比是被称为狗的对象类中的一个成员。玛丽的狗碰巧是一只宠物，但是并不是所有的狗都是宠物。

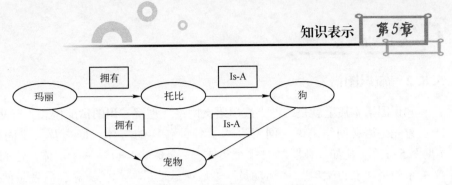

图 5-15 托比是狗，玛丽拥有一只宠物，但不是所有的狗都是宠物

在知识表示领域里，Is-A（英语：subsumption）指的是类的父子继承关系，例如类 D 是另一个类 B 的子类（类 B 是类 D 的父类）。尽管在真实世界中，Is-A 并不总是表示真实的内容，但是语义网络中经常使用 Is-A 关系。有时候，这可能代表集合成员，其他时候可能意味着平等。例如，企鹅是一种（Is-A）鸟，我们知道鸟可以飞，但是企鹅不会飞。这是因为，虽然大多数鸟类（超类）可以飞行，但并不是所有的鸟都可以飞（子类）。虽然语义网络是表示世界的直观方式，但是这不代表它们必须考虑关于真实世界的许多细节。

图 5-16 详细说明了表示一所大学的一个更复杂的语义网络。该学院由学生、各个学院、行政管理机构和图书馆组成。大学可能拥有一些学院，其中有一个学院是计算机科学学院。

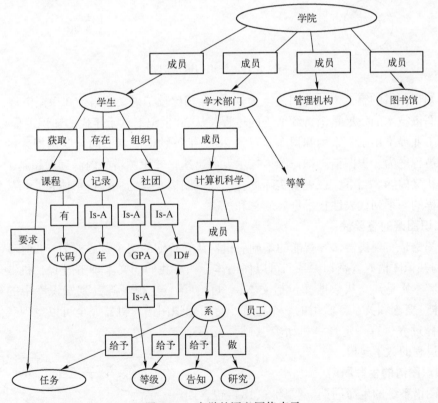

图 5-16 大学的语义网络表示

学院包括教师和工作人员。学生上课，做记录，组建俱乐部。学生必须完成作业，从教师处获得评分；教师布置作业，并给出评分。通过课程、课程代码和分数，学生和教师被联系在一起。

人工智能导论

## 5.8.2　知识图谱

知识图谱本质上就是一种大规模语义网络。理解知识图谱的概念，有两个关键词。

首先是语义网络。语义网络表达了各种各样的实体、概念及其之间的各类语义关联（见图5-17）。比如"C罗"是一个实体，"金球奖"也是一个实体，他们俩之间有一个语义关系就是"获得奖项"。"运动员""足球运动员"都是概念，后者是前者的子类（对应于图中的subclassOf关系）。

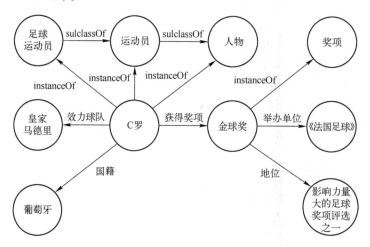

图5-17　知识图谱示例

理解知识图谱的第二个关键词是"大规模"。相比较于语义网络，知识图谱规模更大。

知识图谱技术的发展是个持续渐进的过程。从20世纪七八十年代的知识工程兴盛开始，学术界和工业界推出了一系列知识库，直到2012年谷歌推出了面向互联网搜索的大规模的知识库，被称之为知识图谱。知识图谱技术发展迅速，知识图谱的内涵远远超越了其作为语义网络的狭义内涵。当下，在更多实际场合，知识图谱是作为一种技术体系，指代大数据时代知识工程的一系列代表性技术进展的总和。

**1. 知识图谱的重要性**

知识图谱是实现机器认知智能的基础。机器认知智能的两个核心能力："理解"和"解释"，均与知识图谱有着密切关系。可以仔细体会一下我们的文本理解过程，机器理解数据的本质是其本质是建立从数据（包括文本、图片、语音、视频等）到知识库中的知识要素（包括实体、概念和关系）映射的一个过程。有了知识图谱，机器完全可以重现我们的这种理解与解释过程。有一定计算机研究基础，就不难完成这个过程的数学建模。

**2. 知识图谱的生命周期**

知识图谱系统的生命周期（见图5-18）包含四个重要环节：知识表示、知识获取、知识管理与知识应用。这四个环节循环迭代。

知识应用环节明确应用场景，明确知识的应用方式。

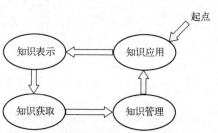

图5-18　知识图谱的生命周期

知识表示定义了领域的基本认知框架，明确领域有哪些基本的概念，概念之间有哪些基本的语义关联。比如企业家与企业之间的关系可以是创始人关系，这是认知企业领域的基本知识。知识表示只提供机器认知的基本框架，还要通过知识获取环节来充实大量知识实例。比如乔布斯是个企业家，苹果公司是家企业，乔布斯与苹果公司就是"企业家-创始人-企业"这个关系的一个具体实例。

知识实例获取完成之后，就是知识管理。这个环节将知识加以存储与索引，并为上层应用提供高效的检索与查询方式，实现高效的知识访问。

四个环节环环相扣，彼此构成相邻环节的输入与输出。在知识的具体应用过程中，会不断得到用户的反馈，这些反馈会对知识表示、获取与管理提出新的要求，因此整个生命周期会不断迭代持续演进下去。

**3. 知识图谱的发展现状及应用**

知识图谱的应用场景非常广泛，除了通用应用外，在金融、政府、医疗等领域也有特殊的应用（见图5-19）。

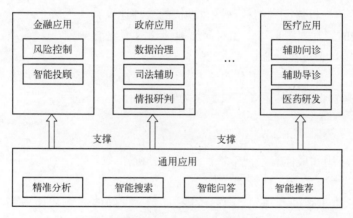

图 5-19　知识图谱的应用

通用领域的应用主要包括精准分析、智能搜索、智能问答、智能推荐等。

# 【作　业】

1. 知识与知识表示是人工智能中的一项重要的基本技术，它决定着人工智能如何进行（　　）。

A. 知识学习　　　　B. 知识存储　　　　C. 知识产生　　　　D. 知识爆炸

2. 在信息时代，有许多可以处理和存储大量信息的计算机系统。信息包括数据和事实。数据、事实、信息和知识之间存在着（　　）关系。

A. 因果　　　　　　B. 重叠　　　　　　C. 层次　　　　　　D. 网状

3. 下面关于知识的叙述中，不正确的是（　　）。

A. 知识是信息接受者通过对信息的提炼和推理而获得的正确结论

B. 知识是铭刻在书本上不朽的真理

C. 知识是人对自然世界、人类社会以及思维方式和运动规律的认识与掌握

D. 知识是人的大脑通过思维重新组合和系统化的信息集合

4. 在人工智能中，从便于表示和运用的角度出发，将知识分为对象、（　　）。

A. B、C 和 D        B. 执行        C. 元知识        D. 事件和事件序列

5. 以下关于"知识表示"的叙述不正确或者不合适的是（　　）。

A. 是指把知识客体中的知识因子与知识关联起来，便于人们识别和理解知识

B. 是对知识的一种描述，或者说是一种计算机可以接受的用于描述知识的数据结构

C. 在知识组织的基础上产生知识表示方法

D. 是能够完成对专家的知识进行计算机处理的一系列技术手段

6. 对于人类而言，一个好的知识表示应该具有若干特征，但下面（　　）不属于这个特征。

A. 它应该是透明的，即容易理解

B. 无论是通过语言、视觉、触觉、声音或者这些组合，都对我们的感官产生影响

C. 从所表示的世界的真实情况方面考察，它讲述的故事应该让人容易理解

D. 良好的表示与机器庞大的存储器和极快的处理速度其实无关

7. 一幅相关的图片或图形可以相对简洁地传达故事或消息。（　　）是一种非正式的绘图，或者说是对场景、过程、心情或系统的概括。

A. 螺旋图        B. 图形草图        C. 圆饼图        D. 场景图

8. （　　）是知识表示的重要工具，因为它是表示状态、替代路径和可度量路径的自然方式。

A. 数组        B. 表        C. 图        D. 线段

9. 如果需要应用如最佳有限搜索算法这样的分析方法，使用（　　）表示最合适。

A. 搜索树        B. 计算器        C. 矩阵        D. 图形

10. 本质上，人工智能与决策相关。如果需要一种好的方式来评估要求做出决策的环境。（　　）通常使用一个 IF［条件］THEN［动作］形式规则集来表示。

A. 搜索树        B. 产生式系统        C. 图形        D. 框架法

11. （　　）是一种基于继承、多态性和封装概念的编程范式，这种范式可以直观、自然地反映人类经验。

A. 产生式系统        B. 框架法        C. 面向对象        D. 图形

12. （　　）的知识表示方法是一种以对象为中心，把对象的属性、动态行为、领域知识和处理方法等有关知识封装在表达对象的结构中的混合知识表示形式。

A. 产生式系统        B. 图形        C. 搜索树        D. 面向对象

13. （　　）知识表示方法把某一特殊事件或对象的所有知识储存在一种复杂的数据结构中。

A. 框架法        B. 产生式系统        C. 搜索树        D. 面向对象

14. （　　）是知识表示中最重要的通用形式之一，它是通过概念及其语义关系来表达知识的一种网络图。

A. 框架法        B. 语义网络        C. 搜索树        D. 面向对象

# 第三部分　基于知识的系统

# 第6章　专家系统

## 【导读案例】中美人工智能PK

目前，中美在人工智能企业数量、专利数量、论文数量以及人才数量上并驾齐驱，成为引领全球人工智能发展的两大动力来源。

在人工智能领域的论文数量上，从1998年至2018年，全球论文产出量最多的是美国，14.91万篇，中国以14.18万篇位居次席，英国、德国和印度分别位列三至五位。2018年AAAI会议上，提交的论文中有70%来自美国或中国，接受的论文中则有67%来自中美两国（见图6-1）。

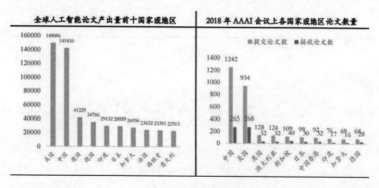

图6-1　论文数量

在人工智能专利数量上看，中国已经超过美国成为人工智能领域专利申请量最高的国家，占全球专利申请总数的37.1%，美国和日本则分别位居第二、第三，分别占比24.8%和13.1%。而在人工智能领域的人才投入上，中国与美国则还有较大的距离。截至2017年，美国在人工智能领域的人才投入量高达28536人，占世界总量的13.9%，而中国投入量位居第二，累计达18232人，占世界总量的8.9%，是美国人数的65%（见图6-2）。

看规模，中国人工智能投资额已超过美国，中国人工智能行业投融资额从2013年的37亿元增长到2018年的1091.5亿元，年复合增长率达96.8%，美国人工智能行业投融资额从2013年的11.4亿美元增长到2018年的93.3亿美元，年复合增长率达52.1%。截至2017年上半年中美两国在人工智能九大领域累计融资情况见图6-3。

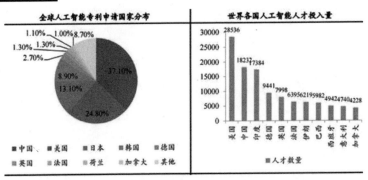

图 6-2　专利数量与人才投入

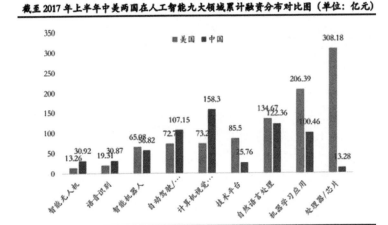

图 6-3　2017 年上半年融资对比

**1. 中美差异**

中美两国在人工智能投资上最主要的差异体现在人工智能芯片和计算机视觉与图像这两项上。前者美国领先中国，后者中国领先美国。

截至 2017 年，美国在人工智能芯片上累计投入 308.18 亿元，是中国的 24 倍，中国只有 13.28 亿元。中国在计算机视觉与图像领域累计投资 158.3 亿元，是美国的 2 倍以上，美国为 73.2 亿元。从比例上看，2016 年中国在人工智能芯片上的融资额只相当于全行业的 2%，而美国为 32%；而中国图像识别/自然语言处理的融资额占 24%，美国这一数据只有 7%（见图 6-4）。

看投向，中国重应用层，美国重基础层。美国在人工智能九大领域中累计投资额排名前三的为：芯片/处理器、机器学习应用和自然语言处理；中国累计投资额排名前三的为：计算机视觉与图像、自然语言处理和自动驾驶/辅助驾驶。

**2. 计算机视觉是中国人工智能市场的最大组成部分**

计算机视觉的应用场景主要如下。

安防：安防市场广阔，细分门类众多，计算机视觉有很大的发挥空间。如人脸识别技术可用于疑犯追踪、门禁等，车牌识别技术可用于智慧交通、智慧停车等，视频结构化技术可以有效帮助公安部门检索分析安防影响，让案件侦办和治安布控更加便捷。

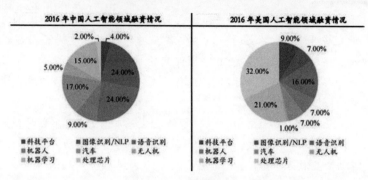

图 6-4　2016 年融资对比

安防领域的特性在于：

（1）公共安全的刚需应用，采用人工智能技术可极大提高效率。

（2）市场预算分级、高度碎片化，且以政府订单为主，可有效贡献收入。

（3）不断面临新问题与新需求，问题难度跨度大（简单需求如车牌识别、困难需求如动态识别与犯罪预防等）。作为公共安全的刚需应用，安防领域计算机视觉未来将继续向多模态融合、万路以上广联网发展。

**移动互联网**：计算机视觉在移动互联网上的应用主要包括：

（1）互联网直播行业的主播美颜。

（2）鉴黄、广告推荐等视频分析。

（3）智能手机里的人工智能美颜和人脸解锁。一方面，移动互联网行业数据较为丰富，数据可得性较高；另一方面，由于应用多为"锦上添花"型的娱乐、广告应用，容错率较高，技术难度相应下降。因此计算机视觉在移动互联网得以快速顺利落地。

**金融**：人脸识别在金融领域已出现多种解决方案，伴随识别准确率上升，远程开户已在互联网金融行业得到广泛应用，人脸支付、刷脸取款等开始被各大银行采用。

**自动驾驶/辅助驾驶**：计算机视觉作为机器感知周围环境的基础技术，对驾驶的自动化起到重大作用。计算机视觉可以帮助汽车完成：

（1）环境数据和地标收集。

（2）车道的定位、坡道与弯度的检测。

（3）交通信号的识别。

（4）车辆、行人等运动目标检测。

**3. 相关机会**

华为（计算机视觉无冕之王）：全国"最高"的视觉竞赛，华为 Atlas 打通遥感图像智能分析的脉络。

**海康威视**（计算机视觉龙头）：计算机视觉初创公司 Movidius 已与中国海康威视达成协议，为智能相机带来更好的人工智能。根据这项协议，Movidius 将为海康威视的智能相机系列提供深度神经网络处理。海康威视将在新的智能相机系列中使用 Myriad2 视觉处理单元，提供深度神经网络处理，以提高视频分析的准确性。

**胜利精密调研报告**（布局智能制造与新材料）：其子公司富强科技收购瑞士的工业视觉公司，积极提升自身的智能硬件技术水平；2016 年 4 月，富强科技与德国 MES 系统供应商

Transfact 合作，深入学习智能制造的软件知识，向定制化智能制造服务提供商转变。

**保千里**（智能视像平台呼之欲出）：技术储备，增厚技术积淀。公司通过本次募集资金建设光机电基础研发实验室、仿生智能算法图像实验室和视像云平台等关键技术进行前瞻性研发，在保证公司产品技术先进性的同时，强化公司在智能硬件领域的综合竞争力，巩固行业领先地位。

**慈星股份**（从工业机器人到服务机器人，智能化业务不断升级）：公司先后布局机器人系统集成、机器视觉和核心零部件领域，形成了智能化业务的全面布局，2015 年公司智能化业务取得一定突破，实现营业收入 8000 万，营业收入占比达到 11%。2016 年公司业务再次突破，以智能+IP 的模式切入服务机器人领域，发布了两款服务机器人产品，针对儿童教育市场。

**劲拓股份公司深度报告**（电子装联设备龙头，机器视觉专家）：凭借公司的研发能力，已经推进了机器视觉产品在触摸屏、新能源汽车等新领域的应用，已逐渐成为机器视觉行业专家。

# 6.1　专家系统及其发展

总体来说，专家系统因其在计算机科学和现实世界中的贡献而被视为人工智能中最成功、最古老、最知名和最受欢迎的领域。

专家系统出现在 20 世纪 70 年代，当时整个人工智能领域正处在发展的低谷，人们批判人工智能不能生成实时的、真实世界的工作系统。这个时期，由于人们在计算机视觉领域获得了一些重要见解，Popplestone 发明了机器人；弗雷迪所创建的玩具系统可以执行简单的任务，如组装玩具车或将咖啡杯放置在碟子上；不久，麻省理工学院的特里·维诺格拉德发表了著名的论文《理解自然语言》等，才使人们对人工智能又产生了一定的兴趣。但是由于早期的一些系统，人工智能也得到了一些恶名。

## 6.1.1　在自己的领域里作为专家

戈尔茨坦和帕尔特将早期系统的目标标注为"能力战略"，旨在开发出能够应用于求解各种问题的一般的、强大的方法。早期的程序，如 DENDRAL，从普遍性方面来说，还相当脆弱。在一般问题领域，除了被称为专家的人类解决者以外，其他的求解者的行为通常都是肤浅的。

事实上，大多数人只有在自己的专业领域才是专家，这与早期的人类观点相反；人们不具备任何魔法，可以在任意问题领域快速得到最细致、最有说服力的规则。因此，虽然国际象棋大师通过数十年的实践和研究，积累和建立起来约 50 000 种规则的模式，但他们不是创建生活中其他事物启发法、规则、方法的大师，对于数学博士、医生或律师来说也是如此。每个人都是处理自己领域信息的专家，但是这些技能不能确保他们能够处理一般信息或其他专业领域的特定、专门的知识。人们在掌握任何特定领域知识之前，需要长期的学习。

布雷迪指出，人类专家有多种方式来应对组合爆炸："首先，结构化知识库。这样就可以让求解者在相对狭窄的语境中进行操作。其次，明确提出个人所应具有的知识，这些知识是关于专有领域知识的最好的利用方法，也就是所谓的元知识。因为知识表示的统一性，人们可以将问题求解者的全部能力都应用在元知识上，这种应用方式与人们将其应用于基础知识的方式完全相同，所以知识表示的统一性给人们带来了很大的回报。最后，人们试图利用似乎存在的冗余性。这种冗余性对人类求解问题和认知至关重要。虽然也可以用其他几种方式实现这一点，但是这些方法的利用大部分都受到了限制。通常情况下，人们可以明确一些条件，虽然这些条件没有一个能够唯一地确定解决方案，但是同时满足这些条件却可以得到唯一的方案。"

对于"人类求解问题和感知中存在的冗余"，布雷迪的真正意思是一个词——模式。下面看在一个庞大的停车场中寻找汽车的例子。是否知道车在哪层或哪个编号区域对如何快速地找到车存在着巨大的差别。进一步说，有了位置（中央列、外列、中间或列尾等）、车的特征（其颜色、形状、风格等）以及你将车停在停车场的哪个区域（接近建筑、出口、柱子、墙等）这些知识，对于你如何快速地找到汽车有着很大的不同。人们会使用3种截然不同的方法：

（1）使用信息（收据上的号码、票据以及停车场里提供的信息）。通过这种方法，人类并没有使用任何智能，就像可以借助汽车的导航系统到达目的地一样，不需要对要去的地方有任何地理上的理解。

（2）使用所提供的票据上的信息，以及有关汽车及其位置的某些模式的组合。例如，票据上显示车停在7B区，同时你也记得这距离目前的位置不是很远、车是亮黄色的，并且尺寸比较大。没有很多大型的黄车，这使得你的汽车从其他的汽车中脱颖而出（见图6-5）。

图6-5　模式和信息可以帮助我们识别事物

（3）人类不依赖任何具体的信息，而是完全依赖于记忆和模式这种脆弱的方法。

上述3种方法说明了人类在处理信息方面的优势。人类具有内置的随机访问和关联的机制。为了到第3层提车，我们不需要线性地从第1层探索到第3层。但机器人必须很明确地被告知跳过3层以下的楼层。记忆允许我们利用车辆本身的特征（约束），如车是黄色的、大型的、旧的，周围的车并不是很多。模式与信息的结合可以帮助我们减少搜索（类似于上面提到的约束和元知识）。因此，我们知道车在某一层（票据上是这样说的），但是也记得是如何停放汽车的（很紧密地停放或是很随意地停放），汽车周围可能有什么车，所选择停车点有什么其他显著的特征。

## 6.1.2　五个技能获取阶段

伯克利的两位哲学家兄弟胡伯特·德雷福斯和斯图尔特·德雷福斯提出了这样一条评判想法：在机器上，人们很难解释或发展人类的"专有技术"。虽然我们知道如何骑自行车、如何开车，以及许多其他基本的事情（如走路、说话等），但是在解释如何实现这些动作时，我们的表现会大打折扣。德雷福斯兄弟将"知道什么事"与"知道如何做"区分开来。"知道什么事"指的是事实知识，例如遵循一套说明或步骤，但是这不等同于"知道如何做"。获得"专有技术"后，这就变成了隐藏在潜意识中的东西。我们需要通过实践来弥补记忆的不足。例如，你可能用 VCR 录制过电视节目。你学到了必要的步骤——我们可以从 VCR 上的控件直观地得到这些步骤，也知道电视应当被设置到特定的频道，可以执行和理解这些必需的步骤来录制电视节目（专有技术）。但是，这是很久以前的事了。当人们有了数码摄像机系统已经改变了。因此，你可能不得不承认自己已经失去了如何录制电视节目的专有技术。

德雷福斯兄弟所讨论的专有技术基于"从新手到专家的过程中有 5 个技能获取阶段"这个前提，即新手、熟手、胜任、精通、专家。

**阶段 1**：新手只遵循规则，对任务领域没有连贯的了解。规则没有上下文，无需理解，只需要具备遵循规则的能力，完成任务。例如，在驾驶时，遵循一系列步骤到达某个地方。

**阶段 2**：熟手开始从经验中学更多的知识，并能够使用上下文线索。例如，当学习用咖啡机制作咖啡时，我们遵循说明书的规则，但是也用嗅觉来告诉自己咖啡何时准备好了。换句话说，在任务环境中，我们可以通过所感知到的线索来学习。

**阶段 3**：胜任的技能执行者不仅需要遵循规则，也需要对任务环境有一个明确的了解。他能够通过借鉴规则的层次结构做出决定，并且认识到模式（称为"一小部分因素"或"这些元素系列"）。胜任执行者可能是面向目标的，并且他们可能根据条件改变自己的行为。例如，胜任的驾驶员知道如何根据天气条件改变驾驶方式，包括速度、齿轮、挡风玻璃刮水器、镜子等。此时，执行者会发展出凭直觉感知的知识或专有技术。这个层次的执行者依然是基于分析，将要素结合起来，基于经验做出最好的决定。

**阶段 4**：精通的问题求解者不仅能够认识到情况是什么及合适的选择是什么，还能够深思熟虑，找到最佳方式，实施解决方案。一个例子就是，医生知道患者的症状意味着什么，并且能够仔细考虑可能的治疗选项。

**阶段 5**：专家"基于成熟以及对实践的理解，一般都会知道该怎么做"。应对环境时，专家非常超然，没有看到问题就去努力解决这些问题，他也不焦灼于在未来去精心制订计划。"我们在走路、谈话、开车或进行大多数社交活动时，通常不做出深思熟虑的决定。"因此，德雷福斯兄弟认为专家与他们所工作的环境或舞台融为一体。驾驶员不仅是在驾驶汽车，也在"驾驶自己"；飞行员不仅在开飞机，也是在"飞行"；国际象棋大师不仅是下棋，而也成了"一个机会、威胁、优势、弱点、希望和恐惧世界中"的参与者。

德雷福斯兄弟进一步阐述："当事情正常进行时，专家不解决问题，不做决定，正常地进行工作"。他们的主要观点是："精通或专家级别的人，以一种无法解释的方式，基于先前具体的经验做出判断。"他们认为"专家行为不合理"，也就是说，没有通过有意识的分析和重组而采取行动。

德雷福斯兄弟认为，在许多方面，如视觉、解释判断方面，包括人脑整体工作的方式，机器都比人脑差。没有这些能力，机器将永远比不上人类（大脑和思想）。虽然机器可能是优秀的符号操作器（逻辑机器或推理引擎），但是它们缺乏能力进行整体识别以及在一些类似图片之间进行区分，而人类拥有这些能力。例如，在面部识别方面，机器无法捕获所有特征，而人类将会捕获到所有特征，无论这些特征是明确的还是隐藏的。

### 6.1.3  专家的特点

格伦菲尔鲍讨论了这样一个事实，即专家具有一定的特点和技术，这使得他们能够在其问题领域表现出非常高的解决问题的水平。一个关键的特征就是，他们能出色地完成工作。要做到这一点，他们要能够完成如下工作：

- 解决问题——这是根本的能力，没有这种能力，专家就不能称为专家。与其他人工智能技术不同，专家系统能够解释其决策过程。思考这样一个医疗专家系统，这个系统能够确定你还有 6 个月的生命，你当然想知道这个结论是如何得出的。
- 解释结果——专家必须能够以顾问的身份提供服务并解释其理由。因此，他们必须对任务领域有深刻的理解。专家了解基本原则，理解这些原则与现有问题的关系，并能够将这些原则应用到新的问题上。
- 学习——人类专家不断学习，从而提高了自己的能力。在人工智能领域，人们希望机器能得到这些专有技能，学习也许是人类专有技能中最困难的一种技能。
- 重构知识——人可以改进他们的知识来适应新的问题环境，这是人的一个独特特征。在这个意义上，专家级的人类问题求解者非常灵活并具有适应性。
- 打破规则——在某些情况下，例外才是规则。真正的人类专家知道其学科中的异常情况。例如，当药剂师为病人写处方时，他知道什么样的药剂或药物不能与先前的处方药物发生很好的相互作用（即"配伍禁忌"）。
- 了解自己的局限——人类专家知道他们能做什么、不能做什么。他们不接受超出其能力的任务或远离其标准区域的任务。
- 平稳降级——在面对困难的问题时，人类专家不会崩溃，也就是说，他们不会"出现故障"，同样，在专家系统中，这也是不可接受的。

## 6.1.4 专家系统的特征

专家系统具有这些特征：

- 解决问题——专家系统当然有能力解决其领域的问题。有时候，它们甚至解决了人类专家无法解决的问题，或提出人类专家没有考虑过的解决方案。
- 学习——虽然学习不是专家系统的主要特征，但是如果需要，人们可以通过改进知识库或推理引擎来教授专家系统。机器学习是人工智能的另一个主题领域。
- 重构知识——虽然这种能力可能存在于专家系统中，但是本质上，它要求在知识表示方面做出改变，这对机器来说比较困难。
- 打破规则——对于机器而言，使用人类专家的方式，以一种直观、知情的方式打破规则比较困难；相反，机器会将新规则作为特例添加到现有规则中。
- 了解自己的局限——一般说来，当某个问题超出了其专长的领域时，专家系统和程序也许能够在因特网的帮助下参考其他程序找到解决方案。
- 平稳降级——专家系统一般会解释在哪里出了问题、试图确定什么内容以及已经确定了什么内容，而不是保持计算机屏幕不动或变成白屏。

专家系统的其他典型特征包括：

- 推理引擎和知识库的分离。为了避免重复，保持程序的效率是非常重要的。
- 尽可能使用统一表示。太多的表示可能会导致组合爆炸，并且"模糊了系统的实际操作"。
- 保持简单的推理引擎。这样可以防止程序员深陷泥沼，并且更容易确定哪些知识对系

统性能至关重要。

- 利用冗余性。尽可能地将多种相关信息汇集起来，以避免知识的不完整和不精确。

尽管专家系统有诸多优点，但也有一些众所周知的弱点。例如，虽然它们可能知道水在100摄氏度沸腾，但是不知道沸水可以变成蒸汽，蒸汽可以运行涡轮机。

## 6.1.5 建立专家系统要思考的问题

当人们考虑建立专家系统时，思考的第一个问题是领域和问题是否合适。Giarratano 和 Riley 提出了人们在开始建立专家系统之前应该思考的一系列问题。

- "在这个领域，传统编程可以有效地解决问题吗？"如果答案为"是"，那么专家系统可能不是最佳选择。那些没有有效算法、结构不好的问题更适合构建专家系统。
- "领域的界限明确吗？"如果领域中的问题需要利用其他领域的专业知识，那么最好定义一个明确的领域。例如，比起宇航员对外层空间的了解，宇航员对任务的了解必须更多，如飞行技术、营养、计算机控制、电气系统等。
- "我们有使用专家系统的需求和愿望吗？"系统必须有用户（市场），专家也必须赞成建设系统。
- "是否至少有一个愿意合作的人类专家？"没有人类专家，肯定不可能创建这个系统。人类专家必须支持建设系统，必须意识到必需的合作和所需的时间，愿意投入大量的时间来建设专家系统。
- "人类专家是否可以解释知识，这样知识工程师就可以理解知识了？"这是一种决定性的试验。两个人可以一起工作吗？人类专家是否可以足够清晰地解释所使用的技术术语，是否可以让知识工程师可以理解这些术语，并将它们转化为计算机代码？
- "解决问题的知识主要是启发式的并且不确定吗？"基于知识和经验以及上面描述的"专有技术"，这样的领域特别适用于专家系统。

专家系统偏重处理不确定和不精确的知识。也就是说，它们可能在一部分时间内正确工作，并且输入数据可能不正确、不完整、不一致或有其他缺陷。有时，专家系统甚至只是给出一些答案——甚至不是最佳答案。他们注意到，虽然起初这看起来可能让人惊讶，也许令人不安，但是通过进一步的思考，这种表现与专家系统的概念是一致的。

迄今为止，在全世界的许多领域（见表6-1），人们建立了数千个专家系统，其目的是：

表 6-1　专家系统的主要应用领域

| 农学 | 环境 | 气象学 |
|---|---|---|
| 商业 | 金融 | 军事 |
| 认证 | 地理 | 矿业 |
| 化学 | 图像处理 | 能源 |
| 通信 | 信息管理 | 科学 |
| 计算机系统 | 法律 | 安全 |
| 教育 | 制造业 | 空间技术 |
| 电子 | 数学 | 交通 |
| 工程 | 医药 | |

- 分析——给定数据，确定问题的原因。
- 控制——确保系统和硬件按照规则执行。
- 设计——在某些约束下配置系统。
- 诊断——能够推断系统故障。
- 指导——分析、调试学生的错误并提供建议性的指导。
- 解释——从数据推断出情景描述。
- 监视——将观察值与预期值进行比较。
- 计划——根据条件设计动作。
- 预测——对于给定情况，预测可能的后果。
- 规定——为系统故障推荐解决方案。
- 选择——从多种可能性中确定最佳选择。
- 模拟——模拟系统组件之间的交互。

## 6.2 知识工程

知识工程（Knowledge Engineering，见图6-6）是一门新兴的工程技术学科，它产生于社会科学与自然科学的相互交叉和科学技术与工程技术的相互渗透。"知识工程"研究的内容是如何组成由计算机和通信技术结合而成的新的通信教育、控制系统。"知识工程"研究的中心，是"智能软件服务"，即研究编制程序，提供软件服务。

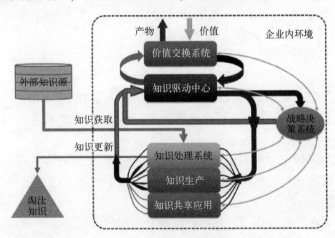

图6-6　知识工程系统

"知识工程"的产生，说明人类所专有的文化、科学、知识、思想等同现代机器的关系空前密切了。这不仅促进了计算机产品的更新换代，更重要的是，它必将对社会生产力新的飞跃，对社会生活新的变化，发生深刻的影响。

关于知识工程的主题和案例报告中指出，建立成功系统的关键是使用以下方法：

（1）生成和测试——人们尝试、测试和采用这种方法已有几十年之久，其有效性不言而喻。

（2）情景-动作规则的使用——也就是产生式规则或基于知识的系统，这种表示有助于专家系统的有效构建、易于修改知识、易于解释等。"这种方法的本质在于，一条规则必须捕获'一大块'领域知识，这些领域知识本身或其中的内涵必须对领域专家有意义。"

（3）领域专有知识——关键的是知识，而不是推理引擎。知识在组织和约束搜索中起着至关重要的作用。使用规则和框架容易表示和操控知识。

（4）知识库的灵活性——知识库包括了许多规则，人们应当适当选择这些规则的粒度。也就是说，这些规则要足够小，让人可以理解，但是也应该充分大，这样对领域专家才有意义。按照这种方式，知识能够灵活地应对改变，可以很容易地得到修改、添加或删除。

（5）推理路线——在构建智能体时，领域专家非常明确知识构建的意义、意图和目的，这似乎是一条重要的组织原则。

（6）多种知识来源——将看似无关的、多个来源的知识条目整合起来，这对于推理路线的维护和开发是必要的。

（7）解释——系统能够解释其推理路线的能力很重要（这是系统调试和扩展所必需的）。人们认为这是一条很重要的知识工程原则，必须予以重视。解释的结构及适当的复杂程度也是非常重要的。

基于人工智能知识表达方式的专家系统倾向于将计算组件与基于知识的组件分开，所以不同于传统计算机科学的程序。因此，就专家系统而言，推理引擎不同于知识库。通常，数据库包括规则，这些规则"由模式匹配来调用，同时任务环境具有一些特征，如用户可以添加、修改或删除任务环境"。这种类型的数据库称为知识库。用户可能以如下3种典型的不同方式来使用知识库。

（1）获取问题的答案——用户作为客户端。

（2）改进或增加系统的知识——用户作为导师。

（3）收集供人类使用的知识库——用户作为学生。

在第二种方式中，使用专家系统的人称为领域专家。没有领域专家的帮助，建立专家系统是不可能的。从领域专家提供的信息中提取知识，并将其规划成知识库，我们称这种人为知识工程师。"从领域专家的头脑中提取知识的过程（一个非常重要的过程）称为知识获取。"

知识工程是通过领域专家和知识工程师之间的一系列交互来构建知识库的过程。通常，随着时间的推移，随着知识工程师越来越熟悉领域专家的规则，这个过程会涉及许多规则的迭代和改进。

知识工程师一直在寻找可用于表示和解决现有问题的最佳工具。他尝试组织知识，开发推理方法，构建符号信息的技术。他与领域专家密切合作，尝试建立最好的专家系统。根据需要，重新概念化知识及其在系统中的表示。系统的人机界面得到改善，系统的"语言处理"让人类用户觉得更加舒适，系统的推理过程使用户更加容易理解。

## 6.3 知识获取

从人类专家处获取知识，并将这些知识组织到可用的系统中——这个任务一直被认为是很困难的。实质上这表示了专家对问题的理解，这对专家系统的能力至关重要。这项任务的正式名称是知识获取，这是构建专家系统面临的最大挑战。

虽然书籍、数据库、报告或记录可以作为知识来源，但是大多数项目最重要的来源之一是领域专业人员或专家。从专家处获取知识的过程称为知识引导，这是一项漫长而艰巨的任务，会涉及许多乏味的会话。这些会话可以以交换想法的交互式讨论进行，也可以以采访或案例研究的形式进行。在后一种形式中，人们观察专家如何试图去解决一个真正的问题。无论使用什么方法，人们的目标是揭示专家的知识，更好地了解专家解决问题的技能。人们想知道为什么不能通过简单的问题来探索专家的知识。请牢记专家所具备的如下特点。

（1）他们往往在自己的领域非常专业，并且往往使用具体领域的语言。

（2）他们有大量的启发式知识——这些知识是不确定以及不精确的。

（3）他们不擅于表达自己。

（4）他们运用多种来源的知识，力争表现出色。

杜达和 Shortliffe 在这个问题上给出了自己的立场：知识的识别和编码是在建立专家系统过程中遇到的最复杂、最艰巨的任务之一，创建一个重大评估系统（在考虑实际使用之前）所需的努力往往是以人年为单位的。

在描述专家系统的构建过程中，海耶斯-罗斯等人采用了"瓶颈"一词：知识获取是构建专家系统的瓶颈。知识工程师的工作就是作为一个中间人帮助建立专家系统。由于知识工程师对领域知识的了解远远少于专家，因此沟通问题阻碍了将专业知识转移到工作中的过程。

自 20 世纪 70 年代以来，人们尝试了多种自动化知识获取的技术，如机器学习、数据挖掘和神经网络。事实证明，这些方法在某些情况下很成功。例如，有一个著名的大豆作物诊断案例，在这个案例中，从植物病理学家雅各布森（领域专家）提供的原始描述符集和确定诊断的患病植物的训练集开始，程序合成了诊断规则集。意想不到的发现是，机器合成的规则集超出了由雅各布森制定的规则。雅各布森通过部分成功实验来尝试改进他的规则，结果机器的规则具有 99% 的准确性，于是他放弃了自己的努力，采用机器合成的规则作为其专业工作的规则。

专家系统的知识有如下 5 种主要的知识分类。

（1）过程性知识——规则、策略、议程和程序。

（2）陈述性知识——概念、对象和事实。

（3）元知识——关于其他类型的知识以及如何使用知识的知识。

（4）启发式知识——经验法则。

（5）结构化知识——规则集、概念关系、对象关系。

可能的不同形式的知识来源是专家、终端用户、多个专家、报告、书籍、法规、在线信息、计划和指南。虽然收集和解释知识的过程可能只需要几个小时，但是解释、分析和设计一个新的知识模型可能需要很多时间。

人们将浅层知识（可能基于直觉）转化为深层知识（可能隐藏在专家的潜意识中）的过程称为知识编译问题。知识引导中拓展的技能有助于促进知识获取。

## 6.4 专家系统的结构

专家系统通常由人机交互界面、知识库、推理机、解释器、综合数据库、知识获取 6 个

部分构成（见图6-7）。其中尤以知识库与推理机相互分离而别具特色。专家系统的体系结构随专家系统的类型、功能和规模的不同，而有所差异。

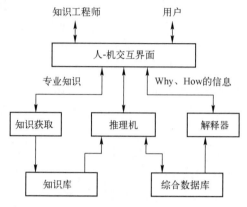

图6-7　专家系统的基本结构

　　基于规则的产生式系统是目前实现知识运用最基本的方法。产生式系统由综合数据库、知识库和推理机3个主要部分组成，综合数据库包含求解问题的世界范围内的事实和断言。知识库包含所有用"如果：〈前提〉，于是：〈结果〉"（If-Then 规则）形式表达的知识规则。推理机（又称规则解释器）的任务是运用控制策略找到可以应用的规则。

## 6.4.1　知识库

　　为了使计算机能运用专家的领域知识，必须要采用一定的方式表示知识。常用的知识表示方式有产生式规则、语义网络、框架、状态空间、逻辑模式、脚本、过程、面向对象等。

　　知识库用来存放专家提供的知识。专家系统的问题求解过程是通过知识库中的知识来模拟专家的思维方式的，因此，知识库是专家系统质量是否优越的关键所在，即知识库中知识的质量和数量决定着专家系统的质量水平，这也是专家系统设计的"瓶颈"问题。一般来说，专家系统中的知识库与专家系统程序是相互独立的，用户可以通过改变、完善知识库中的知识内容来提高专家系统的性能。通过知识获取，可以扩充和修改知识库中的内容，也可以实现自动学习功能。

## 6.4.2　推理机

　　推理机针对当前问题的条件或已知信息，反复匹配知识库中的规则，获得新的结论，以得到问题求解结果。在这里，推理方式可以有正向和反向推理两种。

　　正向链的策略是寻找出前提可以同数据库中的事实或断言相匹配的那些规则，并运用冲突的消除策略，从这些都可满足的规则中挑选出一个执行，从而改变原来数据库的内容。这样反复地进行寻找，直到数据库的事实与目标一致即找到解答，或者到没有规则可以与之匹配时才停止。

　　逆向链的策略是从选定的目标出发，寻找执行后果可以达到目标的规则；如果这条规则的前提与数据库中的事实相匹配，问题就得到解决；否则把这条规则的前提作为新的子目标，并对新的子目标寻找可以运用的规则，执行逆向序列的前提，直到最后运用的规则的前提可以与数据库中的事实相匹配，或者直到没有规则再可以应用时，系统便以对话形式请求用户回答并输入必需的事实。

可见，推理机就如同专家解决问题的思维方式，知识库就是通过推理机来实现其价值的。

### 6.4.3 其他部分

人机界面是系统与用户进行交流时的界面。通过该界面，用户输入基本信息、回答系统提出的相关问题，并输出推理结果及相关的解释等。

综合数据库专门用于存储推理过程中所需的原始数据、中间结果和最终结论，往往是作为暂时的存储区。解释器能够根据用户的提问，对结论、求解过程做出说明，因而使专家系统更具有人情味。

## 6.5 经典的专家系统

近40多年来，人们建成了具有数以千计的规则的专家系统，这些系统集成了众所周知的经过测试的方法来处理大量特定领域的数据，包括数据库、数据挖掘和机器学习。专家系统在多个领域中，如语言/自然语言理解、机器人学、医学诊断、工业设备故障诊断、教育、评估和信息检索等，人们已经采用了混合智能方法。

1977年，中国科学院自动化研究所就基于关幼波先生的经验，研制成功了我国第一个"中医肝病诊治专家系统"。1985年10月中科院合肥智能所熊范纶建成"砂姜黑土小麦施肥专家咨询系统"，这是我国第一个农业专家系统。经过30多年努力，一个以农业专家系统为重要手段的智能化农业信息技术在我国取得了引人瞩目的成就，许多农业专家系统遍地开花，对我国农业持续发展发挥作用。中科院计算所史忠植与东海水产研究所等合作，研制了东海渔场预报专家系统。在专家系统开发工具方面，中科院数学研究所研制了专家系统开发环境"天马"，中科院合肥智能所研制了农业专家系统开发工具"雄风"，中科院计算所研制了面向对象专家系统开发工具"OKPS"。

### 6.5.1 DENDRAL 专家系统

DENDRAL专家系统历史悠久，这个项目开始于1965年，持续多年，涉及斯坦福大学的许多化学家和计算机科学家。无论是在实验意义上还是在正式的分析和科学意义上，许多与人工智能发展有关的想法都是从这个项目开始的。例如，在早期，DENDRAL强有力地证明了生成和测试算法以及基于规则的方法能够有效地建立专家系统。

DENDRAL的任务是列举合理的有机分子化学结构（原子键图），输入两种信息：①分析仪器质谱仪和核磁共振光谱仪的数据；②用户提供的答案约束，这些约束可用从用户可用的任何其他的知识源（工具或上下文）推导得到。解释如下："正如费根鲍姆（计算机科学家）所说，过去还没有将未知化合物的质谱图映射到其分子结构的算法。因此，DENDRAL的任务是将人类专家莱德伯格（化学家，遗传学诺贝尔奖获得者）的经验、技能和专业知识纳入程序中，这样程序就可以以人类专家的水平运行。在开发DENDRAL的过程中，莱德伯格不得不学习很多关于计算的知识，正如费根鲍姆不得不学习化学知识一样。显然，对于费根鲍姆而言，除了与化学有关的许多具体规则外，化学家还根据经验和猜想使用了大量启发式知识。"

DENDRAL 的输入通常包含了所研究的如下化合物信息。

- 化学式，如 $C_6H_{12}O$。
- 未知有机化合物的质谱图。
- 核磁共振光谱信息。

然后，无需反馈，DENDRAL 在 3 个阶段执行启发式搜索，这称为规划-生成-测试。

（1）规划——在这个阶段，根据所有可能的原子构型的集合中和质谱推导出的约束一致的原子构型集合，还原出答案。应用约束，选择必须出现在最终结构中的分子片段，剔除不能出现的分子片段。

（2）生成——使用名为 CONGEN 的程序来生成可能的结构。"它的基础是组合算法（具有数学证明的完整性以及非冗余生成性）。组合算法可以产生所有在拓扑上合法的候选结构。通过使用'规划'过程提供的约束进行裁剪，引导生成合理的集合（即满足约束条件的集合），而不是巨大的合法集合。"

（3）测试——最后阶段，根据假想中的质谱结构与实验结果之间的匹配程度，对生成的输出结构排列次序。

DENDRAL 可以很迅速地将数百种可能的结构缩减到可能的几种或一种结构。如果生成了几种可能的结构，那么系统将会列出这些结构并附上概率。

DENDRAL 证明了计算机可以在一个有限的领域内表现得与人类专家相当。在化学领域，它的表现高于或等于一个化学博士生。这个系统在美国的化学家中得到了广泛的应用。费根鲍姆进一步指出：很矛盾的是，DENDRAL 的结构阐释能力既非常广泛，也非常狭窄。一般来说，DENDRAL 能够处理所有分子、环和树状。在这些知识密集型的专业领域，通常来说，比起人类专家的表现，DENDRAL 的表现不但快得多，而且更准确。

## 6.5.2 振动故障诊断的专家系统

专家系统的重要作用之一是用于故障诊断。在昂贵、高速、关键机械运转的情况下，故障的早期准确检测非常重要。在机械运转的情况下，异常情况的常见指标是旋转机械的振动。检测到故障后，维护工程师能够识别症状信息，解释各种错误信息和指示，并提出正确的诊断。换句话说，识别可能导致故障的组件以及组件失败的原因。

机械装置往往会有数百个零件，非常复杂。这将需要专业的领域知识来诊断和维修机械。决策表（DT）是一种紧凑、快速、准确的求解问题的方法（见第 7 章中的 CarBuyer 示例）。

VIBEX 专家系统结合了决策表分析（DTA）和 DT，决策表分析是通过已知案例来构建的，而 DT 是为了做出分类，使用归纳式知识获取过程来构建。VIBEX DT 与机器学习技术相结合，比起 VIBEX（VIBration Expert）TBL 方法在处理振动原因和发生概率较高的案例时，其诊断更有效率。人类专家合作构建 DTA，这最终得到了由系统知识库组成的规则集。然后，人们使用贝叶斯算法计算出规则的确定性因子。

接下来，作为一种方便的方法，DT 分析使用 C4.5 算法来系统地分解和分类数据。这要求给出表示振动原因类别的定义，并要求表示振动现象属性的定义。这些振动现象是样本集所需的，供机器学习使用。C4.5 使用示例进行归纳推理来构建决策树。因此，它本身也作为振动诊断工具使用。VIBEX 嵌入了原因结果矩阵，包括了约 1800 个置信因子，这些置信因子适用于监测和诊断旋转机械。

### 6.5.3　自动牙科识别

鉴于司法取证的原因，能够快速、准确地评估牙科记录是非常重要的。鉴于可用的数据庞大，特别是由于诸如战争、自然灾害和恐怖袭击等大规模灾难，自动识别牙科记录是必要的，也是非常有用的。

1997 年，美国联邦调查局的刑事司法信息服务部门（CJIS）成立了牙科工作组（DTF），以促进创建自动牙科识别系统（ADIS）。ADIS 的目的是为数字化 X 光片和摄影图像提供自动搜索和匹配功能，这样就可以为牙科取证机构生成一个简短的清单。

系统架构背后的理念是利用高级特征来快速检索候选人名单。潜在的匹配搜索组件使用这张清单，然后使用低级的图像特征缩短匹配清单、优化候选清单。因此，架构包括记录预处理组件、潜在匹配搜索组件和图像比较组件。记录预处理组件处理以下 5 个任务：

（1）记录种植牙胶片。

（2）加强胶片，补偿可能的低对比度。

（3）将胶片进行分类，分成咬翼视图、根尖周视图或全景视图。

（4）在胶片中将牙齿进行分隔。

（5）在对应的位置进行标记，注明牙齿。

Web-ADIS 有 3 种操作模式：配置模式、识别模式和维护模式。配置模式用于微调。客户使用识别模式获取所提交记录的匹配信息。维护模式用于上传新参考记录到数据库服务器，并且能够对预处理服务器进行更新。如今，系统真正达到了 85% 的验收率。

在那些定义明确的领域中存在着大量人类的专业技能和知识，但知识主要是启发式的并且具有不确定性，这样的领域使用专家系统最理想。虽然专家系统的表现方式不一定与人类专家的表现方式相同，但构建专家系统的前提是，它们以某种方式模仿或建模人类专家的求解问题和做出决定的技能。将专家系统与一般程序区分开来的一个重要特征是，它们通常包括了一个解释装置。也就是说，它们将尝试解释如何得出结论，换句话说，它们将尝试解释用什么样的推理链来得出结论。

## 【作业】

1．总体来说，专家系统因其在计算机科学和现实世界中的贡献而被视为人工智能中最成功、（　　）、最知名和最受欢迎的领域。

A．最古老　　　　B．最年轻　　　　C．最专一　　　　D．最简单

2．专家系统出现在 20 世纪 70 年代，当时整个人工智能领域正处于发展的（　　）。

A．高潮　　　　B．第三阶段　　　　C．低谷　　　　D．爆发时期

3．事实上，大多数人（　　）专家，这与早期的人类观点相反。

A．都可以成为　　　　　　　　B．可以在各个领域成为

C．无师自通，自成　　　　　　D．只有在自己的专业领域才是

4. 国际象棋大师（　　）创建生活中其他事物启发法、规则、方法的大师，对于数学博士、医生或律师来说也是如此。

　　A. 大部分是　　　　B. 基本不是　　　　C. 通常都是　　　　D. 没有可能成为

5. 我们所知道的是，人们在掌握任何特定领域知识之前，（　　）。

　　A. 需要长期的学习　　　　　　　　B. 通常都是天才

　　C. 只要勤奋工作就行　　　　　　　D. 只要生活幸福就行

6. 对于"人类求解问题和感知中存在的冗余"，Brady 的真正意思是一个词——（　　）。

　　A. 重复　　　　　　B. 没用　　　　　　C. 复杂　　　　　　D. 模式

7. 德雷福斯兄弟认为：专有技术基于"从新手到专家的过程中有 5 个技能获取阶段"这个前提，即新手、熟手、（　　）、精通、专家。

　　A. 能手　　　　　　B. 高人　　　　　　C. 胜任　　　　　　D. 行家

8. 德雷福斯兄弟认为，在许多方面，如视觉、解释判断方面，包括（　　），机器都比人脑差。没有这些能力，机器将永远比不上人类（大脑和思想）。

　　A. 图像显示质量　　　　　　　　　B. 人脑整体工作的方式

　　C. 声音抒发的音色　　　　　　　　D. 运算速度与精度

9. 专家的一个关键的杰出特征就是，他们能出色地完成工作。要做到这一点，他们要能够完成如下工作，除了（　　）。

　　A. 转述问题　　　　B. 解决问题　　　　C. 解释结果　　　　D. 学习

10. 在人工智能领域，人们希望机器能得到专有技能，而（　　）也许是人类专有技能中最困难的一种技能。

　　A. 运算　　　　　　B. 学习　　　　　　C. 显示　　　　　　D. 智能

11. 当人们考虑建立专家系统时，思考的第一个问题是（　　）是否合适。

　　A. 费用和收益　　　B. 领域和问题　　　C. 形象和成果　　　D. 时间和进度

12. 与其他人工智能系统不同，专家系统偏重处理（　　）的知识。

　　A. 确定但不精确　　　　　　　　　B. 不确定但一定精确

　　C. 不确定和不精确　　　　　　　　D. 确定并且精确

13. 知识是提升专家系统能力的关键。知识往往会以（　　）的形式出现。

　　A. 粗糙、不精确、不完整、规定不明

　　B. 完整、精确、充分、明晰

　　C. 代表人类专家最高水平

　　D. 不精确但至少不粗糙

14. 建立成功的知识工程系统，关键的方法包括：知识库的灵活性、领域专有知识、多种知识来源、情景-动作规则的使用以及以下各个方面，除了（　　）。

　　A. 解释　　　　　　B. 生成和测试　　　C. 推理路线　　　　D. 良好的功利性

15. 从人类专家处获取知识，并将其组织到可用的系统中——这个任务一直被认为是（　　）。

　　A. 很简单的　　　　B. 很困难的　　　　C. 不可能的　　　　D. 没必要的

# 第7章 机器学习

【导读案例】Netflix 的电影推荐引擎

成立于1997年的在线影片租赁服务商 Netflix 是一家美国公司（见图7-1），总部位于加利福尼亚州洛斯盖图，公司在美国、加拿大、日本等国提供互联网随选流媒体播放、定制DVD、蓝光光碟在线出租业务。

图7-1　Netflix 的电影推荐引擎

2011年，Netflix 的网络电影销量占据美国用户在线电影总销量的45%。2017年4月26日，Netflix 与爱奇艺达成在剧集、动漫、纪录片、真人秀等领域的内容授权合作。2018年6月，Netflix 进军漫画世界。Netflix 发布的2019年第一季度财务报表显示，总营收为45.21亿美元，同比增长22.2%。

2012年9月21日 Netflix 宣布，来自186个国家和地区的四万多个团队经过近三年的较量，一个由分别来自奥地利、加拿大、以色列和美国的七个计算机、统计和人工智能专家组成的团队 BPC（BellKor's Pragmatic Chaos）夺得了 Netflix 大奖。获奖团队由原本是竞争对手的三个团队重新组团而成，参加颁奖仪式时，也是这七个成员第一次碰面。

获奖团队成功地将 Netflix 的影片推荐引擎的推荐效率提高了10%。Netflix 大奖的参赛者们不断改进影片推荐效率，Netflix 的客户为此获益。这项比赛的规则要求获胜团队公开他们采用的推荐算法，这样很多商业都能从中获益。

第一个 Netflix 大奖成功地解决了一个巨大的挑战，为提供了50个以上评级的观众准确地预测他们的电影欣赏品味。随着一百万美金大奖的颁发，Netflix 很快宣布了第二个百万美金大奖，希望世界上的计算机专家和机器学习专家们能够继续改进推荐引擎的效率。下一个百万大奖目标是，为那些不经常做影片评级或者根本不做评级的顾客推荐影片，要求使用一些隐藏着观众品味的地理数据和行为数据来进行预测。同样，获胜者需要公开他们的算法。

如果解决了这个问题，Netflix 就能够很快开始向新客户推荐影片，而不需要等待客户提供大量的评级数据后才做出推荐。

新的比赛用数据集有 1 亿条数据，包括评级数据、顾客年龄、性别、居住地区、邮编和以前观看过的影片。所有的数据都是匿名的，没有办法关联到 Netflix 的任何一个顾客。

推荐引擎是 Netflix 公司的一个关键服务，一千多万顾客都能在一个个性化网页上对影片做出 1-5 的评级。Netflix 将这些评级放在一个巨大的数据集里，该数据集容量超过了 30 亿条。Netflix 使用推荐算法和软件来标识具有相似品味的观众对影片可能做出的评级。几年来，Netflix 已经使用参赛选手的方法提高了影片推荐的效率，得到很多影片评论家和用户的好评。

# 7.1 什么是机器学习

苹果手机提供了一个智能语音助手 Siri，而亚马逊公司的子公司 Alexa 是一家专门发布网站世界排名的网站，其目的是让互联网网友们在分享虚拟资源的同时，更多地参与互联网资源的组织。那么，日常生活中，你是否已经在使用像 Siri 或 Alexa 这样的个人助理客户端呢？你是否依赖垃圾邮件过滤器来保持你的电子邮件收件箱的清洁呢？你是否订阅了类似 Netflix 的服务并依赖它惊人的准确推荐来寻找你喜欢的新电影或书刊呢？如果你对这些问题回答说"是"，那么，事实上，你已经在很好地利用机器学习了。

图 7-2　什么是机器学习

机器学习是人工智能的一个分支（见图 7-2），它所涉及的范围非常大——语言处理、图像识别、规划等，但它实际上是一个相当简单的概念。为了更好地理解它，我们来研究一下关于机器学习的 What、Who、When、Where、How 以及 Why（什么、谁、何时、何地、如何以及为什么）。

## 7.1.1　机器学习的发展

机器学习最早的发展可以追溯到英国数学家贝叶斯在 1763 年发表的贝叶斯定理，这是关于随机事件 $A$ 和 $B$ 的条件概率（或边缘概率）的一则数学定理，是机器学习的基本思想。其中，$P(A \mid B)$ 是在 $B$ 发生的情况下 $A$ 发生的可能性，即寻求根据以前的信息寻找最可能发生的事件。

$$P(B_i \mid A) = \frac{P(B_i)P(A \mid B_i)}{\sum_{j=1}^{n} P(B_j)P(A \mid B_j)}$$

机器学习的发展过程大体上可分为 4 个时期（参见图 7-3）。

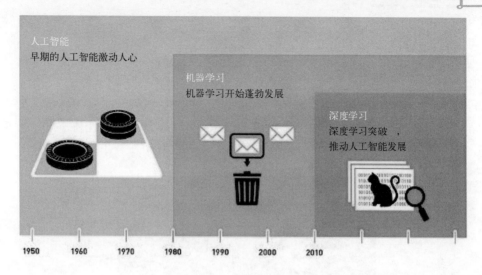

图 7-3　机器学习的发展

第一阶段是在 20 世纪 50 年代中叶到 60 年代中叶，属于热烈时期。

第二阶段是在 20 世纪 60 年代中叶至 70 年代中叶，被称为机器学习的冷静时期。

第三阶段是从 20 世纪 70 年代中叶至 80 年代中叶，称为复兴时期。

机器学习的最新阶段始于 1986 年，进入新阶段的重要表现在以下方面：

（1）机器学习成为新的边缘学科并在高校成为一门课程，它综合应用心理学、生物学和神经生理学以及数学、自动化和计算机科学，形成机器学习理论基础。

（2）结合各种学习方法取长补短的多种形式的集成学习系统研究正在兴起。特别是连接学习符号学习的耦合可以更好地解决连续性信号处理中知识与技能的获取与求精问题而受到重视。

（3）机器学习与人工智能各种基础问题的统一性观点正在形成。例如学习与问题求解结合进行、知识表达便于学习的观点产生了通用智能系统的组块学习。类比学习与问题求解结合的基于案例方法已成为经验学习的重要方向。

（4）各种学习方法的应用范围不断扩大，一部分已形成商品。归纳学习的知识获取工具已在诊断分类型专家系统中广泛使用；连接学习在声图文识别中占优势；分析学习已用于设计综合型专家系统；遗传算法与强化学习在工程控制中有较好的应用前景；与符号系统耦合的神经网络连接学习将在企业的智能管理与智能机器人运动规划中发挥作用。

（5）与机器学习有关的学术活动空前活跃。国际上除每年举行的机器学习研讨会外，还有计算机学习理论会议以及遗传算法会议。

在 1950 年图灵发明图灵测试之后，1952 年亚瑟·塞缪尔创建了第一个真正的机器学习程序——简单的下棋游戏程序，这个程序具有学习能力，它可以在不断的对弈中改善自己的棋艺。4 年后，这个程序战胜了设计者本人。又过了 3 年，这个程序战胜了美国一个保持 8 年之久的常胜不败的冠军选手。这个程序向人们展示了机器学习的能力，提出了许多令人深思的社会问题与哲学问题。接着是唐纳德·米奇在 1963 年推出的强化学习的 tic-tac-toe（井字棋）程序。

在接下来的几十年里，机器学习的进步遵循了同样的模式—— 一项技术突破导致了更新的、更复杂的计算机，通常是通过与专业的人类玩家进行战略游戏来测试的。

机器学习在 1997 年达到巅峰，当时，IBM 深蓝国际象棋计算机在一场国际象棋比赛中击败了世界冠军加里·卡斯帕罗夫。近年来，谷歌开发了专注于中国棋类游戏围棋（Go）的 AlphaGo（阿尔法狗），该游戏被普遍认为是世界上最难的游戏。尽管围棋被认为过于复杂，以至于一台计算机无法掌握，但在 2016 年，AlphaGo 终于获得了胜利，在一场五局比赛中击败了李世石（见图 7-4）。

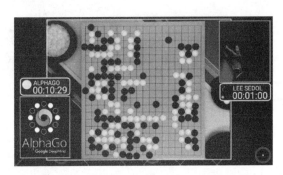

图 7-4　AlphaGo 在围棋赛中击败李世石

机器学习最大的突破是深度学习（2006 年）。深度学习的目的是模仿人脑的思维过程，经常被用于图像和语音识别。深度学习的出现导致了我们今天使用的（可能是理所当然的）许多技术。试想，你有没有把一张照片上传到你的微信或者脸书账户，只是为了暗示给照片中的人贴上标签？微信或者脸书正在使用神经网络来识别照片中的面孔。

## 7.1.2　机器学习的定义

学习是人类具有的一种重要的智能行为，但究竟什么是学习，长期以来却众说纷纭。社会学家、逻辑学家和心理学家都各有其不同的看法。

比如，兰利 1996 年的定义是："机器学习是一门人工智能的科学，该领域的主要研究对象是人工智能，特别是如何在经验学习中改善具体算法的性能"。

汤姆·米切尔的机器学习 1997 年对信息论中的一些概念有详细的解释，其中定义机器学习时提到："机器学习是对能通过经验自动改进的计算机算法的研究"。

Alpaydin 2004 年提出自己对机器学习的定义："机器学习是用数据或以往的经验，以此优化计算机程序的性能标准"。

为了便于进行讨论和估计学科的进展，有必要对机器学习给出定义，即使这种定义是不完全的和不充分的。顾名思义，机器学习是研究如何使用机器来模拟人类学习活动的一门学科。稍为严格的提法是：机器学习是一门研究机器获取新知识和新技能，并识别现有知识的学问。这里所说的"机器"，指的就是计算机、电子计算机、中子计算机、光子计算机或神经计算机等。

机器能否像人类一样能具有学习能力呢？机器的能力是否能超过人的，很多持否定意见的人的一个主要论据是：机器是人造的，其性能和动作完全是由设计者规定的，因此无论如何，其能力也不会超过设计者本人。这种意见对不具备学习能力的机器来说的确是对的，可是对具备学习能力的机器就值得考虑了，因为这种机器的能力在应用中不断地提高，过一段时间之后，设计者本人也不知它的能力到了何种水平。

由汤姆·米切尔给出的被广泛引用的机器学习的定义给出了最佳解释。下面是其中的内容："计算机程序可以在给定某种类别的任务 T 和性能度量 P 下学习经验 E，如果其在任务 T 中的性能恰好可以用 P 度量，则随着经验 E 而提高。"

下面用简单的例子来分解下这个描述。

**示例 6-1**：机器学习和根据人的身高估算体重。

假设你想创建一个能够根据人的身高估算体重的系统（也许你出自某些理由对这件事情感兴趣）。那么你可以使用机器学习去找出任何可能的错误和数据捕获中的错误，首先你需要收集一些数据（见图 7-5）。

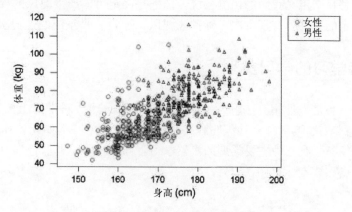

图 7-5　根据人的身高估算体重

图 7-5 中的每一个点对应一个数据，可以画出一条简单的斜线来预测基于身高的体重。

这些斜线能帮助我们做出预测，尽管这些斜线表现得很棒，但是需要理解它是怎么表现的，我们希望去减少预测和实际之间的误差，这也是衡量其性能的方法。

深远一点地说，我们收集更多的数据（经验），模型就会变得更好。也可以通过添加更多变量（例如性别）和添加不同的预测斜线来完善我们的模型。

**示例 6-2**：飓风预测系统。

我们找一个复杂一点的例子。假如你要构建一个飓风预测系统，假设你手里有所有以前发生过的飓风的数据和这次飓风产生前三个月的天气信息（见图 7-6）。

如果要手动构建一个飓风预测系统，我们应该怎么做？

首先是要清洗所有的数据，找到数据里面的模式进而查找产生飓风的条件。

我们既可以将模型条件数据（例如气温高于 40 摄氏度，湿度在 80 至 100 等）输入到我们的系统里面生成输出，也可以让我们的系统自己通过这些条件数据产生合适的输出。

可以把所有以前的数据输入到系统里面来预测未来是否会有飓风。基于系统条件的取值，评估系统性能（正确预测飓风的次数）。可以将系统预测结果作为反馈继续多次迭代以上步骤。

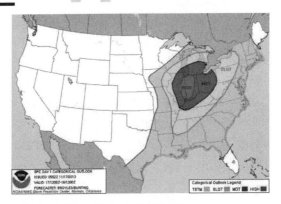

图 7-6　预测飓风

　　根据前边的解释来定义我们的预测系统：任务是确定可能产生飓风的气象条件。性能 P 是在系统所有给定的条件下有多少次正确预测飓风，经验 E 是系统的迭代次数。

## 7.2　机器学习的学习类型

　　机器学习的核心是"使用算法解析数据，从中学习，然后对世界上的某件事情做出决定或预测"。这意味着，与其显式地编写程序来执行某些任务，不如让计算机学会如何开发一个算法来完成任务。有三种主要类型的机器学习：监督学习、非监督学习和强化学习，各自有着不同的优点和缺点（见图7-7）。

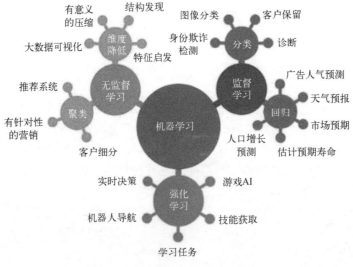

图 7-7　机器学习的三种主要类型

### 7.2.1　监督学习

　　监督学习（Supervised Learning）涉及一组标记数据，计算机可以使用特定的模式来识别每种标记类型的新样本，即在机器学习过程中提供对错指示，一般是在数据组中包含最终结果（0，1）。通过算法让机器自我减少误差。监督学习从给定的训练数据集中学习出一个函数，当新的数据到来时，可以根据这个函数预测结果。监督学习的训练集要求是包括输入和输出，也可以说是特征和目标。训练集中的目标是由人标注的。常见的监督学习算法包括回归分析和统计分类。

在分类中，机器被训练成将一个组划分为特定的类，一个简单例子就是电子邮件账户上的垃圾邮件过滤器。过滤器分析你以前标记为垃圾邮件的电子邮件，并将它们与新邮件进行比较，如果它们有一定的百分比匹配，这些新邮件将被标记为垃圾邮件并发送到适当的文件夹中。那些不相似的电子邮件被归类为正常邮件被发送到你的收件箱。

第二种监督学习是回归。在回归中，机器使用先前的（标记的）数据来预测未来，天气应用是回归的好例子。使用气象事件的历史数据（即平均气温、湿度和降水量），你的手机天气预报 App 可以查看当前天气，并对未来时间的天气进行预测。

## 7.2.2　无监督学习

无监督学习（Unsupervised Learning）又称归纳性学习，通过循环和递减运算来减小误差，达到分类的目的。

在无监督学习中，数据是无标签的。由于大多数真实世界的数据都没有标签，这样的算法就特别有用。无监督学习分为聚类和降维。聚类用于根据属性和行为对象进行分组。这与分类不同，因为这些组不是你提供的。聚类的一个例子是将一个组划分成不同的子组（例如，基于年龄和婚姻状况），然后应用到有针对性的营销方案中。降维通过找到共同点来减少数据集的变量。大多数大数据可视化使用降维来识别趋势和规则。

## 7.2.3　强化学习

强化学习使用机器的个人历史和经验来做出决定，其经典应用是玩游戏。与监督和非监督学习不同，强化学习不涉及提供"正确的"答案或输出。相反，它只关注性能，这反映了人类是如何根据积极和消极的结果学习的，其很快就学会了不要重复这一动作。同样的道理，一台下棋的计算机可以学会不把它的国王移到对手的棋子可以进入的空间。然后，国际象棋的这一基本教训就可以被扩展和推断出来，直到机器能够与人类顶级玩家对战（并最终击败）为止。

机器学习使用特定的算法和编程方法来实现人工智能。没有机器学习，我们前面提到的国际象棋程序将需要数百万行代码，包括所有的边缘情况并包含来自对手的所有可能的移动。有了机器学习，我们可以将代码量缩小为以前的一小部分。此外，深度学习是机器学习的一个子集，它专注于模仿人类大脑的生物学和过程。

## 7.3　机器学习的算法

学习是一项复杂的智能活动，学习过程与推理过程是紧密相连的。学习中所用的推理越多，系统的能力越强。

## 7.3.1 什么是算法

要完全理解大多数机器学习算法，需要对一些关键的数学概念有一个基本的理解，这些概念包括线性代数、微积分、概率和统计知识等（见图7-8）。

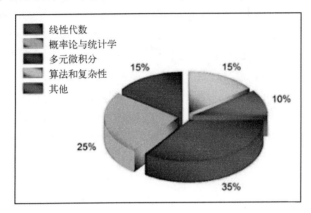

图7-8 机器学习所需的数学主题的重要性

- 线性代数概念包括：矩阵运算、特征值/特征向量、向量空间和范数。
- 微积分概念包括：偏导数、向量-值函数、方向梯度。
- 统计概念包括：贝叶斯定理、组合学、抽样方法。

机器学习专注于让人工智能具备学习任务的能力，使人工智能能够使用数据来教自己。程序员是通过机器学习算法来实现这一目标的。这些算法是人工智能学习行为所基于的模型。算法与训练数据集一起使人工智能能够学习。

例如，学习如何识别猫与狗的照片。人工智能将算法设置的模型应用于包含猫和狗图像的数据集。随着时间的推移，人工智能将学习如何更准确、更轻松地识别狗与猫而无需人工输入。

**1. 算法的特征**

算法能够对一定规范的输入，在有限时间内获得所要求的输出。如果一个算法有缺陷，或者不适合于某个问题，执行这个算法就不会解决这个问题。不同的算法可能用不同的时间、空间或效率来完成同样的任务。

一个算法应该具有以下五个重要的特征：

（1）有穷性。是指算法必须能在执行有限个步骤之后终止。

（2）确切性。算法的每个步骤必须有确切的定义。

（3）输入项。一个算法有0个或多个输入，以刻画运算对象的初始情况，所谓0个输入是指算法本身给出了初始条件。

（4）输出项。一个算法有一个或多个输出，以反映对输入数据加工后的结果。没有输出的算法是毫无意义的。

（5）可行性。算法中执行的任何计算步骤都可以被分解为基本的可执行的操作步，即每个计算步都可以在有限时间内完成（也称为有效性）。

**2. 算法的要素**

（1）数据对象的运算和操作：计算机可以执行的基本操作是以指令的形式描述的。一个计算机系统能执行的所有指令的集合，称为该计算机系统的指令系统。一个计算机的基本运算和操作有如下四类：

① 算术运算：加、减、乘、除等运算。

② 逻辑运算：或、与、非等运算。

③ 关系运算：大于、小于、等于、不等于等运算。

④ 数据传输：输入、输出、赋值等运算。

（2）算法的控制结构：一个算法的功能结构不仅取决于所选用的操作，而且还与各操作之间的执行顺序有关。

**3. 算法的评定**

同一问题可用不同算法解决，而算法的质量优劣将影响到算法乃至程序的效率。算法分析的目的在于选择合适算法和改进算法。算法评价主要从时间复杂度和空间复杂度来考虑：

（1）时间复杂度。是指执行算法所需要的计算工作量。一般来说，计算机算法是问题规模的正相关函数。

（2）空间复杂度。是指算法需要消耗的内存空间。其计算和表示方法与时间复杂度类似，一般都用复杂度的渐近性来表示。同时间复杂度相比，空间复杂度的分析要简单得多。

（3）正确性。是评价一个算法优劣的最重要的标准。

（4）可读性。是指一个算法可供人们阅读的容易程度。

（5）健壮性。是指一个算法对不合理数据输入的反应能力和处理能力，也称为容错性。

## 7.3.2 回归算法

回归算法（见图7-9）是最流行的机器学习算法，线性回归算法是基于连续变量预测特定结果的监督学习算法。另一方面，Logistic 回归专门用来预测离散值。这两种（以及所有其他回归算法）都以它们的速度而闻名，它们是最快速的机器学习算法之一。

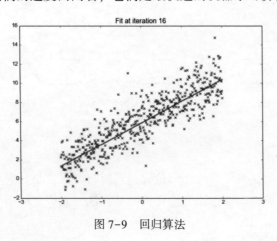

图 7-9　回归算法

## 7.3.3 基于实例的算法

最著名的基于实例的算法是 k-最近邻算法，也称为 KNN（K-Nearest Neighbor）算法，它是机器学习中最基础和简单的算法之一，它既能用于分类，也能用于回归。KNN 算法有一个十分特别的地方：它没有一个显式的学习过程。它的工作原理是利用训练数据对特征向量空间进行划分，并将其划分的结果作为其最终的算法模型。即基于实例的分析使用提供数据的特定实例来预测结果。KNN 用于分类，比较数据点的距离，并将每个点分配给它最接近的组。

### 7.3.4　决策树算法

决策树算法将一组"弱"学习器集合在一起，形成一种强算法，这些学习器组织在树状结构中，相互分支。一种流行的决策树算法是随机森林算法。在该算法中，弱学习器是随机选择的，这往往可以获得一个强预测器。

在下面的例子（见图 7-10）中，我们可以发现许多共同的特征（就像眼睛是蓝色的或者不是蓝色的），它们都不足以单独识别动物。然而，当把所有这些观察结合在一起时，我们就能形成一个更完整的画面，并做出更准确的预测。

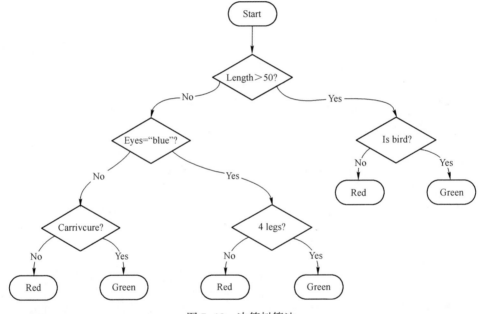

图 7-10　决策树算法

### 7.3.5　贝叶斯算法

事实上，上述算法都是基于贝叶斯理论的，最流行的算法是朴素贝叶斯，它经常用于文本分析。例如，大多数垃圾邮件过滤器使用贝叶斯算法，它们使用用户输入的类标记数据来比较新数据并对其进行适当分类。

### 7.3.6　聚类算法

聚类算法的重点是发现元素之间的共性并对它们进行相应的分组，常用的聚类算法是 k-means 聚类算法。在 k-means 中，分析人员选择簇数（以变量 k 表示），并根据物理距离将元素分组为适当的聚类。

### 7.3.7 神经网络算法

人工神经网络算法基于生物神经网络的结构，深度学习采用神经网络模型并对其进行更新。它们是大且极其复杂的神经网络，使用少量的标记数据和更多的未标记数据。神经网络和深度学习有许多输入，它们经过几个隐藏层后才产生一个或多个输出。这些连接形成一个特定的循环，模仿人脑处理信息和建立逻辑连接的方式。此外，随着算法的运行，隐藏层往往变得更小、更细微。

一旦选定了算法，还有一个非常重要的步骤，就是可视化和交流结果。虽然与算法编程的细节相比，这看起来比较简单，但是，如果没有人能够理解，那么惊人的洞察力又有什么用呢？

## 7.4 机器学习的基本结构

在学习系统的基本结构中，环境向系统的学习部分提供某些信息，学习部分利用这些信息修改知识库，以增进系统执行部分完成任务的效能，执行部分根据知识库完成任务，同时把获得的信息反馈给学习部分。在具体的应用中，环境、知识库和执行部分决定了工作内容，确定了学习部分所需要解决的问题。

（1）环境向系统提供的信息。更具体地说是信息的质量，这是影响学习系统设计的最重要的因素。知识库里存放的是指导执行部分动作的一般原则，但环境向学习系统提供的信息却是各种各样的。如果信息的质量比较高，与一般原则的差别比较小，则学习部分比较容易处理。如果向学习系统提供的是杂乱无章的指导执行具体动作的具体信息，则学习系统需要在获得足够数据之后，删除不必要的细节，进行总结推广，形成指导动作的一般原则，然后放入知识库，这样学习部分的任务就比较繁重，设计起来也较为困难。

因为学习系统获得的信息往往是不完全的，所以学习系统所进行的推理并不完全是可靠的，它总结出来的规则可能正确，也可能不正确。这要通过执行效果加以检验。正确的规则能使系统的效能提高，应予保留；不正确的规则应予修改或从数据库中删除。

（2）知识库。这是影响学习系统设计的第二个因素。知识的表示有多种形式，比如特征向量、一阶逻辑语句、产生式规则、语义网络和框架等。这些表示方式各有其特点，在选择表示方式时要兼顾以下4个方面：

① 表达能力强。

② 易于推理。

③ 容易修改知识库。

④ 知识表示易于扩展。

学习系统不能在没有任何知识的情况下凭空获取知识，每一个学习系统都要求具有某些知识理解环境提供的信息，分析比较，做出假设，检验并修改这些假设。因此，更确切地说，学习系统是对现有知识的扩展和改进。

（3）执行部分。是整个学习系统的核心，因为执行部分的动作就是学习部分力求改进的动作。同执行部分有关的问题有3个：复杂性、反馈和透明性。

## 7.5 机器学习的分类

机器学习按学习策略、所获取知识的表示形式和应用领域可以有不同的分类。

### 7.5.1 基于学习策略的分类

学习策略是指学习过程中系统所采用的推理策略。一个学习系统总是由学习和环境两部分组成。由环境（如书本或教师）提供信息，学习部分则实现信息转换，用能够理解的形式记忆下来，并从中获取有用的信息。在学习过程中，学生（学习部分）使用的推理越少，他对教师（环境）的依赖就越大，教师的负担也就越重。学习策略的分类标准就是根据学生实现信息转换所需的推理多少和难易程度来分类的，依从简单到复杂、从少到多的次序分为以下六种基本类型。

（1）机械学习。学习者无需任何推理或其他的知识转换，直接吸取环境所提供的信息，如塞缪尔的跳棋程序、纽厄尔和西蒙的 LT 系统。这类学习系统主要考虑的是如何索引存储的知识并加以利用。系统的学习方法是直接通过事先编好、构造好的程序来学习，学习者不作任何工作或者是通过直接接收既定的事实和数据进行学习，对输入信息不作任何的推理。

（2）示教学习。学生从环境（教师或其他信息源如教科书等）获取信息，把知识转换成内部可使用的表示形式，并将新的知识和原有知识有机地结合为一体。所以要求学生有一定程度的推理能力，但环境仍要做大量的工作。教师以某种形式提出和组织知识，以使学生拥有的知识可以不断地增加。这种学习方法和人类社会的学校教学方式相似，学习的任务就是建立一个系统，使它能接受教导和建议，并有效地存储和应用学到的知识。不少专家系统在建立知识库时使用这种方法去实现知识获取。示教学习的一个典型应用是 FOO 程序。

（3）演绎学习。学生所用的推理形式为演绎推理。推理从公理出发，经过逻辑变换推导出结论。这种推理是"保真"变换和特化的过程，使学生在推理过程中可以获取有用的知识。这种学习方法包含宏操作学习、知识编辑和组块技术。演绎推理的逆过程是归纳推理。

（4）类比学习。利用两个不同领域（源域、目标域）中的知识相似性，可以通过类比，从源域的知识（包括相似的特征和其他性质）推导出目标域的相应知识，从而实现学习。类比学习系统可以使一个已有的计算机应用系统转变为适应于新的领域，以完成原先没有设计的相类似的功能。

类比学习需要比上述三种学习方式更多的推理。它一般要求先从知识源（源域）中检索出可用的知识，再将其转换成新的形式，用到新的状况（目标域）中去。类比学习在人类科学技术发展史上起着重要作用，许多科学发现就是通过类比得到的。例如著名的卢瑟福类比就是通过将原子结构（目标域）同太阳系（源域）作类比，揭示了原子结构的奥秘。

（5）基于解释的学习。学生根据教师提供的目标概念、该概念的一个例子、领域理论及可操作准则，首先构造一个解释来说明为什么该例子满足目标概念，然后将解释推广为目标概念的一个满足可操作准则的充分条件。基于解释的学习已被广泛应用于知识库求精和改善系统的性能，这样的著名系统有迪乔恩的 GENESIS、米切尔的 LEXII 和 LEAP 以及明顿等的 PRODIGY。

（6）归纳学习。是由教师或环境提供某概念的一些实例或反例，让学生通过归纳推理得出该概念的一般描述。这种学习的推理工作量远多于示教学习和演绎学习，因为环境并不提供一般性概念描述（如公理）。从某种程度上说，归纳学习的推理量也比类比学习大，因为没有一个类似的概念可以作为"源概念"加以取用。归纳学习是最基本的，发展也较为成熟的学习方法，在人工智能领域中已经得到广泛的研究和应用。

## 7.5.2　基于所获取知识的表示形式分类

学习系统获取的知识可能有：行为规则、物理对象的描述、问题求解策略、各种分类及其他用于任务实现的知识类型。

对于学习中获取的知识，主要有以下表示形式：

（1）代数表达式参数。学习的目标是调节一个固定函数形式的代数表达式参数或系数来达到一个理想的性能。

（2）决策树。用决策树来划分物体的类属，树中每一内部节点对应一个物体属性，而每一边对应于这些属性的可选值，树的叶节点则对应于物体的每个基本分类。

（3）形式文法。在识别一个特定语言的学习中，通过对该语言的一系列表达式进行归纳，形成该语言的形式文法。

（4）产生式规则。表示为条件-动作对，已被极为广泛地使用。学习系统中的学习行为主要是：生成、泛化、特化或合成产生式规则。

（5）形式逻辑表达式。基本成分是命题、谓词、变量、约束变量范围的语句以及嵌入的逻辑表达式。

（6）图和网络。有的系统采用图匹配和图转换方案来有效地比较和索引知识。

（7）框架和模式。每个框架包含一组槽，用于描述事物（概念和个体）的各个方面。

（8）计算机程序和其他的过程编码。获取这种形式的知识，目的在于取得一种能实现特定过程的能力，而不是为了推断该过程的内部结构。

（9）神经网络。这主要用在联接学习中。学习所获取的知识，最后归纳为一个神经网络。

（10）多种表示形式的组合。有时一个学习系统中获取的知识需要综合应用上述几种知识表示形式。

根据表示的精细程度，可将知识表示形式分为两大类：泛化程度高的粗粒度符号表示、泛化程度低的精粒度亚符号表示。像决策树、形式文法、产生式规则、形式逻辑表达式、框架和模式等属于符号表示类；而代数表达式参数、图和网络、神经网络等则属亚符号表示类。

## 7.5.3　按应用领域分类

机器学习最主要的应用领域有专家系统、认知模拟、规划和问题求解、数据挖掘、网络信息服务、图像识别、故障诊断、自然语言理解、机器人和博弈等。

从机器学习的执行部分所反映的任务类型上看，大部分的应用研究领域基本上集中于以下两个范畴：

（1）分类任务：要求系统依据已知的分类知识对输入的未知模式（该模式的描述）作

分析，以确定输入模式的类属。相应的学习目标就是学习用于分类的准则（如分类规则）。

（2）问题求解：要求对于给定的目标状态寻找一个将当前状态转换为目标状态的动作序列；机器学习在这一领域的研究工作大部分集中于通过学习来获取能提高问题求解效率的知识（如搜索控制知识、启发式知识等）。

### 7.5.4　综合分类

综合考虑各种学习方法出现的历史渊源、知识表示、推理策略、结果评估的相似性、研究人员交流的相对集中性以及应用领域等诸因素。将机器学习方法区分为以下六类。

（1）经验性归纳学习。采用一些数据密集的经验方法（如版本空间法、ID3法、定律发现方法）对例子进行归纳学习。其例子和学习结果一般都采用属性、谓词、关系等符号表示。它相当于基于学习策略分类中的归纳学习，但扣除联接学习、遗传算法、加强学习的部分。

（2）分析学习。是从一个或少数几个实例出发，运用领域知识进行分析。其主要特征为：

- 推理策略主要是演绎，而非归纳。
- 使用过去的问题求解经验（实例）指导新的问题求解，或产生能更有效地运用领域知识的搜索控制规则。

分析学习的目标是改善系统的性能，而不是新的概念描述。分析学习包括应用解释学习、演绎学习、多级结构组块以及宏操作学习等技术。

（3）类比学习。相当于基于学习策略分类中的类比学习。在这一类型的学习中比较引人注目的研究是通过与过去经历的具体事例作类比来学习，称为基于范例的学习，或简称范例学习。

（4）遗传算法。模拟生物繁殖的突变、交换和达尔文的自然选择（在每一生态环境中适者生存）。它把问题可能的解编码为一个向量，称为个体，向量的每一个元素称为基因，并利用目标函数（相应于自然选择标准）对群体（个体的集合）中的每一个个体进行评价，根据评价值（适应度）对个体进行选择、交换、变异等遗传操作，从而得到新的群体。遗传算法适用于非常复杂和困难的环境，比如，带有大量噪声和无关数据、事物不断更新、问题目标不能明显和精确地定义，以及通过很长的执行过程才能确定当前行为的价值等。同神经网络一样，遗传算法的研究已经发展为人工智能的一个独立分支。

（5）联接学习。典型的联接模型实现为人工神经网络，其由称为神经元的一些简单计算单元以及单元间的加权联接组成。

（6）增强学习。特点是通过与环境的试探性交互来确定和优化动作的选择，以实现所谓的序列决策任务。在这种任务中，学习机制通过选择并执行动作，导致系统状态的变化，并有可能得到某种强化信号（立即回报），从而实现与环境的交互。强化信号就是对系统行为的一种标量化的奖惩。系统学习的目标是寻找一个合适的动作选择策略，即在任一给定的状态下选择哪种动作的方法，使产生的动作序列可获得某种最优的结果（如累计立即回报最大）。

在综合分类中，经验归纳学习、遗传算法、联接学习和增强学习均属于归纳学习，其中经验归纳学习采用符号表示方式，而遗传算法、联接学习和加强学习则采用亚符号表示方式；分析学习属于演绎学习。实际上，类比策略可看成是归纳和演绎策略的综合，因而最基本的学习策略只有归纳和演绎。

## 7.6 机器学习的应用

机器学习有巨大的潜力来改变和改善世界，使我们正朝着真正的人工智能迈进了一大步。机器学习的主要目的是从使用者和输入数据等处获得知识或技能，重新组织已有的知识结构使之不断改善自身的性能。从而可以减少错误，帮助解决更多问题，提高解决问题的效率。它是人工智能的核心，是使计算机具有智能的根本途径，其应用遍及人工智能的各个领域，它主要使用归纳、综合而不是演绎。

机器学习已经有了十分广泛的应用，但是，确切地说，什么是机器学习能产生影响的下一个主要领域呢？

### 7.6.1 应用于物联网

物联网（Internet of Things），或者说 IoT，包括你家里和办公室里联网的物理设备。例如，流行的物联网设备——智能灯泡（见图7-11），其销售额在过去几年里猛增。随着机器学习的进步，物联网设备比以往任何时候都更聪明、更复杂。机器学习有两个主要的与物联网相关的应用：使你的设备变得更好和收集你的数据。让设备变得更好是非常简单的：使用机器学习来个性化您的环境，比如，用面部识别软件来感知哪个是房间，并相应地调整温度等。收集数据更加简单，通过在你的家中保持网络连接的设备（如亚马逊回声）的通电和监听，像亚马逊这样的公司收集关键的人口统计信息，将其传递给广告商，比如电视显示你正在观看的节目、你什么时候醒来或睡觉、有多少人住在你家。

图7-11 智能灯泡

### 7.6.2 应用于聊天机器人

在过去的几年里，我们看到了聊天机器人的激增，成熟的语言处理算法每天都在改进它们。聊天机器人被公司用在他们自己的移动应用程序和第三方应用上，比如 Slack（见图7-12），以提供比传统的（人类）代表更快、更高效的虚拟客户服务。

图 7-12　Slack 聊天机器人

### 7.6.3　应用于自动驾驶

如今，有不少大型企业正在开发无人驾驶汽车（见图 7-13），这些汽车使用了通过机器学习实现导航、维护和安全程序的技术。一个例子是交通标志传感器，它使用监督学习算法来识别和解析交通标志，并将它们与一组标有标记的标准标志进行比较。这样，汽车就能看到停车标志，并认识到它实际上意味着停车，而不是转弯，单向或人行横道。

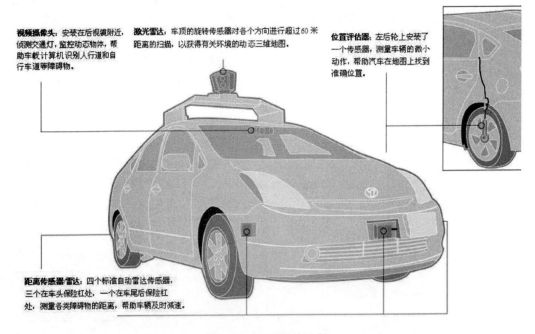

图 7-13　自动驾驶示意

### 【作　业】

1. 在线影片租赁服务商 Netflix 的主营业务是提供互联网随选流媒体播放，它所依赖的关键服务是（　　）。

A. 搜索引擎      B. 推荐引擎      C. 百度引擎      D. 谷歌引擎

2. 下列（    ）信息服务利用了人工智能的机器学习技术。

A. 智能语音助手 Siri          B. Alexa 个人助理客户端

C. Netflix 电影推荐          D. 上述所有都是

3. 机器学习最早的发展可以追溯到（    ）。

A. 英国数学家贝叶斯在 1763 年发表的贝叶斯定理

B. 1950 年计算机科学家图灵发明的图灵测试

C. 1952 年亚瑟·塞缪尔创建的一个简单的下棋游戏程序

D. 唐纳德·米奇在 1963 年推出的强化学习的 tic-tac-toe（井字棋）程序

4. 学习是人类具有的一种重要的智能行为，社会学家、逻辑学家和心理学家都各有其不同的看法。关于机器学习，合适的定义是（    ）。

A. 兰利的定义是："机器学习是一门人工智能的科学，该领域的主要研究对象是人工智能，特别是如何在经验学习中改善具体算法的性能"

B. 汤姆·米切尔的定义是："机器学习是对能通过经验自动改进的计算机算法的研究"

C. Alpaydin 的定义是："机器学习是用数据或以往的经验，以此优化计算机程序的性能标准"

D. A、B、C 都可以

5. 机器学习的核心是"使用（    ）解析数据，从中学习，然后对世界上的某件事情做出决定或预测"。

A. 程序      B. 函数      C. 算法      D. 模块

6. 有三种主要类型的机器学习：监督学习、非监督学习和（    ）学习，各自有着不同的特点。

A. 重复      B. 强化      C. 自主      D. 优化

7. 监督学习的主要类型是（    ）。

A. 分类和回归      B. 聚类和回归      C. 分类和降维      D. 聚类和降维

8. 无监督学习又称归纳性学习，分为（    ）。

A. 分类和回归      B. 聚类和回归      C. 分类和降维      D. 聚类和降维

9. 强化学习使用机器的个人历史和经验来做出决定，其经典应用是（    ）。

A. 文字处理      B. 数据挖掘      C. 游戏娱乐      D. 自动控制

10. 要完全理解大多数机器学习算法，需要对一些关键的数学概念有一个基本的理解。机器学习使用的数学知识主要包括（    ）。

A. 线性代数      B. 微积分      C. 概率和统计      D. A、B、C

11. 机器学习的各种算法都是基于（    ）理论的。

A. 贝叶斯      B. 回归      C. 决策树      D. 聚类

12. 在机器学习的具体应用中，（    ）决定了学习系统基本结构的工作内容，确定了学习部分所需要解决的问题。

A. 环境      B. 知识库      C. 执行部分      D. A、B、C

# 第8章 深度学习

【导读案例】谷歌大脑

谷歌大脑（Google Brain，见图8-1）又称谷歌"虚拟大脑"，是"Google X 实验室"一个正在开发新型人工智能技术的主要研究项目。其是谷歌在人工智能领域开发出的一款模拟人脑的软件，这个软件具备自我学习功能。Google X 部门的科学家们通过将 1.6 万片处理器相连接建造出了全球为数不多的最大中枢网络系统，它能自主学习，所以称之为"谷歌大脑"。

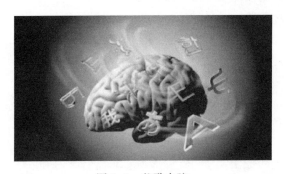

图 8-1　谷歌大脑

谷歌"虚拟大脑"是模拟人类的大脑细胞相互交流、影响设计的，它可以通过观看 YouTube 视频（美国的一家在线视频服务提供商，是全球最大的视频分享网站之一）学习识别人脸、猫脸以及其他事物。这项技术使 Google 产品变得更加智能化，而首先受益的是语音识别产品。当有数据被送达这个神经网络的时候，不同神经元之间的关系就会发生改变，而这也使得神经网络能够得到对某些特定数据的反应机制。

通过应用这个神经网络，谷歌的软件已经能够更准确地识别讲话内容，而语音识别技术对于谷歌自己的智能手机操作系统 Android 来说变得非常重要。这一技术也可以用于谷歌为苹果 iPhone 开发的应用程序。通过神经网络，能够让更多的用户拥有完美的、没有错误的使用体验。随着时间的推移，谷歌的其他产品也能随之受益。例如谷歌的图像搜索工具，可以做到更好地理解一幅图片，而不需要依赖文字描述。谷歌无人驾驶汽车、谷歌眼镜也能通过使用这一软件而得到提升，因为它们可以更好地感知真实世界中的数据。

"神经网络"在机器学习领域已经应用数十年——并已广泛应用于包括国际象棋、人脸识别等各种智能软件中。而谷歌的工程师们已经在这一领域更进一步，建立不需要人类协助，就能自学的神经网络。这种自学能力，也使得谷歌的神经网络可以应用于商业，而非仅仅作为研究示范使用。谷歌的神经网络，可以自己决定关注数据的哪部分特征，注意哪些模式，而并不需要人类决策——颜色、特殊形状等对于识别对象来说十分重要。

# 8.1 了解神经网络

每当你开始一项新的活动时，应该先了解是否已经存在现成的解决方案。例如，假设是在 1902 年，即莱特兄弟成功进行飞行实验的前一年，你突发奇想要设计一个人造飞行器，你首先应该注意到，在自然界，飞行的"机器"实际上是存在的（鸟），由此得到启发，你的飞机设计方案中可能要有两个大翼。同样道理，如果你想设计人工智能系统，那就要学习并分析这个星球上最自然的智能系统之一，即人脑和神经系统（见图 8-2）。

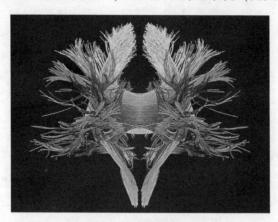

图 8-2　人脑和神经系统

所谓神经网络，是指以人脑和神经系统为模型的机器学习算法。如今，人工神经网络（Artificial Neural Network，ANN，简称神经网络）从股票市场预测到汽车的自主控制，在模式识别、经济预测和许多其他应用领域都有突出的应用表现。

人脑由 100~1000 亿个神经元组成，这些神经元彼此高度相连。一些神经元与另一些或另外几十个相邻的神经元通信，然后，其他神经元与数千个神经元共享信息。在过去数十年里，研究人员就是从这种自然典范中汲取灵感，设计人工神经网络。

## 8.1.1 人脑神经的研究

人脑是一种适应性系统，必须对变幻莫测的事物做出反应，而学习是通过修改神经元之间连接的强度来进行的。现在，生物学家和神经学家已经了解了在生物中个体神经元（见图 8-3）是如何相互交流的。动物神经系统由数以千万计的互连细胞组成，而对于人类，这个数字达到了数十亿。然而，并行的神经元集合如何形成功能单元仍然是一个谜。

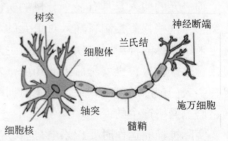

图 8-3　生物神经元的基本构造

电信号通过树突（毛发状细丝）流入细胞体。细胞体（或神经元胞体）是"数据处理"的地方。当存在足够的应激反应时，神经元就被激发了。换句话说，它发送一个微弱的电信号（以毫瓦为单位）到被称为轴突的电缆状突出。神经元通常只有单一的轴突，但会有许多树突。

足够的应激反应指的是超过预定的阈值。电信号流经轴突，直接到达神经断端。细胞之间的轴突-树突（轴突-神经元胞体或轴突-轴突）接触称为神经元的突触。两个神经元之间实际上有一个小的间隔（几乎触及），这个间隙充满了导电流体，允许神经元间电信号的流动。脑激素（或摄入的药物，如咖啡因）影响了当前的电导率。

## 8.1.2 人工神经网络的研究

与人脑神经系统类似，人工神经网络通过改变权重以呈现出相同的适应性。在监督学习的 ANN 范式中，学习规则承担了这个任务，监督学习通过比较网络的表现与所希望的响应，相应地修改系统的权重。ANN 主要有 3 种学习规则：感知器学习规则，增量规则和反向传播规则。反向传播规则具有处理多层网络所需的能力，并且在许多应用中取得了广泛的成功。

熟悉各种网络架构和学习规则还不足以保证模型的成功，还需要知道如何编码数据、网络培训应持续多长时间，以及如果网络无法收敛，应如何处理这种情况。

20 世纪 70 年代，人工网络研究进入了停滞期。资金不足导致这个领域少有新成果产生。诺贝尔物理学奖获得者约翰·霍普菲尔德在这个学科的研究重新激起了人们对这一学科的热情。他的模型（即所谓的 Hopfield 网络）已被广泛应用于优化。

在了解（并模拟）动物神经系统的行为的基础上，麦卡洛克和皮茨开发了人工神经元的第一个模型。对应于生物神经网络的生物学模型，人工神经网络采用了 4 个要素：

**生物模型**：细胞体、轴突、树突、突触。

**人工神经元**：细胞体、输出通道、输入通道、权重。

其中，权重（实值）扮演了突触的角色。权重反映生物突触的导电水平，用于调节一个神经元对另一个神经元的影响程度。神经网络模仿了神经元即神经细胞的结构，图 8-4 所示的是抽象神经元（有时称为单元或节点，或仅称为神经元）模型。

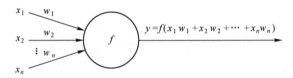

图 8-4　抽象神经元模型

神经元的输入是具有 $n$ 个分量的实值向量。权重向量也是实值的，权重对应于生物神经元突触，这些权重控制着输入对单元的影响。

未经训练的神经网络模型很像新生儿：它们被创造出来的时候对世界一无所知，只有通过接触这个世界，也就是后天的知识，才会慢慢提高它们的认知程度。算法通过数据体验世界——人们试图通过在相关数据集上训练神经网络，以提高其认知程度。衡量进度的方法是通过监测网络产生的误差。

实际神经元运作时要积累电势能，当能量超过特定值时，突触前神经元会经轴突放电，继而刺激突触后神经元。人类有着数以亿计相互连接的神经元，其放电模式无比复杂。哪怕是最先进的神经网络也难以比拟人脑的能力，因此，神经网络在短时间内应该还无法模拟人脑的功能。

ANN 是一种模仿生物神经网络（动物的中枢神经系统，特别是大脑）的结构和功能的数学模型或计算模型，用于对函数进行估计或近似计算。大多数情况下，ANN 能在外界信息的基础上改变内部结构，是一种自适应系统。

作为一种非线性统计性数据建模工具，典型的神经网络具有以下三个部分：

**结构**：指定网络中的变量及其拓扑关系。例如，神经网络中的变量可以是神经元连接的权重和神经元的激励值。

**激励函数**：大部分神经网络模型具有一个短时间尺度的动力学规则，定义神经元如何根据其他神经元的活动改变自己的激励值。一般激励函数依赖于网络中的权重（即该网络的参数）。

**学习规则**：指定了网络中的权重如何随着时间推进而调整。这一般被看作是一种长时间尺度的动力学规则。一般情况下，学习规则依赖于神经元的激励值，它也可能依赖于监督者提供的目标值和当前权重的值。

## 8.1.3 神经网络理解图片

支持图像识别技术的通常是深度神经网络。如图 8-5 所示，借助于特征可视化这个强大工具，能帮我们理解神经网络究竟是怎样认识图像的。现在，计算机视觉模型中每一层所检测的东西都可以可视化。经过在一层层神经网络中的传递，会逐渐对图片进行抽象：先探测边缘，然后用这些边缘来检测纹理，再用纹理检测模式，用模式检测物体的部分等。

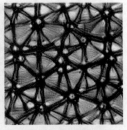

功能可视化：通过生成示例来回答有关网络或网络部分正在寻找的问题

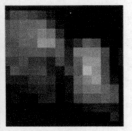

归因：研究一个例子的哪个部分负责网络激活方式。

图 8-5　神经网络的可视化

图 8-6 是 ImageNet（一个用于视觉对象识别软件研究的大型可视化数据库项目）训练的 GoogleNet 的特征可视化图，可以从中看出它的每一层是如何对图片进行抽象的。

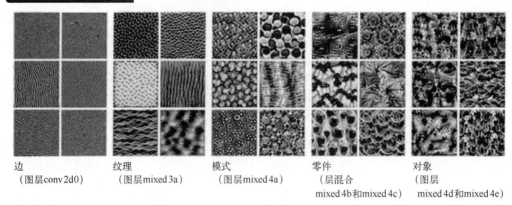

| 边<br>(图层conv2d0) | 纹理<br>(图层mixed3a) | 模式<br>(图层mixed4a) | 零件<br>(层混合<br>mixed4b和mixed4c) | 对象<br>(图层<br>mixed4d和mixed4e) |

通过功能可视化，可以了解在 ImageNet 数据集上培训的 GoogleNet 如何通过多层层次了解图像。

图 8-6  训练用的特征可视化图

在神经网络处理图像的过程中，单个神经元不能理解任何东西，它们需要协作。所以，我们也需要理解它们彼此之间如何交互。通过在神经元之间插值，使神经元之间彼此交互。图 8-7 就展示了两个神经元是如何共同表示图像的。

图 8-7  两个神经元共同表示图像

在进行特征可视化时，得到的结果通常会布满噪点和无意义的高频图案。我们想更好地理解神经网络模型是如何工作的，就要避开这些高频图案。这时所用的方法是进行预先规则化，或者说约束、预处理。

当然，了解神经网络内部的工作原理，也是增强人工智能可解释性的一种途径，而特征可视化正是其中一个很有潜力的研究方向。神经网络已经得到了广泛应用，解决了控制、搜索、优化、函数近似、模式关联、聚类、分类和预测等领域的问题。

在控制领域的应用中，给设备输入数据，产生所需的输出。例如雷克萨斯（Lexus）汽车（丰田豪华系列），这种车的尾部配备了后备摄像机，声呐设备和神经网络可以自动并行停车。实际上，这是一个所谓的反向问题的例子，汽车采用的路线是已知的，所计算的是需要的力以及所涉及方向盘的位移。反向控制的一个较早的示例是卡车倒车，正向识别的一个示例是机器人手臂控制（所需的力已知，必须识别动作）。在任何智能系统中，搜索都是一个关键部分，可以将神经网络应用于搜索。

神经网络的主要缺点是其不透明性，换句话说它们不能解释结果。有个研究领域是将

ANN 与模糊逻辑结合起来生成模糊神经网络，这个网络具有 ANN 的学习能力，同时也具有模糊逻辑的解释能力。

## 8.2  什么是深度学习

如今，人工智能技术正发展成为一种能够改变世界的力量，其中尤以深度学习（Deep Learning，见图 8-8）所取得的进步最为显著，深度学习所带来的重大技术革命，甚至有可能颠覆过去长期以来人们对互联网技术的认知，实现技术体验的跨越式发展。

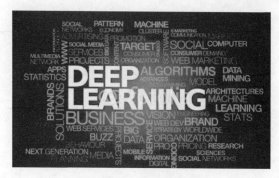

图 8-8  深度学习

### 8.2.1  深度学习的意义

从研究角度看，深度学习是基于多层神经网络的，以海量数据为输入，发现规则自学习的方法。这里包含了几个关键词：

第一个关键词叫多层神经网络。深度学习所基于的多层神经网络并非新鲜事物，甚至在 20 世纪 80 年代末被认可。但近年来，科学家们对多层神经网络的算法不断优化，使它出现了突破性的进展。

以往很多算法是线性的，而现实世界大多数事情的特征是复杂非线性的。比如猫的图像中，就包含了颜色、形态、五官、光线等各种信息。深度学习的关键就是通过多层非线性映射将这些因素成功分开。

那为什么要深度呢？多层神经网络比浅层的好处在哪儿呢？

简单说，就是可以减少参数。因为它重复利用中间层的计算单元。还是以认猫作为例子。它可以学习猫的分层特征：最底层从原始像素开始，刻画局部的边缘和纹；中层把各种边缘进行组合，描述不同类型的猫的器官；最高层描述的是整个猫的全局特征。

第二个关键词是海量数据输入。深度学习需要具备超强的计算能力，同时还不断有海量数据的输入。特别是在信息表示和特征设计方面，过去大量依赖人工，严重影响有效性和通用性。深度学习则彻底颠覆了"人造特征"的范式，开启了数据驱动的"表示学习"范式——由数据自提取特征，计算机自己发现规则，进行自学习（第三个关键词）。

你可以理解为——过去，人们对经验的利用靠人类自己完成。而深度学习中，经验以数据形式存在。因此，深度学习，就是关于在计算机上从数据中产生模型的算法，即深度学习算法。

那么大数据以及各种算法与深度学习有什么区别呢？

过去的算法模式，数学上叫线性，x 和 y 的关系是对应的，它是一种函数体现的映射。但这种算法在海量数据面前遇到了瓶颈。国际上著名的 ImageNet 图像分类大赛，使用传统算法，识别错误率一直降不下去，采用深度学习后，错误率大幅降低。在 2010 年，获胜的系统只能正确标记 72% 的图片；到了 2012 年，多伦多大学的杰夫·辛顿利用深度学习的新技术，带领团队实现了 85% 的准确率；2015 年的 ImageNet 竞赛上，一个深度学习系统以 96% 的准确率第一次超过了人类（人类平均有 95% 的准确率）。

计算机认图的能力，已经超过了人，尤其在图像和语音等复杂应用方面，深度学习技术取得了优越的性能。

**示例 8-1**：形状检测。

先从一个简单例子开始（见图 8-9），从概念层面上解释究竟发生了什么的事情。我们来试试看如何从多个形状中识别正方形。

第一件事是检查图中是否有四条线（简单的概念）。如果找到这样的四条线，进一步检查它们是相连的、闭合的或相互垂直的，并且它们是否相等（嵌套的概念层次结构）。

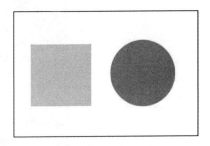

图 8-9　简单例子

所以，我们完成了一个复杂的任务（识别一个正方形），并且是以简单、不太抽象的任务来完成的。深度学习本质上在大规模执行类似的逻辑。

**示例 8-2**：计算机认猫。

我们通常能用很多属性描述一个事物。其中有些属性可能很关键、很有用，另一些属性可能没什么用。我们就将属性称为特征。特征辨识是一个数据处理的过程。

传统算法认猫，是标注各种特征去认：大眼睛，有胡子，有花纹。但这种特征写着写着，可能分不出是猫还是老虎了，甚至狗和猫也分不出来。这种方法叫——人制定规则，机器学习这种规则。

深度学习的方法是，直接给你百万张图片，说这里有猫，再给你百万张图，说这里没猫，然后来训练深度网络，通过深度学习自己去学猫的特征，计算机就知道了，谁是猫（见图 8-10）。

从 YouTube 视频里面寻找猫的图片是深度学习接触性能的首次展现

图 8-10　寻找猫

示例 **8-3**：谷歌训练机械手抓取。

传统方法肯定是看到那里有个机械手，就写好函数，移动到 xyz 标注的空间点，利用程序实现一次抓取。

而谷歌现在用机器人训练一个深度神经网络，帮助机器人根据摄像头输入和电机命令，预测抓取的结果。简单说，就是训练机器人的手眼协调。机器人会观测自己的机械臂，实时纠正抓取运动。所有行为都从学习中自然浮现，而不是依靠传统的系统程序（见图 8-11）。

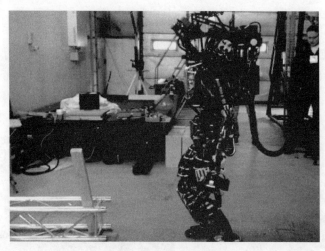

图 8-11　谷歌训练机械手

为了加快学习进程，谷歌用了 14 个机械手同时工作，在将近 3000 小时的训练，相当于 80 万次抓取尝试后，开始看到智能反应行为的出现。资料显示，没有训练的机械手，前 30 次抓取失败率为 34%，而训练后，失败率降低到 18%。

这就是一个自我学习的过程。

示例 **8-4**：斯坦福博士训练机器写文章。

斯坦福大学的计算机博士 Andrej Kapathy 曾用托尔斯泰的小说《战争与和平》来训练神经网络。每训练 100 个回合，就叫它写文章。100 个回合后，机器知道要空格，但仍然有乱码；500 个回合后，能正确拼写一些短单词；1200 个回合后，有标点符号和长单词；2000 个回合后，已经可以正确拼写更复杂的语句。

整个演化过程是个什么情况呢？

以前我们写文章，只要告诉主谓宾，就是规则。而这个过程，完全没人告诉机器语法规则。甚至，连标点和字母区别都不用告诉它。不告诉机器任何程序，只是不停地用原始数据进行训练，一层一层训练，最后输出结果——一个个看得懂的语句。

一切看起来都很有趣。人工智能与深度学习的美妙之处，也正在于此。

示例 **8-5**：硅谷企业利用深度学习实现图像深度信息的采集。

市面上的无人机可以实现对人的跟踪。它的方法是什么呢？一个人，在图像系统里是一堆色块的组合。通过人工方式进行特征选择，比如颜色特征、梯度特征。以颜色特征为例：比如你穿着绿色衣服，突然走进草丛，就可能跟丢。或者他脱了件衣服，几个人很相近，也

容易跟丢。

此时，若想在这个基础上继续优化，将颜色特征进行某些调整是非常困难的，而且调整后，还会存在对过去某些状况不适用的问题。

总之，这样的算法需要不停迭代，迭代又会影响前面的效果。

可想而知，深度学习的出现，使得很多公司辛苦积累的软件算法直接作废了。"算法作为核心竞争力"正在转变为"数据作为核心竞争力"，我们必须进入新的起跑线。

**示例 8-6**：做胃镜。

胃不舒服做检查，常常会需要做胃镜，甚至要分开做肠、胃镜检查，而且通常小肠还看不见。有一家公司出了一种胶囊摄像头（见图 8-12）。将摄像头吃进去后，在人体消化道内每 5 秒拍一幅图，连续摄像，此后再排出胶囊。这样，所有关于肠道和胃部的问题，全部完整记录。但光是等医生把这些图看完就需要 5 小时。原本的机器主动检测漏检率高，还需要医生复查。

图 8-12　胶囊摄像头做胃镜检查

后来采用深度学习。采集 8000 多例图片数据灌进去，用机器不断学习，不仅提高了诊断精确率，减少了医生的漏诊以及对好医生的经验依赖，只需要靠机器自己去学习规则。深度学习算法，可以帮助医生做出决策。

## 8.2.2　深度的概念

深度学习是一种以人工神经网络（ANN）为架构，对数据进行表征学习的算法，可以这样定义："深度学习是一种特殊的机器学习，通过学习将现实使用嵌套的概念层次来表示并实现巨大的功能和灵活性，其中每个概念都定义为与简单概念相关联，而更为抽象的表示则以较不抽象的方式来计算。"

已经有多种深度学习框架，如深度神经网络、卷积神经网络、深度置信网络和递归神经网络，被应用在计算机视觉、语音识别、自然语言处理、音频识别与生物信息学等领域并获取了极好的效果。另外，"深度学习"也成为神经网络的品牌重塑。

通过多层处理，逐渐将初始的"低层"特征表示转化为"高层"特征表示后，用"简单模型"即可完成复杂的分类等学习任务。由此，可将深度学习理解为进行"特征学习"或"表示学习"。

以往在机器学习用于现实任务时，描述样本的特征通常需由人类专家来设计，这称为"特征工程"。众所周知，特征的好坏对泛化性能有至关重要的影响，人类专家设计出好特征也并非易事；特征学习（表征学习）则通过机器学习技术自身来产生好特征，这使机器学习向"全自动数据分析"又前进了一步。

人工智能研究的方向之一，是以所谓"专家系统"为代表的，用大量"If -Then"规则定义的，自上而下的思路。ANN标志着另外一种自下而上的思路，它的基本特点是，试图模仿大脑的神经元之间传递、处理信息的模式。

## 8.2.3 深度学习的核心思路

假设有一个系统 S，它有 n 层（S1，…，Sn），它的输入是 I，输出是 O，形象地表示为：$I => S_1 => S_2 => \cdots => S_n => O$，如果输出 O 等于输入 I，即输入 I 经过这个系统变化之后没有任何的信息损失，设处理 a 信息得到 b，再对 b 处理得到 c，那么可以证明：a 和 c 的互信息不会超过 a 和 b 的互信息。这表明信息处理不会增加信息，而大部分处理会丢失信息。若保持了不变，这意味着输入 I 经过每一层 $S_i$ 都没有任何的信息损失，即在任何一层 $S_i$，它都是原有信息（即输入 I）的另外一种表示。

现在回到深度学习的主题，需要自动地学习特征，假设有一堆输入 I（如一堆图像或者文本），假设设计了一个系统 S（有 n 层），通过调整系统中参数，使得它的输出仍然是输入 I，那么就可以自动地获取得到输入 I 的一系列层次特征，即 $S_1$，…，$S_n$。

对于深度学习来说，其思想就是对堆叠多个层，也就是说这一层的输出作为下一层的输入。通过这种方式，实现对输入信息进行分级表达。

另外，前面是假设输出严格地等于输入，这个限制太严格，可以略微地放松这个限制，例如只要使得输入与输出的差别尽可能地小即可，这个放松会导致另外一类不同的深度学习方法。这就是深度学习的基本思想。

把学习结构看作一个网络，则深度学习的核心思路是：

（1）将无监督学习应用于每一层网络的 pre-train（预处理）。

（2）每次用无监督学习只训练一层，将其训练结果作为其高一层的输入。

（3）用自顶而下的监督算法去调整所有层。

## 8.2.4 深度学习的实现

深度学习本来并不是一种独立的学习方法，它也会用到有监督和无监督的学习方法来训练深度神经网络。但由于近几年该领域发展迅猛，一些特有的学习手段相继被提出（如残差网络），因此越来越多的人将其单独看作一种学习的方法。

最初的深度学习是利用神经网络来解决特征表达的一种学习过程。深度神经网络可大致理解为包含多个隐含层的神经网络结构。为了提高深层神经网络的训练效果，人们对神经元的连接方法和激活函数等方面做出相应的调整。如今，深度学习迅速发展，奇迹般地实现了各种任务，使得似乎所有的机器辅助功能都变为可能，无人驾驶汽车、预防性医疗保健、更好的电影推荐等，都近在眼前或者即将实现。

神经网络的原理是受动物大脑的生理结构——互相交叉相连的神经元启发。但与大脑中一个神经元可以连接一定距离内的任意神经元不同，ANN 具有离散的层、连接和数据传播的方向。

例如，我们可以把一幅图像切分成图像块，输入到神经网络的第一层。在第一层的每一个神经元都把数据传递到第二层。第二层的神经元也是完成类似的工作，把数据传递到第三层，以此类推，直到最后一层，然后生成结果。

以道路上的停止（Stop）标志牌（见图 8-13）为例。将一个停止标志牌图像的所有元素都打碎，然后用神经元进行"检查"：八边形的外形、救火车般的红颜色、鲜明突出的字母、交通标志的典型尺寸和静止不动运动特性等。神经网络的任务就是给出结论，它到底是不是一个停止标志牌。神经网络会根据所有权重，给出一个经过深思熟虑的猜测——"概率向量"。

图 8-13　Stop 标志牌

在这个例子里，系统可能会给出这样的结果：86% 可能是一个停止标志牌，7% 可能是一个限速标志牌，5% 可能是一个风筝挂在树上等，然后网络结构告诉神经网络，它的结论是否正确。

神经网络是调制、训练出来的，还是很容易出错的。它最需要的就是训练。需要成百上千甚至几百万张图像来训练，直到神经元的输入的权值都被调制得十分精确，无论是否有雾，晴天还是雨天，每次都能得到正确的结果。只有在这个时候，才可以说神经网络成功地自学习到一个停止标志的样子。

关键的突破在于，把这些神经网络从基础上显著地增大，层数非常多，神经元也非常多，然后给系统输入海量的数据来训练网络。这样就为深度学习加入了"深度"，这就是说神经网络中有众多的层。

现在，经过深度学习训练的图像识别，在一些场景中甚至可以比人做得更好：从识别猫，到辨别血液中癌症的早期成分，到识别核磁共振成像中的肿瘤。Google 的 AlphaGo 先是学会了如何下围棋，然后与它自己下棋训练。它训练自己神经网络的方法，就是不断地与自己下棋，反复地下，永不停歇。

深度学习还存在以下问题：

（1）深度学习模型需要大量的训练数据，才能展现出神奇的效果，但现实生活中往往会遇到小样本问题，此时深度学习方法无法入手，传统的机器学习方法就可以处理。

（2）有些领域，采用传统的简单的机器学习方法，可以很好地解决了，没必要非得用复杂的深度学习方法。

（3）深度学习的思想来源于人脑的启发，但绝不是人脑的模拟，举个例子，给一个三四岁的小孩看一辆自行车之后，再见到哪怕外观完全不同的自行车，小孩也大都能说出那是一辆自行车。也就是说，人类的学习过程往往不需要大规模的训练数据，而现在的深度学习方法显然不是对人脑的模拟。

资深学者 Yoshua Bengio 在回答一个类似问题时，有一段话讲得特别好，引用如下：

Science is NOT a battle, it is a collaboration. We all build on each other's ideas. Science is an act of love, not war. Love for the beauty in the world that surrounds us and love to share and build something together. That makes science a highly satisfying activity, emotionally speaking!

这段话的大致意思是，"科学不是一场战斗，而是一场建立在彼此想法上的合作。科学是一种爱，而不是战争，热爱周围世界的美丽，热爱分享和共同创造美好的事物。从情感上说，这使得科学成为一项令人非常赏心悦目的活动！"

结合机器学习近年来的迅速发展，再来看 Bengio 的这段话，深有感触。未来哪种机器学习算法会成为热点呢？资深专家吴恩达曾表示，"在继深度学习之后，迁移学习将引领下一波机器学习技术"。

## 8.3 机器学习 VS 深度学习

在有所了解的基础上，接下来来对比机器学习和深度学习这两种技术。

**（1）数据依赖性**。深度学习与传统的机器学习最主要的区别在于随着数据规模的增加，其性能也不断增长。当数据很少时，深度学习算法的性能并不好。这是因为深度学习算法需要大量的数据来完美地理解它。另一方面，在这种情况下，传统的机器学习算法使用制定的规则，性能会比较好，图 8-14 总结了这一事实。

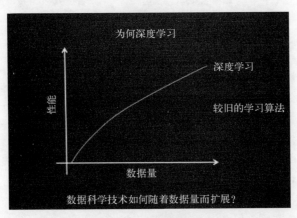

图 8-14　数据量与性能

**（2）硬件依赖**。深度学习算法需要进行大量的矩阵运算，GPU 主要用来高效优化矩阵运算，所以 GPU 是深度学习正常工作的必须硬件。与传统机器学习算法相比，深度学习更依赖安装 GPU 的高端机器。

**（3）特征处理。**是将领域知识放入特征提取器里面来减少数据的复杂度并生成使学习算法工作得更好的模式的过程。特征处理过程很耗时而且需要专业知识。

在机器学习中，大多数应用的特征都需要专家确定，然后编码为一种数据类型。特征可以是像素值、形状、纹理、位置和方向。大多数机器学习算法的性能依赖于所提取的特征的准确度。

深度学习尝试从数据中直接获取高等级的特征，这是深度学习与传统机器学习算法的主要的不同。基于此，深度学习削减了对每一个问题设计特征提取器的工作。例如，卷积神经网络尝试在前边的层学习低等级的特征（边界、线条），然后学习部分人脸，然后是高级的人脸的描述（见图 8-15）。

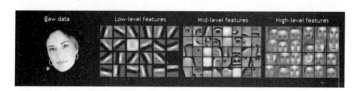

图 8-15 从数据中获取特征

**（4）问题解决方式。**当应用传统机器学习算法解决问题的时候，传统机器学习通常会将问题分解为多个子问题并逐个解决子问题，最后结合所有子问题的结果获得最终结果。相反，深度学习提倡直接的端到端的解决问题。

例如，假设有一个多物体检测的任务需要图像中物体的类型和各物体在图像中的位置（见图 8-16）。

图 8-16 需要图像中物体的类型和位置

传统机器学会将问题分解为两步：物体检测和物体识别。首先，使用边界框检测算法扫描整张图片找到物体可能的区域；然后使用物体识别算法对上一步检测出来的物体进行识别。

相反，深度学习会直接将输入数据进行运算得到输出结果。例如可以直接将图片传给 YOLO 网络（一种深度学习算法），YOLO 网络会给出图片中的物体和名称。

**（5）执行时间。**通常情况下，训练一个深度学习算法需要很长的时间。这是因为深度学习算法中参数很多，因此训练算法需要消耗更长的时间。最先进的深度学习算法 ResNet 完整训练一次需要消耗两周的时间，而机器学习的训练消耗的时间相对较少，只需要几秒到几小时的时间。

但两者在测试的时间上完全相反。深度学习算法在测试时只需要很少的时间去运行。如果跟 k-nearest neighbors（一种机器学习算法）相比较，测试时间会随着数据量的提升而增加。不过这不适用于所有的机器学习算法，因为有些机器学习算法的测试时间也很短。

**（6）可解释性**。这一点至关重要，我们看个例子。假设使用深度学习自动为文章评分。深度学习可以达到接近人的标准，这是相当惊人的性能表现。但是这仍然有个问题，深度学习算法不会解释结果是如何产生的。人们不知道神经元应该是什么模型，也不知道这些神经单元层要共同做什么。

另一方面，为了解释为什么算法这样选择，像决策树这样的机器学习算法给出了明确的规则，所以解释决策背后的推理是很容易的。因此，决策树和线性/逻辑回归这样的算法主要用于工业上的可解释性。

**（7）应用领域不同**。使用机器学习/深度学习的一个主要例子是 Google 公司，Google 正在将机器学习应用于其各种产品。机器学习/深度学习的应用是无尽的，人们只是需要寻找正确的时机。

我们可以用同心圆来可视化地说明人工智能、机器学习和深度学习三者的关系。人工智能是最早出现的，也是最大、最外侧的同心圆，机器学习其次，最内侧的是深度学习，是如今人工智能发展的核心驱动力。先是机器学习发展起来，然后是深度学习，深度学习又是机器学习的子集，它造成了巨大影响。

# 【作 业】

1. 如果你想设计人工智能系统，那就要学习并分析这个星球上最自然的智能系统之一，即（　　）。

    A. 人脑和神经系统　　　　　　　B. 人脑和五官系统
    C. 肌肉和血管系统　　　　　　　D. 思维和学习系统

2. 所谓神经网络，是指以人脑和神经系统为模型的（　　）算法。

    A. 倒档追溯　　　　B. 直接搜索　　　　C. 机器学习　　　　D. 深度优先

3. 如今，ANN 从股票市场预测到（　　）和许多其他应用领域都有突出的应用表现。

    A. 汽车自主控制　　B. 模式识别　　　　C. 经济预测　　　　D. A、B 和 C

4. 人脑由（　　）个神经元组成，这些神经元彼此高度相连。

    A. 100～1000 万　　B. 100～1000 亿　　C. 50～500 万　　　D. 50～500 亿

5. 人脑是一种适应性系统，必须对变幻莫测的事物做出反应，而学习是通过修改神经元之间连接的（　　）来进行的。

    A. 顺序　　　　　　B. 平滑度　　　　　C. 速度　　　　　　D. 强度

6. 人类细胞之间的轴突–树突（轴突–神经元胞体或轴突–轴突）接触称为神经元的（　　）。

    A. 突触　　　　　　B. 轴突　　　　　　C. 树突　　　　　　D. 髓鞘

7. ANN 是一种模仿生物神经网络，其中的（　　）扮演了生物神经模型中突触的角色，用于调节一个神经元对另一个神经元的影响程度。

A. 细胞体　　　　　B. 权重　　　　　C. 输入通道　　　　　D. 输出通道

8. 现代神经网络是一种非线性统计性数据建模工具。典型的神经网络具有三个部分，除了（　　）。

A. 结构　　　　　B. 尺寸　　　　　C. 激励函数　　　　　D. 学习规则

9. 人工智能在图像识别上已经超越了人类，支持这些图像识别技术的，通常是（　　）。

A. 云计算　　　　　B. 因特网　　　　　C. 神经计算　　　　　D. 深度神经网络

10. 将 ANN 与模糊逻辑结合起来生成（　　）网络，这个网络既有 ANN 的学习能力，同时也具有模糊逻辑的解释能力。

A. 模式识别　　　　　B. 人工智能　　　　　C. 神经模糊　　　　　D. 自动计算

11. 从研究角度看，（　　）是基于多层神经网络的，以海量数据为输入，发现规则自学习的方法。

A. 深度学习　　　　　B. 特征学习　　　　　C. 模式识别　　　　　D. 自动翻译

12. 深度学习与传统的机器学习最主要的区别在于（　　），即随着数据规模的增加其性能也不断增长。当数据很少时，深度学习算法的性能并不好。

A. 特征处理　　　　　B. 硬件依赖　　　　　C. 数据依赖性　　　　　D. 问题解决方式

# 第四部分　高级专题

# 第9章　机器人技术

## 【导读案例】RoboCup机器人世界杯足球锦标赛

RoboCup（Robot World Cup）即机器人世界杯足球锦标赛（见图9-1），1997年，首届RoboCup比赛及会议在日本名古屋举行，为实现机器人足球队击败人类足球世界冠军的梦想迈出了坚实的第一步。

图9-1　机器人世界杯赛

举办Robocup的主要目的是通过提供一个标准的易于评价的比赛平台，促进DAI（Distributed Artificial Intelligence，分布式人工智能）与MAS（Multi-Agent System，多代理系统）的研究与发展。

加拿大不列颠哥伦比亚大学的教授艾伦·麦克沃思在其1992年的一篇论文中提出了训练机器人进行足球比赛的设想。1992年10月，在日本东京举行的"关于人工智能领域重大挑战的研讨会"上，与会的研究人员对制造和训练机器人进行足球比赛以促进相关领域研究进行了探讨。1996年，RoboCup国际联合会成立，在日本举行了表演赛，并确定以后每年举办一届。RoboCup的使命是促进分布式人工智能与智能机器人技术的研究与教育。通过提供一个标准任务，使得研究人员利用各种技术，获得更好的解决方案，从而有效促进相关领域的发展，最终目标是经过五十年左右的研究，使机器人足球队能战胜人类足球冠军队。

机器人足球赛涉及人工智能、机器人学、通信、传感、精密机械和仿生材料等诸多领域的前沿研究和技术集成，实际上是高技术的对抗赛，有严格的比赛规则，融趣味性、观赏性、科普性为一体（见图9-2）。

图9-2　RoboCup 比赛

机器人足球是在动态不确定环境下对人工智能的考验，是以体育竞赛为载体的高科技对抗，是培养信息、自动化领域科技人才的重要手段，同时也是展示高科技水平的生动窗口和促进科技成果实用化和产业化的有效途径。机器人足球的研究反映出一个国家信息与自动化技术的综合实力。

1997 年 RoboCup 第一届比赛时，只有小型组、中型组和仿真组；1999 年增加了索尼有腿机器人赛；2001 年增加了救援仿真比赛和救援机器人赛；2002 年增加了更多的项目，包括四腿机器人赛、类人机器人赛及机器人挑战赛，其中类人机器人赛包括行走、H-40 射门、H-80 射门、自由风格赛，机器人挑战赛包括足球挑战赛和舞蹈挑战赛；2003 年仿真组增加了几项比赛如在线教练赛等，机器人挑战赛也增加了几个项目如救援挑战赛等。

在将足球比赛作为标准问题的同时，还会有其他各种各样的努力，包括学术会议、机器人世界杯、RoboCup 挑战计划、RoboCup 教育计划、基础组织的发展。

促进研究的有效途径是制定一个长期目标，而不拘泥于某一特定应用。当这个目标完成时，将产生巨大的社会影响，这就可以称之为重大挑战计划。制造一个会踢足球的机器人本身并不能产生巨大的社会和经济影响，但是这种成功的确会被认为是这个领域的重大成果，这种计划称为划时代的计划。RoboCup 既是一个标准问题，也是一个划时代的计划。

## 9.1　划时代的计划

RoboCup 机器人世界杯赛提出的最终目标是：到 21 世纪中叶，一支完全自治的人形机器人足球队应该能在遵循国际足联正式规则的比赛中，战胜当时的人类世界杯冠军队。提出的这个目标是人工智能与机器人学的一个重大挑战。从现在的技术水平看来，这个目标可能是过于雄心勃勃了，但重要的是提出这样的长期目标并为之而奋斗。类似这样的挑战目标还有很多。

### 9.1.1 划时代的阿波罗计划

从莱特兄弟的第一架飞机到阿波罗计划将人类送上月球并安全返回地球花了50年时间。同样，从数字计算机的发明到深蓝击败人类国际象棋世界冠军也花了差不多50年。人们意识到，建立人形机器人足球队需要大致相当的时间及很大范围内研究人员的极大努力，这个目标是不能在短期内完成的（见表9-1）。

表9-1　人类提出的长期目标

| | 阿波罗计划 | 计算机国际象棋 | RoboCup |
| --- | --- | --- | --- |
| 目标 | 送一个宇航员登陆月球并安全返回地球 | 开发出能战胜人类国际象棋世界冠军的计算机 | 开发出能像人类那样踢球的足球机器人 |
| 技术 | 系统工程、航空学、各种电子学等 | 搜索技术、并行算法和并行计算机等 | 实时系统、分布式协作、智能体等 |
| 应用 | 遍布各处 | 各种软件系统、大规模并行计算机 | 下一代人工智能，现实世界中的机器人和人工智能系统 |

一个成功的划时代计划必须完成一个能引起广泛关注的目标。1969年7月16日阿波罗登月，在阿波罗计划中，美国制定了"送一个宇航员登陆月球并安全返回地球"的目标，目标的完成本身就是一个人类的历史性事件。虽然送什么人登上月球带来的直接经济收益很小。为达到这个目标而发展的技术是如此重要，以至于成就了美国工业强大的技术和人员基础。

划时代计划的重要问题是设定一个足够高的目标，才能取得一系列为完成这个任务而必需的技术突破，同时这个目标也要有广泛的吸引力和兴奋点，完成目标所需的技术成为下一代工业的基础。

阿波罗计划"是一个人的一小步，却是人类的一大步。"举国上下的努力使宇航员Neil Armstrong在登上月球表面，实现这个与人类历史一样久远的梦想时能说出这句话（见图9-3）。但是阿波罗计划的目标已经超过了让美国人登陆月球并安全返回地球：创立了在太空中超越其他国家利益的技术；开始对月球的科学探索；提高人类在月球环境中的能力。

图9-3　1969年7月16日阿波罗登月

1997 年 5 月，IBM 的深蓝计算机击败了国际象棋世界冠军，人工智能历时 40 年的挑战终于取得了成功。在人工智能与机器人学的历史上，这一年作为一个转折点被铭记。在 1997 年 7 月 4 日，NASA 的"探路者"在火星登陆，在火星的表面释放了第一个自治机器人系统 Sojourner（见图 9-4）。与此同时，RoboCup 也朝开发能够战胜人类世界杯冠军队的机器人足球队走出了第一步。

图 9-4　第一个自治机器人系统 Sojourner

## 9.1.2　机器人学中新的标准问题

计算机国际象棋是一个典型的标准问题。各种搜索算法可以在这个领域中评价和发展。随着深蓝的成功，按照正式规则击败人类的顶尖高手，计算机国际象棋的挑战到了尾声。计算机国际象棋作为一个标准问题的成功，主要原因之一是清楚地定义了进展的评价。研究进展可以用系统的棋力来评价。

一个挑战必须能够鼓励一系列为下一代工业而发展的技术。人们认为 RoboCup 是一个标准问题，可以用来评价各种不同的理论、算法和体系结构（见表 9-2）。

表 9-2　计算机国际象棋与 RoboCup 的领域特征的不同

|  | 环境 | 状态改变 | 获取信息 | 传感器信息 | 控制方式 |
|---|---|---|---|---|---|
| 国际象棋 | 静态 | 回合制 | 完全 | 符号式 | 集中 |
| RoboCup | 动态 | 实时 | 不完全 | 非符号式 | 分布 |

由于 RoboCup 中涉及的许多研究领域都是目前研究与应用中遇到的关键问题，因此可以很容易地将 RoboCup 的一些研究成果转化到实际应用中。例如：

（1）搜索与救援。如在执行任务时，一般是分成几个小分队，而每个小分队往往只能得到部分信息，有时还是错误的信息；环境是动态改变的，往往很难做出准确的判断；有时任务是在敌对环境中执行，随时都有可能会有敌人；几个小分队之间需要有很好的协作；在不同的情况下，有时需要改变任务的优先级，随时调整策略；需要满足一些约束条件，如将被救者拉出来，同时又不能伤害他们。这些特点与 RoboCup 有一定的相似，因此，在 RoboCup 中的研究成果就可以用于这个领域。事实上，有一个专门的 RoboCup-Rescue 专门负责这方面的问题。

（2）太空探险。太空探险一般都需要有自治系统，能够根据环境的变化做出自己的判断，而不需要研究人员直接控制。在探险过程中，可能会有一些运动的障碍物，必须要能够主动躲避。另外，在遇到某些特定情形时，也会要求改变任务的优先级，调整策略以获得最佳效果。

（3）办公室机器人系统。用于完成一些日常事务的机器人或机器人小组，这些日常事务一般包括收集废弃物、清理办公室、传递某些文件或小件物品等。由于办公室的环境具有一定的复杂性，而且由于经常有人员走动，或者是办公室重新布置了，使这个环境也具有动态性。另外，由于每个机器人都只能有办公室的部分信息，为了更好地完成任务，他们必须进行有效的协作。从这些可以看出，这又是一个类似 RoboCup 的技术领域。

（4）其他多智能体系统。这是一个比较大的类别，RoboCup 中的一个球队可以认为就是一个多智能体系统，而且是一个比较典型的多智能体系统。它具备了多智能体系统的许多特点，因此，RoboCup 的研究成果可以应用到许多多智能体系统中，如空战模拟、信息代理、虚拟现实、虚拟企业等。从中我们可以看出 RoboCup 技术的普遍性。

## 9.2 机器感知

机器感知（Machine Perception 或 Machine Cognition，见图 9-5）是指能够使用传感器所输入的资料（如照相机、麦克风（送话器）、声呐以及其他的特殊传感器）然后推断世界的状态。计算机视觉能够分析影像输入，另外还有语音识别、人脸辨识和物体辨识。

图 9-5　机器感知

机器感知是一连串复杂程序所组成的大规模信息处理系统，信息通常由很多常规传感器采集，经过这些程序的处理后，会得到一些非基本感官能得到的结果。

机器感知或机器认知（Machine Recognition）研究如何用机器或计算机模拟、延伸和扩展人的感知或认知能力，包括：机器视觉、机器听觉、机器触觉，例如，计算机视觉、模式（文字、图像、声音等）、识别、自然语言理解都是人工智能领域的重要研究内容，也是在机器感知或机器认知方面高智能水平的计算机应用。

如果智能机器感知技术将来能够得到正确运用，智能交通详细数据采集系统的研发，科学系统的分析、改造现有的交通管理体系，对缓解城市交通难题有极大帮助。利用逼真的三维数字模型展示人口密集的商业区、重要文物古迹旅游点等，以不同的观测视角，

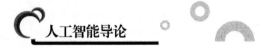

为安全设施的位置部署，提早预防和对突发事件的及时处理等情况，为维系社会公共安全提供保障。

## 9.2.1　机器智能与智能机器

机器智能（Machine Intelligence，MI），研究如何提高机器应用的智能水平，把机器用得更聪明。这里，"机器"主要指计算机、自动化装置、通信设备等。

人工智能专家系统（Expert System，ES），就是用计算机去模拟、延伸和扩展专家的智能，基于专家的知识和经验，可以求解专业性问题的、具有人工智能的计算机应用系统。例如，医疗诊断专家系统，故障诊断专家系统等。

智能机器（Intelligent Machine，IM），研究如何设计和制造具有更高智能水平的机器。特别是，设计和制造更聪明的计算机。

## 9.2.2　机器思维与思维机器

机器思维（Machine Thinking），具体地说是计算机思维（Computer Thinking），如专家系统、机器学习、计算机下棋、计算机作曲、计算机绘画、计算机辅助设计、计算机证明定理、计算机自动编程等。

思维机器（Thinking Machine），或者说是会思的机器。现在的计算机是一种不会思维的机器。但是，现有的计算机可以在人脑的指挥和控制下，辅助人脑进行思维活动和脑力劳动（如医疗诊断、化学分析、知识推理、定理证明、产品设计）实现某些脑力劳动自动化或半自动化。从这种观点也可以说，目前的计算机具有某些思维能力，只不过现有计算机的智能水平还不高。所以，需要研究更聪明的、思维能力更强的智能计算机或脑模型。

感知机器（Perceptible Machine）或认知机器（Recognizing Machine），研制具有人工感知或人工认知能力的机器，包括：视觉机器、听觉机器、触觉机器，例如，文字识别机、感知机、认知机、工程感觉装置、智能仪表等。

## 9.2.3　机器行为与行为机器

机器行为（Machine Behavior）或计算机行为（Computer Behavior）研究如何用机器去模拟、延伸、扩展人的智能行为，如自然语言生成用计算机等模拟人说话的行为；机器人行动规划模拟人的动作行为；倒立摆智能控制模拟杂技演员的平衡控制行为；机器人的协调控制模拟人的运动协调控制行为；工业窑炉的智能模糊控制模拟窑炉工人的生产控制操作行为；轧钢机的神经网络控制模拟操作工人对轧钢机的控制行为。

行为机器（Behavioral Machine）指具有人工智能行为的机器，或者说，能模拟、延伸与扩展人的智能行为的机器。例如，智能机械手、机器人、操作机；自然语言生成器；智能控制器，如专家控制器、神经控制器、模糊控制器，这些智能机器或智能控制器，具有类似于人的智能行为的某些特性，如自适应、自学习、自组织、自协调、自寻优。因而，能够适应工作环境的条件的变化，通过学习改进性能，根据需求改变结构，相互配合、协同工作，自行寻找最优工作状态。

## 9.3 机器人的概念

1921 年，捷克剧作家卡雷尔·恰佩克在其名为《R. U. R.》的戏剧中，第一次引入了"机器人（Robot）"这个词，捷克语中"机器人"意指劳动或工作。如今，机器人已经是"自动执行工作的机器装置"（见图 9-6），它是高度整合控制论、机械电子、计算机、材料和仿生学的产物。在工业、医学、农业、建筑业甚至军事等领域中均有重要用途。它既可以接受人类指挥，又可以运行预先编排的程序，也可以根据以人工智能技术制定的原则纲领行动。它的任务是协助或取代人类的工作，例如生产业、建筑业或是危险的工作。

图 9-6 本田公司 ASIMO 机器人

随着工业自动化和计算机技术的发展，机器人开始进入大量生产和实际应用阶段。然后由于自动装备海洋开发空间探索等实际问题的需要，对机器人的智能水平提出了更高的要求。特别是危险环境，人们难以胜任的场合更迫切需要机器人，从而推动了智能机器人的研究。

### 9.3.1 机器人的发展

机器人的发展历史要比人们想象的更丰富、更悠久。

也许第一个被人们接受的机械代表作是 1574 年制造的斯特拉斯堡铸铁公鸡。每天中午，它会张开喙，伸出舌头，拍打翅膀，展开羽毛，抬起头并啼鸣 3 次。这只公鸡一直服务到 1789 年。

在 20 世纪，人们建造了许多成功的机器人系统。20 世纪 80 年代，在工厂和工业环境中，机器人开始变得司空见惯。

控制论领域被视为人工智能的早期先驱，是在生物和人造系统中对通信和控制过程进行研究与比较。麻省理工学院的诺伯特·维纳为定义这个领域做出了贡献，并进行了开创性的研究。这个领域将来自神经科学、生物学与工程学的理论和原理结合起来，目的是在动物和机器中找到共同的属性与原理。马特里指出："控制论的一个关键概念侧重于机械或有机体与环境之间的耦合、结合和相互作用。"我们将会看到这种相互作用相当复杂。她将机器人定义为："存在于物质世界中的自治系统，可以感知其环境，并可以采取行动，实现一些目标"。

1949 年，为了模仿自然生命，英国科学家格雷·沃尔特设计制作了一对名叫 Elmer 和 Elise 的机器人，因为他们的外形和移动速度都类似自然界的爬行龟，也称为机器龟。这是公认最早的真正意义上的移动式机器人。

沃尔特的机器人与之前的机器人不同，它们以不可预知的方式行事，能够做出反应，在其环境中能够避免重复的行为。"乌龟"由三个轮子和一个硬塑料外壳组成。两个轮子用于前进和后退，而第三个轮子用于转向。它的"感官"非常简单，仅由一个可以感受到光的光电池和作为触摸传感器的表面电触点组成。光电池提供了电源，外壳提供了一定程度的保

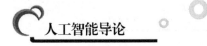

护，可防止物理损坏。

有了这些简单的组件和其他几个组件，沃尔特的"能够思维的机器"能够表现出如下的行为：找光；朝着光前进；远离明亮的光；转动和前进以避免障碍；给电池充电。

## 9.3.2　机器人的定义与"三原则"

国际上对机器人的概念已经逐渐趋近一致。一般来说，人们都可以接受这种说法，即机器人是靠自身动力和控制能力来实现各种功能的一种机器。联合国标准化组织采纳了美国机器人协会给机器人下的定义："一种可编程和多功能的操作机；或是为了执行不同的任务而具有可用计算机改变和可编程动作的专门系统。"

中国科学家对机器人的一个定义是："机器人是一种自动化的机器，所不同的是这种机器具备一些与人或生物相似的智能能力，如感知能力、规划能力、动作能力和协同能力，是一种具有高度灵活性的自动化机器"。

在研究和开发未知及不确定环境下作业的机器人的过程中，人们逐步认识到机器人技术的本质是感知、决策、行动和交互技术的结合。

机器人学的研究推动了许多人工智能思想的发展，有一些技术可在人工智能研究中用来建立世界状态的模型和描述世界状态变化的过程。关于机器人动作规划生成和规划监督执行等问题的研究，推动了规划方法的发展。此外，由于机器人是一个综合性的课题，除机械手和步行机构外，还要研究机器视觉、触觉、听觉等信感技术，以及机器人语言和智能控制软件等。可以看出这是一个涉及精密机械、信息传感技术、人工智能方法、智能控制以及生物工程等学科的综合技术，这一研究有利于促进各学科的相互结合，并大大推动人工智能技术的发展。

为了防止机器人伤害人类，1942 年，科幻小说家艾萨克·阿西莫夫（Isaac. Asimov）在小说《The Caves of Steel（钢洞）》中提出了"机器人三原则"：

(1) 机器人不得伤害人类，不得看到人类受到伤害而袖手旁观。

(2) 机器人必须服从人类给予的命令，除非这种命令与第一定律相冲突。

(3) 只要与第一或第二定律没有冲突，机器人就必须保护自己的生存。

这是给机器人赋予的伦理性纲领。几十年过去了，机器人学术界一直将这三条原则作为机器人开发的准则。

## 9.3.3　机器人的分类

自机器人诞生之日起，人们就不断地尝试着说明到底什么是机器人。随着机器人技术的飞速发展，机器人所涵盖的内容越来越丰富。

从应用环境出发，机器人专家将机器人分为两大类，即制造环境下的工业机器人和非制造环境下的服务与仿人型机器人（特种机器人）。所谓工业机器人就是面向工业领域的多关节机械手或多自由度机器人，而特种机器人则是除工业机器人之外的、用于非制造业并服务于人类的各种先进机器人。在特种机器人中，有些分支发展很快，有独立成体系的趋势，如服务机器人、水下机器人、军用机器人、微操作机器人等（见图 9-7）。

随着人们对机器人技术智能化本质认识的加深，机器人技术开始源源不断地向人类活动的各个领域渗透。结合这些领域的应用特点，人们发展了各式各样的具有感知、决策、行动

排爆机器人

机器狗

图 9-7 机器人

和交互能力的特种机器人与各种智能机器，如移动机器人、微机器人、水下机器人、医疗机器人、军用机器人、空中空间机器人、娱乐机器人等。对不同任务和特殊环境的适应性，也是机器人与一般自动化装备的重要区别。这些机器人从外观上已远远脱离了最初仿人型机器人和工业机器人所具有的形状，更加符合各种不同应用领域的特殊要求，其功能和智能程度也大大增强，从而为机器人技术开辟出更加广阔的发展空间。

## 9.4 机器人的技术问题

开发机器人涉及的技术问题极其纷杂，在某种程度上，这取决于人们实现精致复杂的机器人功能的雄心。从本质上讲，机器人方面的工作是问题求解的综合形式。

机器人的早期历史着重于运动和视觉（称为机器视觉）。计算几何和规划问题是与其紧密结合的学科。在过去几十年中，随着如语言学、神经网络和模糊逻辑等领域成为机器人技术的研究与进步的一个不可分割的部分，机器人学习的可能性变得更加现实。

### 9.4.1 机器人的组成

在 1967 年日本召开的第一届机器人学术会议上，就提出了两个有代表性的定义。一是森政弘与合田周平提出的："机器人是一种具有移动性、个体性、智能性、通用性、半机械半人性、自动性、奴隶性 7 个特征的柔性机器"。从这一定义出发，森政弘又提出了用自动性、智能性、个体性、半机械半人性、作业性、通用性、信息性、柔性、有限性、移动性10 个特性来表示机器人的形象。另一个是加藤一郎提出的具有如下三个条件的机器称为机器人：

（1）具有脑、手、脚等三要素的个体。

（2）具有非接触传感器（用眼、耳接收远方信息）和接触传感器。

（3）具有平衡觉和固有觉的传感器。

可以说机器人就是具有生物功能的实际空间运行工具，可以代替人类完成一些危险或难以进行的劳作、任务等。机器人能力的评价标准包括：智能，指感觉和感知，包括记忆、运算、比较、鉴别、判断、决策、学习和逻辑推理等；机能，指变通性、通用性或空间占有性等；物理能，指力、速度、可靠性、联用性和寿命等。

机器人一般由执行机构、驱动装置、检测装置、控制系统和复杂机械等组成（见图9-8）。

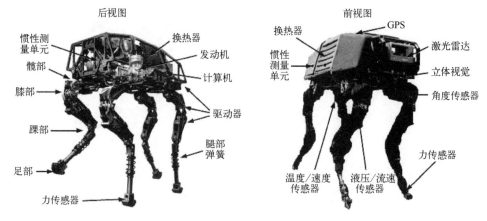

图 9-8　机器人的结构

（1）执行机构。即机器人本体，其臂部一般采用空间开链连杆机构，其中的运动副（转动副或移动副）常称为关节，关节个数通常即为机器人的自由度数。根据关节配置形式和运动坐标形式的不同，机器人执行机构可分为直角坐标式、圆柱坐标式、极坐标式和关节坐标式等类型。出于拟人化的考虑，常将机器人本体的有关部位分别称为基座、腰部、臂部、腕部、手部（夹持器或末端执行器）和行走部（对于移动机器人）等。

（2）驱动装置。是驱使执行机构运动的机构，按照控制系统发出的指令信号，借助于动力元件使机器人进行动作。它输入的是电信号，输出的是线、角位移量。机器人使用的驱动装置主要是电力驱动装置，如步进电机、伺服电机等，此外也有采用液压、气动等驱动装置。

（3）检测装置。是实时检测机器人的运动及工作情况，根据需要反馈给控制系统，与设定信息进行比较后，对执行机构进行调整，以保证机器人的动作符合预定的要求。作为检测装置的传感器大致可以分为两类：一类是内部信息传感器，用于检测机器人各部分的内部状况，如各关节的位置、速度、加速度等，并将所测得的信息作为反馈信号送至控制器，形成闭环控制。一类是外部信息传感器，用于获取有关机器人的作业对象及外界环境等方面的信息，以使机器人的动作能适应外界情况的变化，使之达到更高层次的自动化，甚至使机器人具有某种"感觉"，向智能化发展，例如视觉、声觉等外部传感器给出工作对象、工作环境的有关信息，利用这些信息构成一个大的反馈回路，从而将大大提高机器人的工作精度。

（4）控制系统。一种是集中式控制，即机器人的全部控制由一台微型计算机完成。另一种是分散（级）式控制，即采用多台微机来分担机器人的控制，如当采用上、下两级微机共同完成机器人的控制时，主机常用于负责系统的管理、通信、运动学和动力学计算，并向下级微机发送指令信息；作为下级从机，各关节分别对应一个CPU，进行插补运算和伺服控制处理，实现给定的运动，并向主机反馈信息。根据作业任务要求的不同，机器人的控制方式又可分为点位控制、连续轨迹控制和力（力矩）控制。

值得注意的是，机器人电力供应与人类之间存在一些重要的类比。人类需要食物和水来为身体运动和大脑功能提供能量。目前，机器人的大脑并不发达，因此需要动力（通常由电池提供）进行运动和操作。现在思考，当"电源"快没电了（即当我们饿了或需要休息时）会发生什么。我们不能做出好的决定、犯错误、表现得很差或很奇怪，机器人也会发生同样的事情。因此，它们的供电必须是独立的、受保护和有效的，并且应该可以平稳降级。也就是说，机器人应该能够自主地补充自己的电源，而不会完全崩溃。

末端执行器使机器人身上的任何设备可以对环境做出反应。在机器人世界中，它们可能是手臂、腿或轮子，即可以对环境产生影响的任何机器人组件。驱动器是一种机械装置，允许末端执行器执行其任务。驱动器可以包括电动机、液压或气动缸以及温度敏感或化学敏感的材料。这样的执行器可以用于激活轮子、手臂、夹子、腿和其他效应器。驱动器可以是无源的，也可以是有源的。虽然所有执行器都需要能量，但是有些可能是无源的需要直接的动力来操作，而其他可能是无源的需要使用物理运动规律来保存能量。最常见的执行器是电动机，但也可以是使用流体压力的液压、使用空气压力的气动、光反应性材料（对光做出响应）、化学反应性材料、热反应性材料或压电材料（通常为晶体，按下或弹起时产生电荷的材料）。

## 9.4.2 机器人的运动

运动学是关于机械系统如何运行的最基础的研究。在移动机器人领域，这是一种自下而上的技术，需要涉及物理、力学、软件和控制领域。像这样的情况，这种机器人技术每时每刻都需要软件来控制硬件，因此这种系统很快就变得相当复杂。无论你是想让机器人踢足球，还是登上月球，或是在海面下工作，最根本的问题就是运动。机器人如何移动？它的功能是什么？典型的执行器是：

- 轮子用于滚动。
- 腿可以走路、爬行、跑步、爬坡和跳跃。
- 手臂用于抓握、摇摆和攀爬。
- 翅膀用于飞行。
- 脚蹼用于游泳。

在机器人领域中，一个常见的概念是物体运动度，这是表达机器人可用的各种运动类型的方法。例如，考虑直升机的运动自由度（称为平移自由度）。一般来说，有 6 个自由度（DOF）可以描述直升机可能的原地转圈、俯仰和偏航运动（见图 9-9）。

图 9-9　一架直升机及其自由度

原地转圈意味着从一侧转到另一侧，俯仰意味着向上或向下倾斜，偏航意味着左转或右转。像汽车（或直升机在地面上）一样的物体只有三个自由度（DOF）（没有垂直运动），但是只有两个自由度可控。也就是说，地面上的汽车通过车轮只能前后移动，并通过其方向盘向左或向右转。如果一辆汽车可以直接向左或向右移动（比如说使其每个车轮转动90°），那么这将增加另一个自由度。由于机器人运动更加复杂，例如手臂或腿试图在不同方向上移动（如在人类的手臂中有肌腱套），因此自由度的数量是个重要问题。

一旦开始考虑运动，就必须考虑稳定性。对于人和机器人，还有重心的概念，比如在走路的地面上方的一个点，它使我们在走路的地面上方能够保持平衡。重心太低意味着我们在地面上拖行前进，重心太高则意味着不稳定。与这个概念紧密联系的是支持多边形的概念。这是支持机器人加强稳定性的平台。人类也有这样的支持平台，只是我们通常没有意识到，它就在我们躯干中的某个位置。对于机器人，当它有更多的腿时，也就是有3条、4条或6条腿时，问题通常也不大。

### 9.4.3 机器人大狗

三大机器人系统大狗（Big Dog，见图9-10）、亚美尼亚（Asimo）和Cog，每个项目都代表了20世纪晚期以来科学家数十年来的重大努力。每个项目都解决了在机器人技术领域出现的复杂而细致的技术问题。大狗主要关注运动和重载运输，特别用于军事领域；亚美尼亚展现了运动的各个方面，强调了人类元素，即了解人类如何移动；Cog更多的是思考，这种思考区分了人类与其他生物，被视为人类所特有的。

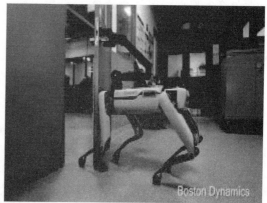

图9-10 机器人大狗

1992年Marc Raibert与他人一起创办了波士顿动力学工程公司，他首先开发了全球第一个能自我平衡的跳跃机器人，之后公司获得了美国国防部的合作，国防部投资几千万元用于机器人的研究，虽然当时美国国防部还想不出这些机器人能干什么，但是认为这个技术未来是有用的。

当时，很多机器人行走缓慢，平衡很差，Raibert模仿生物学运动原理，使机器保持动态稳定。如同真的动物一样，Raibert的机器人移动迅速且平稳。

2005年，波士顿动力公司的专家创造了四腿机器人大狗。这个项目是由美国国防高级研究计划局资助的，源自国防部为军队开发新技术的任务。

2012 年，大狗机器人升级，可跟随主人行进 20 英里。

2015 年，美军开始测试这种具有高机动能力的四足仿生机器人的试验场，开始试验这款机器人与士兵协同作战的性能。"大狗"机器人的动力来自一部带有液压系统的汽油发动机，它的四条腿完全模仿动物的四肢设计，内部安装有特制的减震装置。机器人的长度为 1米，高 70 厘米，重量为 75 千克，从外形上看，它基本上相当于一条真正的大狗。

"大狗"机器人的内部安装有一台计算机，可根据环境的变化来调整行进姿态。而大量的传感器则能够保障操作人员实时地跟踪"大狗"的位置并监测其系统状况。这种机器人的行进速度可达到 7 千米/小时，能够攀越 35 度的斜坡。它可携带重量超过 150 千克的武器和其他物资。"大狗"既可以自行沿着预先设定的简单路线行进，也可以进行远程控制。

## 9.5 智能制造

智能制造（Intelligent Manufacturing，见图 9-11）源于人工智能的研究。一般认为智能是知识和智力的总和，前者是智能的基础，后者是指获取和运用知识求解的能力。

图 9-11 智能制造

### 9.5.1 什么是智能制造

智能制造包含智能制造技术和智能制造系统（IMS）。智能制造系统不仅能够在实践中不断地充实知识库，而且还具有自学习功能，还有搜集与理解环境信息和自身的信息，并进行分析判断和规划自身行为的能力。

智能制造系统是一种由智能机器和人类专家共同组成的人机一体化智能系统（见图 9-12），它突出了在制造诸环节中，以一种高度柔性与集成方式，诸如分析、推理、判断、构思和决策等，借助计算机模拟人类专家的智能活动，进行分析、判断、推理、构思和决策，取代或延伸制造环境中人的部分脑力劳动，同时收集、存储、完善、共享、继承和发展人类专家的制造智能。由于这种制造模式，突出了知识在制造活动中的价值地位，而知识经济又是继工业经济后的主体经济形式，所以智能制造就成为影响未来经济发展过程的制造业的重要生产模式。智能制造系统是智能技术集成应用的环境，也是智能制造模式展现的载体。

一般而言，制造系统在概念上认为是一个复杂的相互关联的子系统的整体集成，从制造

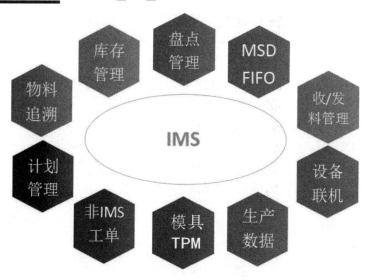

图 9-12　智能制造系统的构成

系统的功能角度，可将智能制造系统细分为设计、计划、生产和系统活动四个子系统。在设计子系统中，智能制造突出了产品的概念设计过程中消费需求的影响；功能设计关注了产品可制造性、可装配性和可维护性及保障性。另外，模拟测试也广泛应用智能技术。在计划子系统中，数据库构造将从简单信息型发展到知识密集型。在排序和制造资源计划管理中，模糊推理等多类的专家系统将集成应用；智能制造的生产系统将是自治或半自治系统。在监测生产过程、生产状态获取和故障诊断、检验装配中，将广泛应用智能技术；从系统活动角度，神经网络技术在系统控制中已开始应用，同时应用分布技术和多元代理技术、全能技术，并采用开放式系统结构，使系统活动并行，解决系统集成问题。

　　由此可见，IMS 理念建立在自组织、分布自治和社会生态学机理上，目的是通过设备柔性和计算机人工智能控制，自动地完成设计、加工、控制管理过程，旨在解决适应高度变化环境的制造的有效性。

**1. 分布式数字控制 DNC**

　　分布式数字控制（Distributed Numerical Control，DNC，见图 9-13）是网络化数控机床常用的制造术语。其本质是计算机与具有数控装置的机床群使用计算机网络技术组成的分布在车间中的数控系统。该系统对用户来说就像一个统一的整体，系统对多种通用的物理和逻辑资源整合，可以动态地分配数控加工任务给任一加工设备。它是提高设备利用率，降低生产成本的有力手段，是未来制造业的发展趋势。

　　DNC 早期只是作为解决数控设备通信的网络平台，随着客户的不断发展和成长，仅仅解决设备联网已远远不能满足现代制造企业的需求。早在 20 世纪 90 年代初，美国 Predator Software INC 就赋予 DNC 更广阔的内涵——生产设备和工位智能化联网管理系统，这也是全球范围内最早且使用最成熟的"物联网"技术——车间内"物联网"，这也使得 DNC 成为离散制造业 MES 系统必备的底层平台。DNC 必须能够承载更多的信息。同时 DNC 系统必须能有效地结合先进的数字化的数据录入或读出技术，如条码技术、射频技术、触屏技术等，帮助企业实现生产工位数字化。

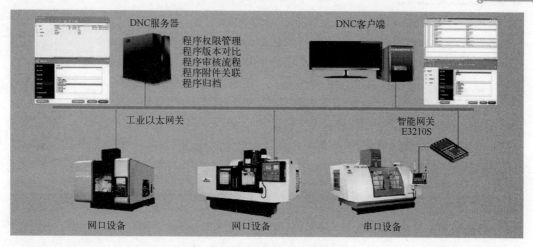

图 9-13 分布式数字控制 DNC

从广义概念上来理解,计算机/现代集成制造系统(Computer/Contemporary Integrated Manufacturing Systems,CIMS)、敏捷制造等都可以看作是智能自动化的例子。除了制造过程本身可以实现智能化外,还可以逐步实现智能设计、智能管理等,再加上信息集成、全局优化,逐步提高系统的智能化水平,最终建立智能制造系统。这可能是实现智能制造的一种可行途径。

**2. 多智能体系统**

多智能体系统(Multi-Agent System,MAS)是一种全新的分布式计算技术。自 20 世纪 70 年代出现以来得到迅速发展,目前已经成为一种进行复杂系统分析与模拟的思想方法与工具。

Agent 原意为代理商,是指在商品经济活动中被授权代表委托人的一方。后来被借用到人工智能和计算机科学等领域,以描述计算机软件的智能行为,称为智能体。1992 年曾经有人预言:"基于 Agent 的计算将可能成为下一代软件开发的重大突破。"随着人工智能和计算机技术在制造业中的广泛应用,多智能体系统(Multi-Agent)技术对解决产品设计、生产制造乃至产品的整个生命周期中的多领域间的协调合作提供了一种智能化的方法,也为系统集成、并行设计,并实现智能制造提供了更有效的手段。

**3. 整子系统**

整子系统(Holonic System)的基本构件是整子(Holon)。Holon 是从希腊语借过来的,人们用 Holon 表示系统的最小组成个体,整子系统就是由很多不同种类的整子构成。整子的最本质特征包括:

- 自治性,每个整子可以对其自身的操作行为做出规划,可以对意外事件(如制造资源变化、制造任务货物要求变化等)做出反应,并且其行为可控。
- 合作性,每个整子可以请求其他整子执行某种操作行为,也可以对其他整子提出的操作申请提供服务。
- 智能性,整子具有推理、判断等智力,这也是它具有自治性和合作性的内在原因。整子的上述特点表明,它与智能体的概念相似。由于整子的全能性,有人把它也译为全能系统。

- 敏捷性,具有自组织能力,可快速、可靠地组建新系统。
- 柔性,对于快速变化的市场、变化的制造要求有很强的适应性。

除此之外,还有生物制造、绿色制造、分形制造等模式。

## 9.5.2　综合特征

与传统的制造相比,智能制造系统具有以下特征:

(1) 自律能力。是指搜集与理解环境信息和自身的信息,并进行分析判断和规划自身行为的能力。具有自律能力的设备称为"智能机器","智能机器"在一定程度上表现出独立性、自主性和个性,甚至相互间还能协调运作与竞争。强有力的知识库和基于知识的模型是自律能力的基础。

(2) 人机一体化。IMS 不单纯是"人工智能"系统,而是人机一体化智能系统,是一种混合智能。基于人工智能的智能机器只能进行机械式的推理、预测、判断,它只能具有逻辑思维(专家系统),最多做到形象思维(神经网络),完全做不到灵感(顿悟)思维,只有人类专家才真正同时具备以上三种思维能力。因此,想以人工智能全面取代制造过程中人类专家的智能,独立承担起分析、判断、决策等任务是不现实的。人机一体化一方面突出人在制造系统中的核心地位,同时在智能 机器的配合下,更好地发挥出人的潜能,使人机之间表现出一种平等共事、相互"理解"、相互协作的关系,使二者在不同的层次上各显其能,相辅相成。

因此,在智能制造系统中,高素质、高智能的人将发挥更好的作用,机器智能和人的智能将真正地集成在一起,互相配合,相得益彰。

(3) 虚拟现实技术。这是实现虚拟制造的支持技术,也是实现高水平人机一体化的关键技术之一。虚拟现实技术(Virtual Reality)是以计算机为基础,融合信号处理、动画技术、智能推理、预测、仿真和多媒体技术为一体;借助各种音像和传感装置,虚拟展示现实生活中的各种过程、物件等,因而也能拟实制造过程和未来的产品,从感官和视觉上使人获得完全如同真实的感受。但其特点是可以按照人们的意愿任意变化,这种人机结合的新一代智能界面,是智能制造的一个显著特征。

(4) 自组织超柔性。智能制造系统中的各组成单元能够依据工作任务的需要,自行组成一种最佳结构,其柔性不仅突出在运行方式上,而且突出在结构形式上,所以称这种柔性为超柔性,如同一群人类专家组成的群体,具有生物特征。

(5) 学习与维护。智能制造系统能够在实践中不断地充实知识库,具有自学习功能。同时,在运行过程中自行故障诊断,并具备对故障自行排除、自行维护的能力。这种特征使智能制造系统能够自我优化并适应各种复杂的环境。

## 9.5.3　智能技术

智能制造中包括如下智能技术。

(1) 新型传感技术:高传感灵敏度、精度、可靠性和环境适应性的传感技术,采用新原理、新材料、新工艺的传感技术(如量子测量、纳米聚合物传感、光纤传感等),微弱传感信号提取与处理技术。

(2) 模块化、嵌入式控制系统设计技术:不同结构的模块化硬件设计技术,微内核操作系统和开放式系统软件技术、组态语言和人机界面技术，以及实现统一数据格式、统一编程环境的工程软件平台技术。

（3）先进控制与优化技术：工业过程多层次性能评估技术、基于大量数据的建模技术、大规模高性能多目标优化技术，大型复杂装备系统仿真技术，高阶导数连续运动规划、电子传动等精密运动控制技术。

（4）系统协同技术：大型制造工程项目复杂自动化系统整体方案设计技术以及安装调试技术，统一操作界面和工程工具设计技术，统一事件序列和报警处理技术，一体化资产管理技术。

（5）故障诊断与健康维护技术：在线或远程状态监测与故障诊断、自愈合调控与损伤智能识别以及健康维护技术，重大装备的寿命测试和剩余寿命预测技术，可靠性与寿命评估技术。

（6）高可靠实时通信网络技术：嵌入式互联网技术，高可靠无线通信网络构建技术，工业通信网络信息安全技术和异构通信网络间信息无缝交换技术。

（7）功能安全技术：智能装备硬件、软件的功能安全分析、设计、验证技术及方法，建立功能安全验证的测试平台，研究自动化控制系统整体功能安全评估技术。

（8）特种工艺与精密制造技术：多维精密加工工艺，精密成型工艺，焊接、粘接、烧结等特殊连接工艺，微机电系统（MEMS）技术，精确可控热处理技术，精密锻造技术等。

（9）识别技术：低成本、低功耗 RFID 芯片设计制造技术，超高频和微波天线设计技术，低温热压封装技术，超高频 RFID 核心模块设计制造技术，基于深度三维图像识别技术，物体缺陷识别技术。

### 9.5.4 测控装置

智能制造中包括如下测控装置。

（1）新型传感器及其系统——新原理、新效应传感器，新材料传感器，微型化、智能化、低功耗传感器，集成化传感器（如单传感器阵列集成和多传感器集成）和无线传感器网络。

（2）智能控制系统——现场总线分散型控制系统（FCS）、大规模联合网络控制系统、高端可编程控制系统（PLC）、面向装备的嵌入式控制系统、功能安全监控系统。

（3）智能仪表——智能化温度、压力、流量、物位、热量、工业在线分析仪表、智能变频电动执行机构、智能阀门定位器和高可靠执行器。

（4）精密仪器——在线质谱/激光气体/紫外光谱/紫外荧光/近红外光谱分析系统、板材加工智能板形仪、高速自动化超声无损探伤检测仪、特种环境下蠕变疲劳性能检测设备等产品。

（5）工业机器人与专用机器人——焊接、涂装、搬运、装配等工业机器人及安防、危险作业、救援等专用机器人。

（6）精密传动装置——高速精密重载轴承，高速精密齿轮传动装置，高速精密链传动装置，高精度高可靠性制动装置，谐波减速器，大型电液动力换挡变速器，高速、高刚度、大功率电主轴，直线电机、丝杠、导轨。

（7）伺服控制机构——高性能变频调速装置、数位伺服控制系统、网络分布式伺服系统等，提升重点领域电气传动和执行的自动化水平，提高运行稳定性。

（8）液气密元件及系统——高压大流量液压元件和液压系统、高转速大功率液力偶合器调速装置、智能润滑系统、智能化阀岛、智能定位气动执行系统、高性能密封装置。

### 9.5.5　运作过程

智能制造的总体目标是通过快速创建应用程序，从而使处于整个价值链应用程序和架构中的人、系统和资产之间的协作成为可能，为未来构建一个新的智能制造软件平台（见图 9-14）。新技术每天都在产生更多的数据。一些制造商正在应用大数据和分析技术，希望从这些数据中挖掘出更多的智能信息，从而将它们的经营业绩提升到新的水平。制造企业知道，要想提高经营业绩，获取数据是非常重要的一环。如果可以将背景信息在正确的时间提供给正确的人、做出正确的决策，那就可以提高整体性能。

图 9-14　智能制造软件平台

（1）任一网络用户都可以通过访问该系统的主页获得该系统的相关信息，还可通过填写和提交系统主页所提供的用户订单登记表来向该系统发出订单；

（2）如果接到并接受网络用户的订单，Agent 就将其存入全局数据库，任务规划节点可以从中取出该订单，进行任务规划，将该任务分解成若干子任务，将这些任务分配给系统上获得权限的节点。

（3）产品设计子任务被分配给设计节点，该节点通过良好的人机交互完成产品设计子任务，生成相应的 CAD/CAPP 数据和文档以及数控代码，并将这些数据和文档存入全局数据库，最后向任务规划节点提交该子任务。

（4）加工子任务被分配给生产者；一旦该子任务被生产者节点接受，机床 Agent 将被允许从全局数据库读取必要的数据，并将这些数据传给加工中心，加工中心则根据这些数据和命令完成加工子任务，并将运行状态信息送给机床 Agent，机床 Agent 向任务规划节点返回结果，提交该子任务。

（5）在系统的整个运行期间，系统 Agent 都对系统中的各个节点间的交互活动进行记录，如消息的收发，对全局数据库进行数据的读写，查询各结点的名字、类型、地址、能力及任务完成情况等。

（6）网络客户可以了解订单执行的结果。

# 【作 业】

1. RoboCup 机器人世界杯赛提出的最终目标是（　　）。

A. 一支非人形机器人足球队与人类足球队按正式规则比赛

B. 一支完全自治的人形机器人足球队在正式比赛中战胜人类冠军队

C. 一支完全自治的人形机器人足球队参加国际足联的正式比赛

D. RoboCup 机器人世界杯赛与国际足联比赛合并

2. 实现 RoboCup 机器人世界杯赛提出的最终目标的规划时间是（　　）年。

A. 50　　　　　B. 100　　　　　C. 20　　　　　D. 30

3. RoboCup 有这样一种观点：RoboCup 是一个标准问题，可以用来评价各种不同的理论、算法和体系结构。其实际含义是（　　）。

A. 创造一个新的理论高度

B. 开发一种特别的通用设备

C. 鼓励一系列为下一代工业而发展的技术

D. 开发全新的社会娱乐生活

4. 机器感知是指能够使用（　　）所输入的资料推断世界的状态。

A. 键盘　　　　B. 鼠标器　　　　C. 光电设备　　　　D. 传感器

5. 机器感知研究如何用机器或计算机模拟，延伸和扩展（　　）的感知或认知能力。

A. 机器　　　　B. 人　　　　C. 机器人　　　　D. 计算机

6. 机器感知包括（　　）等多种形式。

A. B、C 和 D　　　B. 机器视觉　　　C. 机器听觉　　　D. 机器触觉

7. 机器智能研究如何提高机器应用的智能水平。这里的"机器"主要是指（　　）。

A. 计算机　　　B. 自动化装置　　　C. 通信设备　　　D. A、B 和 C

8. 智能机器研究如何设计和制造具有更高智能水平的机器，特别是（　　）。

A. 计算机　　　B. 厨房设备　　　C. 空调装置　　　D. 军工装备

9. 机器思维，如专家系统、机器学习、计算机下棋、计算机作曲、计算机绘画、计算机辅助设计、计算机证明定理、计算机自动编程等，可以概括为（　　）思维。

A. 互联网　　　B. 计算机　　　C. 机器人　　　D. 传感器

10. 机器行为研究如何用（　　）去模拟、延伸、扩展人的智能行为。

A. 计算机　　　B. 计算器　　　C. 机器　　　D. 机械手

11. 行为机器指具有（　　）的机器，或者说，能模拟、延伸与扩展人的智能行为的机器。

A. 人形动作　　　B. 移动能力　　　C. 工作行为　　　D. 人工智能行为

12. 机器人是"（　　）"，它是高度整合控制论、机械电子、计算机、材料和仿生学的产物。

A. 自动执行工作的机器装置　　　　　　　　B. 造机器的人

C. 机器造的人　　　　　　　　　　　　　　D. 主动执行工作任务的工人

13. 为了防止机器人伤害人类，科幻小说家艾萨克·阿西莫夫于（　　）年在小说中提

出了"机器人三原则"。

    A. 1942        B. 2010        C. 1946        D. 2000

14. 为了防止机器人伤害人类而提出的"机器人三原则"中不包括（    ）。

A. 机器人不得伤害人类，或袖手旁观坐视人类受到伤害

B. 人类应尊重并不得伤害机器人

C. 原则上机器人应遵守人类的命令

D. 在不违背第一及第二原则下，机器人必须保护自己

15. 智能制造源于人工智能的研究，包含智能制造（    ）和智能制造系统。

A. 技术        B. 理论        C. 工具        D. 行业

16. 智能制造系统是一种由智能机器和（    ）共同组成的一体化智能系统。

A. 机械手        B. 人类专家        C. 机器人        D. 车床

# 第10章　智能图像处理

## 【导读案例】算法工程师：你的一切皆在我计算中

购物网站用算法为你推荐喜欢的商品，打车软件用算法帮你选择最佳路线，信息平台用算法为你推荐阅读新闻，算法在无形当中影响着我们生活的方方面面（见图10-1）。

图10-1　一切皆在计算中

那么，算法工程师是怎样的一种存在？他们的日常工作是怎样的？算法工程师严津（化名）讲述了这个外界看来高大上又略带神秘感的工作，他每天的工作是优化算法，他感觉工作有激情。他说，还可能用算法预测股票和房价或实现智能家居的控制。

从2017年7月开始，他开始培训一位零基础的高中同学，努力将其训练为合格的算法工程师。最近他们二人就目前火热的知识竞答用算法做了一件事情：开发了一个程序，每次答题基本都能在5秒之内得到答案。

严津（化名）从中科院毕业时，手上拿到多个offer，但是他选择了从事前沿的人工智能和机器学习相关的工作——算法工程师，年薪30万元左右。

### 攻克难关没有捷径

广州日报：你是中科院硕士毕业生，你的网络ID旁标注了"数学~数学~数学~"，你学的是数学专业吗？

严津：不是数学专业，学的是计算机专业，不过研究生（专业）对数学要求比较高。

广州日报：你是如何开始学习机器学习的？在学校时，你对算法的认识如何？想到以后会成为算法工程师吗？

严津：研一时学过一些机器学习的课程。在学校的时候需要参加一些科研项目和发表论文，当时自己研究了一些机器学习的东西。在学校的时候，对算法有一些认识，如果没有认识也做不了项目，论文也发表不了。我们研三上学期开始找工作，当时还是比较坚定要成为一位算法工程师。我是当年9月结束找工作，没有参加校招，通过内推找到工作的。

广州日报：你现在成为算法工程师，在过去的学习经历中，你掌握的哪些学科或技能帮助特别大？

严津：最有用的学科是计算机和数学。有计算机的知识才能把算法落地实现，数学能帮助优化算法。

遇到的技术上挑战是编程会遇到一些 bug（漏洞）；数学方面可能有一些公式需要用到一些高数、线性代数、概率统计方面的知识，这还是难看懂的；还有就是英语难关，无论从开始阅读到后来写（代码）都是比较困难的。

克服这些难关没有捷径，基本上是自己去研究，一步一个脚印去啃，其实大家都是这样。

### 模拟人脑解决问题

如今，严津在北京众多互联网公司聚集的后厂村路的某公司从事算法推荐工作，他每天专注于优化算法，他感觉每天都很有激情。在他看来，算法无处不在：语音识别、自动驾驶、推荐（购物、新闻）。算法在无形当中影响着我们的生活。

广州日报：你目前的算法工程师岗位主要负责什么业务？现在算法工程师是当下热门的职业，你是如何看待这个职业的？

严津：我是负责推荐算法。这个职业非常有趣、有前景，也非常有意义。每天很有工作热情。以前工业革命解决的问题可能是通过发明一些机械去改变人的手脚（功能），比如汽车改变脚；然而现在算法工程师解决的问题大部分都是用机器模拟人的脑力劳动，比如人工智能、机器学习，它分析数据（图片、文字、语音等），分析过程，你可以想象是人眼、耳朵接收到信息，然后通过算法、人工智能引擎去模拟人脑去做一些处理，从而来解决一些简单或复杂的脑力活动。

广州日报：在你看来，现在我们生活中的哪些场合会使用算法？你做的项目跟我们现在的哪些生活方面有关？如何影响我们的生活？

严津：如上所说，既然它是模拟人脑，你可以让所有场景使用算法这个东西，因为毕竟生活也是通过人脑处理这些内容。比如语音识别、自动驾驶、推荐，这些都在用算法。比如推荐领域，以前的新闻是编辑推荐，编辑觉得好，推荐给大家看，现在算法推荐可以发现那些原来不受到重视的销量小但种类多的产品或服务，可以通过兴趣推荐，更多是考虑到用户的反馈，包括用户的点击和其他行为，这更民主。

广州日报：你日常的一天的工作内容如何？平时更多的是跟算法、机器打交道，你感觉如何？有什么发生在人机间令你印象深刻的事？

严津：日常的工作是优化一些算法，我感觉挺好的，可以学习到一些知识、解决一些问题和服务用户，感觉比较有激情。

印象深刻的是有一次，我调用了一个手写识别的 API（应用程序编程接口），当时让一个同事体验我做的东西，他写了一个字，我都没认出来，但是机器却能正确识别，当时感觉非常惊艳，机器可能比人更了解你的意图。

### 算法在迎合人们

每一次的购买行为、阅读行为、打车行为，算法都在学习如何更了解我们，通过学习算法变得更加聪明，更加了解我们的需求。严津说，算法需要价值观，毕竟现阶段的算法还不成熟，还需要人工干预。

广州日报：就在前几天，今日头条公布了它的算法原理，作为算法工程师，你如何看待此事？算法用以分发信息，是否需要具有价值观？

严津：这确实是一个比较好的事情，以前是黑箱的，大家不清楚它的工作原理，可能会恐惧这个东西。现在公布了后，大家至少有一个了解，这是挺不错的。

算法需要价值观，因为算法大部分是通过数值衡量，这对一些量化的东西才有效。但有一些东西确实很难衡量，还是需要一些人为干预，毕竟现在算法还不是完全的成熟。

广州日报：如今打车、社交、购物等，人们生活的方方面面都被算法影响，算法是如何变得聪明更加了解人的需求呢？算法是在迎合人们吗？

严津：算法是在迎合人们。算法有一个优化目标，往往是通过用户的一些数据指标来衡量，比如说，提高一些用户量、提高用户的停留时长以及提高一些点击量等这些维度，这些东西是在迎合人类。

算法怎么变聪明呢？比如现在算法有一个目标了，它里面会用到一些数学的优化方法，然后通过数据训练得到一个更好的决策模型，通过这个流程变得聪明、更了解人的需求。

广州日报：现在大家每天都在消费信息，很多平台都在使用算法推荐新闻，你从算法工程师的角度观察，大家是否也会受困于过滤气泡？作为算法工程师是否有能力改变这样的现状？

严津：感觉是存在过滤气泡（指的是计算机记录互联网受众在网上搜索、浏览等留下的痕迹，根据这些线索，计算机推断出受众的信息偏好，进而依据自身判断来向受众进一步推送相关信息，以此实现受众的信息个性化定制，保证用户的黏性）这个问题。其实改变这个现状，可以通过数值量化解决问题，如果把它变成一个数学问题基本上可以解决。

## 人人能成算法工程师

严津决定挑战一下，用一年（2017年7月~2018年7月）的业余时间，将零基础的一位高中同学努力培养成为一个合格的算法工程师，目前的进展超出预期。

广州日报：为什么决定将零基础的同学培养成为一个合格的算法工程师？目前实验进展如何？在培养他的过程中，最难的部分是什么？

目前培训过程进行了半年，感觉大家还是比较乐在其中，进程超出预期。他已经能够实现一些基本的算法，调用算法基本没问题，优化算法也基本没问题，一些数学公式的推导也能实现，编程也有很大进步。刚开始时数学、编程的入门比较困难，但突破以后还是比较顺利的。

广州日报：你觉得人人都能成为算法工程师吗？普通人想成为算法工程师需要什么技能和思维方式？

严津：我觉得人人都能成为算法工程师。从去年到现在，（训练）同学的流程没有想象中那么难，你只要按照一个正确的路径，少走很多弯路，还是可以成为算法工程师。现在有很多让不太懂算法的人也能用的算法工具，它的门槛并不高，比如微软前段时间发布了相关的工具。

成为算法工程师需要逻辑思维，技能方面需要具备编程基础和一些数学基础，其实并没有想象中那么难。

广州日报：成为算法工程师，主要需要具备哪些技能？

严津：

（1）完成机器学习基础的学习。机器学习方面的知识是算法工程师区别于普通程序员的核心，这部分要重点掌握。

（2）刷题。要刷完《剑指offer》这本书，大概50题，最后可以手写代码，并进行一些基本的逻辑训练。

（3）完成基础语言的学习。

（4）计算机基础训练。

广州日报：在日常生活中，你会运用算法做些什么事，让你的生活变得更有趣？

严津：会做很多，比如可以用算法去预测股票和房价，这都可以试着去做，还可以做一些像智能家居的控制。另外我们会参加一些算法的比赛，在比赛过程中也是非常有意思的。

广州日报：你对现在的工作内容和报酬满意吗？未来算法工程师的前景如何？

严津：这个工资其实是比较正常的，基本是算法工程师的平均水平。算法工程师的前景是非常好的，我觉得算法能应用到各方面解决核心问题，你看每年校招的（算法工程师）工资是越来越高，从这也能知道它前景火爆。

资料来源：李华，广州日报全媒体记者，IT业界，广州日报2018-1-23

## 10.1 模式识别

模式识别（Pattern Recognition）原本是人类的一项基本智能，是指对表征事物或现象的不同形式（数值的、文字的和逻辑关系的）的信息做分析和处理，从而得到一个对事物或现象做出描述、辨认和分类等的过程。随着计算机技术的发展和人工智能的兴起，人类本身的模式识别已经满足不了社会发展的需要，于是人们就希望用计算机来代替或扩展人类的部分脑力劳动。这样计算机的模式识别就产生了，例如，计算机图像识别技术就是模拟人类的图像识别过程（见图10-2）。

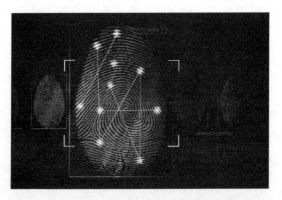

图10-2 计算机模拟人类的图像识别过程

模式识别是信息科学和人工智能的重要组成部分。模式识别又常称作模式分类，从处理问题的性质和解决问题的方法等角度，模式识别分为有监督的分类和无监督的分类两种。模式还可分成抽象的和具体的两种形式。前者如意识、思想、议论等，属于概念识别研究的范畴，是人工智能的另一研究分支。我们所指的模式识别主要是对语音波形、地震波、心电图、脑电图、图片、照片、文字、符号、生物传感器等对象的具体模式进行辨识和分类。在图像识别的过程中进行模式识别是必不可少的，要实现计算机视觉必须有图像处理的帮助，而图像处理依赖于模式识别的有效运用。

模式识别是一门与数学紧密结合的科学，其中所用的思想方法大部分是概率与统计。模式识别主要分为三种：统计模式识别、句法模式识别和模糊模式识别。

模式识别研究主要集中在两方面，一是研究生物体（包括人）是如何感知对象的，属于认识科学的范畴，二是在给定的任务下，如何用计算机实现模式识别的理论和方法。应用计算机对一组事件或过程进行辨识和分类，所识别的事件或过程可以是文字、声音、图像等具体对象，也可以是状态、程度等抽象对象。这些对象与数字形式的信息相区别，称为模式信息。模式识别与统计学、心理学、语言学、计算机科学、生物学、控制论等都有关系。它与人工智能、图像处理的研究有交叉关系（见图10-3）。

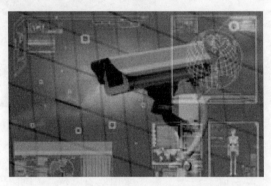

图 10-3　模式识别应用于视频监控系统

## 10.2　图像识别

随着时代的进步，越来越多的东西逐渐依赖于越来越难以捉摸的人工智能，不过渐渐的，人们发现后者的一些缺陷也越来越重要。例如，人类拥有记忆，拥有"高明"的识别系统，比如告诉你面前的一只动物是"猫"，以后你再看到猫，一样可以认出来。可是，虽然人工智能已经具备了一定的意识，但或许还是小学生而已（见图10-4）。如果说人工智能要通过那么多张图片才能认识什么是猫，那么需要多少张图片去认识这个世界呢？

图 10-4　人工智能的意识

人类是通过眼睛接收到光源反射,"看"到了自己眼前的事物,但是可能很多内容元素人们并不在乎;就像你好几天甚至更久前刚刚擦肩而过的一个人,如果你今天再次看到,你不一定会记得他,但是人工智能会记住所有它见过的任何人、任何事物。

比如图 10-5,人类会觉得这是很简单的黄黑间条。不过如果你问问最先进的人工智能,它给出的答案也许会是校车,而且 99% 地肯定。对于图 10-6,人工智能虽不能看出这是一条戴着墨西哥帽的吉娃娃狗(有的人也未必能认出),但是起码能识别出这是一条戴着宽边帽的狗。

| 图 10-5　黄黑间条 | 图 10-6　识别戴着墨西哥帽的吉娃娃狗 |

怀俄明大学进化人工智能实验室的一项研究却表明,人工智能未必总是那么灵光,也会把这些随机生成的简单图像当成了鹦鹉、乒乓球拍或者蝴蝶。当研究人员把这个研究结果提交给神经信息处理系统大会进行讨论时,专家形成了泾渭分明的两派意见。一组人领域经验更丰富,他们认为这个结果是完全可以理解的;另一组人则对研究结果的态度是困惑,至少在一开始对强大的人工智能算法却把结果完全弄错感到惊讶。

图像识别(Image Identification),是指利用计算机对图像进行处理、分析和理解,以识别各种不同模式的目标和对象的技术,是应用深度学习算法的一种实践应用。图像识别技术一般分为人脸识别与商品识别,人脸识别主要运用在安全检查、身份核验与移动支付中;商品识别主要运用在商品流通过程中,特别是无人货架、智能零售柜等无人零售领域。另外,在地理学中,图像识别也指将遥感图像进行分类的技术。

## 10.2.1　人类的图像识别能力

图形刺激作用于感觉器官,人们辨认出它是以前见过的某一图形的过程,也叫图像再认。在图像识别中,既要有当时进入感官的信息,也要有记忆中存储的信息。只有通过存储的信息与当前的信息进行比较的加工过程,才能实现对图像的再认。

人的图像识别能力是很强的。图像距离的改变或图像在感觉器官上作用位置的改变,都会造成图像在视网膜上的大小和形状的改变。即使在这种情况下,人们仍然可以认出他们过去知觉过的图像。甚至图像识别可以不受感觉通道的限制。例如,人可以用眼看字,当别人在他背上写字时,他也可认出这个字来。

## 10.2.2　图像识别基础

图像识别可能是以图像的主要特征为基础的。每个图像都有它的特征,如字母 A 有个尖，P 有个圈、而 Y 的中心有个锐角等。对图像识别时眼睛动的研究表明，视线总是集中在图像的主要特征上，也就是集中在图像轮廓曲度最大或轮廓方向突然改变的地方，这些地方的信息量最大。而且眼睛的扫描路线也总是依次从一个特征转到另一个特征上。由此可见，在图像识别过程中，知觉机制必须排除输入的多余信息，抽出关键的信息。同时，在大脑里必定有一个负责整合信息的机制，它能把分阶段获得的信息整理成一个完整的知觉映像。

人类对复杂图像的识别往往要通过不同层次的信息加工才能实现。对于熟悉的图形，由于掌握了它的主要特征，就会把它当作一个单元来识别，而不再注意它的细节。这种由孤立单元材料组成的整体单位叫作组块，每一个组块是同时被感知的。在文字材料的识别中，人们不仅可以把一个汉字的笔画或偏旁等单元组成一个组块，而且能把经常在一起出现的字或词组成组块单位来加以识别。

在计算机视觉识别系统中，图像内容通常用图像特征进行描述（见图 10-7）。事实上，基于计算机视觉的图像检索也可以分为类似文本搜索引擎的三个步骤：提取特征、建立索引以及查询。

图 10-7　用图像特征进行描述

### 10.2.3　计算机图形识别模型

图像识别是人工智能的一个重要领域。为了编制模拟人类图像识别活动的计算机程序，人们提出了不同的图像识别模型。

例如模板匹配模型。这种模型认为，识别某个图像，必须在过去的经验中有这个图像的记忆模式，又叫模板。当前的刺激如果能与大脑中的模板相匹配，这个图像也就被识别了。例如有一个字母 A，如果在大脑中有个 A 模板，字母 A 的大小、方位、形状都与这个 A 模板完全一致，字母 A 就被识别了。这个模型简单明了，也容易得到实际应用。但这种模型强调图像必须与脑中的模板完全符合才能加以识别，而事实上人不仅能识别与脑中的模板完全一致的图像，也能识别与模板不完全一致的图像。例如，人们不仅能识别某一个具体的字母 A，也能识别印刷体的、手写体的、方向不正、大小不同的各种字母 A。同时，人能识别的图像是大量的，如果要求所识别的每一个图像在脑中都有一个相应的模板，也是不可能的。

为了解决模板匹配模型存在的问题，心理学家又提出了一个原型匹配模型。这种模型认为，在长时记忆中存储的并不是所要识别的无数个模板，而是图像的某些"相似性"。从图像中抽象出来的"相似性"就可作为原型，拿它来检验所要识别的图像。如果能找到一个相似的原型，这个图像也就被识别了。这种模型从神经上和记忆探寻的过程上来看，都比模板匹配模型更适宜，而且还能说明对一些不规则的，但某些方面与原型相似的图像的识别。但是，这种模型没有说明人是怎样对相似的刺激进行辨别和加工的，它也难以在计算机程序中得到实现。因此又有人提出了一个更复杂的模型，即"泛魔"识别模型。一般工业使用中，采用工业相机拍摄图片，然后利用软件根据图片灰阶差做处理后识别出有用信息。

### 10.2.4 图像识别的发展

图像识别的发展经历了三个阶段：文字识别、数字图像处理与识别、物体识别。

**文字识别**：研究开始于 1950 年。一般是识别字母、数字和符号，从印刷文字识别到手写文字识别，应用非常广泛。

**数字图像处理和识别**：研究开始于 1965 年。数字图像与模拟图像相比具有存储/传输方便可压缩、传输过程中不易失真、处理方便等巨大优势，这些都为图像识别技术的发展提供了强大的动力。

**物体识别**：主要是指对三维世界的客体及环境的感知和认识，属于高级的计算机视觉范畴。它是以数字图像处理与识别为基础的结合人工智能、系统学等学科的研究方向，其研究成果被广泛应用在各种工业及探测机器人上。

现代图像识别技术的一个不足就是自适应性能差，一旦目标图像被较强的噪声污染或是目标图像有较大残缺，往往就得不出理想的结果。

在图像识别的发展中，主要有三种识别方法：统计模式识别、结构模式识别、模糊模式识别。图像分割是图像处理中的一项关键技术，自 20 世纪 70 年代以来，其研究一直都受到人们的高度重视，借助于各种理论提出了数以千计的分割算法。

图像分割的方法有许多种，如阈值分割方法、边缘检测方法、区域提取方法、结合特定理论工具的分割方法等。从图像的类型来分，有灰度图像分割、彩色图像分割和纹理图像分割等。早在 1965 年就有人提出了检测边缘算子，使得边缘检测产生了不少经典算法。但在近二十年间，随着基于直方图和小波变换的图像分割方法的研究计算技术、VLSI 技术的迅速发展，有关图像处理方面的研究取得了很大的进展。图像分割方法结合了一些特定理论、方法和工具，如基于数学形态学的图像分割、基于小波变换的分割、基于遗传算法的分割等。

## 10.3 机器视觉与图像处理

智能图像处理是指一类基于计算机的自适应于各种应用场合的图像处理和分析技术，本身是一个独立的理论和技术领域，但同时又是机器视觉中的一项十分重要的技术支撑。人工智能、机器视觉和智能图像处理技术之间的关系如图 10-8 所示。

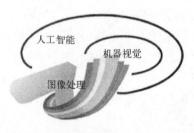

图 10-8　智能图像处理的支撑作用

## 10.3.1　机器视觉的发展

具有智能图像处理功能的机器视觉（Machine Vision），相当于人们在赋予机器智能的同时为机器安上了眼睛（见图10-9），使机器能够"看得见""看得准"，可替代甚至胜过人眼做测量和判断，使得机器视觉系统可以实现高分辨率和高速度的控制。而且，机器视觉系统与被检测对象无接触，安全可靠。

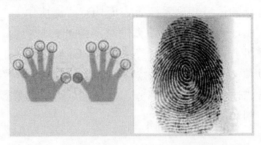

图 10-9　图像处理与模式识别应用于指纹识别

机器视觉是人工智能领域中发展迅速的一个重要分支，正处于不断突破、走向成熟的阶段。一般认为机器视觉"是通过光学装置和非接触传感器自动地接受和处理一个真实场景的图像，通过分析图像获得所需信息或用于控制机器运动的装置"，可以看出智能图像处理技术在机器视觉中占有举足轻重的位置。

机器视觉的起源可追溯到20世纪60年代美国学者 L. R. 罗伯兹对多面体积木世界的图像处理研究，20世纪70年代麻省理工学院（MIT）人工智能实验室"机器视觉"课程的开设。到20世纪80年代，全球性机器视觉研究热潮开始兴起，出现了一些基于机器视觉的应用系统。20世纪90年代以后，随着计算机和半导体技术的飞速发展，机器视觉的理论和应用得到进一步发展。

进入21世纪后，机器视觉技术的发展速度更快，已经大规模地应用于多个领域，如智能制造、智能交通、医疗卫生、安防监控等领域。

常见机器视觉系统主要分为两类，一类是基于计算机的，如工控机或 PC，另一类是更加紧凑的嵌入式设备。典型的基于工控机的机器视觉系统主要包括：光学系统、摄像机和工控机（包含图像采集、图像处理和分析、控制/通信）等单元（见图10-10）。机器视觉系统对核心的图像处理要求算法准确、快捷和稳定，同时还要求系统的实现成本低，升级换代方便。

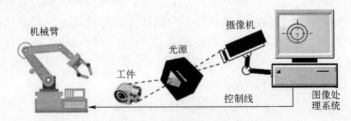

图 10-10　机器视觉系统

## 10.3.2 图像处理

图像处理（Image Processing）又称影像处理，是利用计算机技术与数学方法，对图像、视频信息的表示、编解码、图像分割、图像质量评价、目标检测与识别以及立体视觉等方面开展科学研究。主要研究内容包括：图像、视频的模式识别和安全监控、医学和材料图像处理、演化算法、人工智能、粗糙集和数据挖掘等。在人脸识别、指纹识别、文字检测和识别、语音识别以及多个领域的信息管理系统等方面均有广泛应用。

图像处理一般指数字图像处理，是用计算机对图像进行分析，以达到所需结果的技术。数字图像是指用数字摄像机、扫描仪等设备经过采样和数字化得到的一个大的二维数组，该数组的元素称为像素，其值为一整数，称为灰度值。图像处理技术的主要内容包括图像压缩，增强和复原，匹配、描述和识别 3 个部分。常见的处理有图像数字化、图像编码、图像增强、图像复原、图像分割和图像分析等。

## 10.3.3 计算机视觉

从图像处理和模式识别发展起来的计算机视觉（Computer Vision）是用计算机来模拟人的视觉机理获取和处理信息的能力，就是指用摄影机和计算机代替人眼对目标进行识别、跟踪和测量等，并进一步做图形处理，用计算机处理成为更适合人眼观察或传送给仪器检测的图像。计算机视觉研究相关的理论和技术，试图建立能够从图像或者多维数据中获取"信息"的人工智能系统。计算机视觉的挑战是要为计算机和机器人开发具有与人类水平相当的视觉能力。

计算机视觉研究对象之一是如何利用二维投影图像恢复三维景物世界。计算机视觉使用的理论方法主要是基于几何、概率和运动学计算与三维重构的视觉计算理论，它的基础包括射影几何学、刚体运动力学、概率论与随机过程、图像处理、人工智能等理论。计算机视觉要达到的基本目的有以下几个：

（1）根据一幅或多幅二维投影图像计算出观察点到目标物体的距离。

（2）根据一幅或多幅二维投影图像计算出目标物体的运动参数。

（3）根据一幅或多幅二维投影图像计算出目标物体的表面物理特性。

（4）根据多幅二维投影图像恢复出更大空间区域的投影图像。

计算机视觉要达到的最终目的是实现利用计算机对于三维景物世界的理解，即实现人的视觉系统的某些功能。

在计算机视觉领域里，医学图像分析、光学文字识别对模式识别的要求需要提到一定高度。又如模式识别中的预处理和特征抽取环节应用图像处理的技术；图像处理中的图像分析也应用模式识别的技术。在计算机视觉的大多数实际应用当中，计算机被预设为解决特定的任务，然而基于机器学习的方法正日渐普及，一旦机器学习的研究进一步发展，未来"泛用型"的计算机视觉应用或许可以成真。

人工智能所研究的一个主要问题是：如何让系统具备"计划"和"决策能力"？从而使之完成特定的技术动作（例如，移动一个机器人通过某种特定环境）。这一问题便与计算机视觉问题息息相关。在这里，计算机视觉系统作为一个感知器，为决策提供信息。另外一些研究方向包括模式识别和机器学习（这也隶属于人工智能领域，但与计算机视觉有着重要联系），因此，计算机视觉常被看作人工智能与计算机科学的一个分支。

为了达到计算机视觉的目的，有两种技术途径可以考虑。第一种是仿生学方法，即从分析人类视觉的过程入手，利用大自然提供给我们的最好参考系——人类视觉系统，建立起视觉过程的计算模型，然后用计算机系统实现之。第二种是工程方法，即脱离人类视觉系统框框的约束，利用一切可行和实用的技术手段实现视觉功能。此方法的一般做法是，将人类视觉系统作为一个黑盒子对待，实现时只关心对于某种输入，视觉系统将给出何种输出。这两种方法理论上都是可行的，但面临的困难是，人类视觉系统对应某种输入的输出到底是什么，这是无法直接测得的。而且由于人的智能活动是一个多功能系统综合作用的结果，即使是得到了一个输入输出对，也很难肯定它仅由当前的输入视觉刺激所产生的响应，而不是一个与历史状态综合作用的结果。

不难理解，计算机视觉的研究具有双重意义。其一，是为了满足人工智能应用的需要，即用计算机实现人工的视觉系统的需要。这些成果可以安装在计算机和各种机器上，使计算机和机器人能够具有"看"的能力。其二，视觉计算模型的研究结果反过来对于我们进一步认识和研究人类视觉系统本身的机理，甚至人脑的机理，也同样具有相当大的参考意义。

## 10.3.4 计算机视觉与机器视觉的区别

一般认为，计算机就是机器的一种，那么，计算机视觉与机器视觉有什么区别呢？

（1）定义不同。

计算机视觉：是一门研究如何使机器"看"的科学，更进一步说，就是指用摄影机和计算机代替人眼对目标进行识别、跟踪和测量等，并进一步做图形处理，使计算机处理成为更适合人眼观察或传送给仪器检测的图像。

机器视觉：是用机器代替人眼来做测量和判断。机器视觉系统是通过机器视觉产品（即图像摄取装置，分 CMOS 和 CCD 两种）将被摄取目标转换成图像信号，传送给专用的图像处理系统，得到被摄目标的形态信息，根据像素分布和亮度、颜色等信息，转变成数字化信号；图像系统对这些信号进行各种运算来抽取目标的特征，进而根据判别的结果来控制现场的设备动作。

（2）原理不同。

计算机视觉：是用各种成像系统代替视觉器官作为输入敏感手段，由计算机来代替大脑完成处理和解释。计算机视觉的最终研究目标就是使计算机能像人那样通过视觉观察和理解世界，具有自主适应环境的能力，要经过长期的努力才能达到目标。

因此，在实现最终目标以前，人们努力的中期目标是建立一种视觉系统，这个系统能依据视觉敏感和反馈的某种程度的智能完成一定的任务。例如，计算机视觉的一个重要应用领域就是自主车辆的视觉导航，还没有条件实现像人那样能识别和理解任何环境，完成自主导航的系统。

例如，人们努力的研究目标是实现在高速公路上具有道路跟踪能力，可避免与前方车辆碰撞的视觉辅助驾驶系统。这里要指出的一点是在计算机视觉系统中计算机起代替人脑的作用，但并不意味着计算机必须按人类视觉的方法完成视觉信息的处理。

计算机视觉可以而且应该根据计算机系统的特点来进行视觉信息的处理。但是，人类视觉系统是迄今为止，人们所知道的功能最强大和完善的视觉系统。如在以下的章节中会看到的那样,对人类视觉处理机制的研究将给计算机视觉的研究提供启发和指导。

机器视觉:其检测系统采用 CCD 照相机将被检测的目标转换成图像信号,传送给专用的图像处理系统,根据像素分布和亮度、颜色等信息,转变成数字化信号,图像处理系统对这些信号进行各种运算来抽取目标的特征,如面积、数量、位置、长度,再根据预设的允许度和其他条件输出结果,包括尺寸、角度、个数、合格/不合格、有/无等,实现自动识别功能。

### 10.3.5 神经网络的图像识别技术

神经网络图像识别技术是在传统的图像识别方法和基础上融合神经网络算法的一种图像识别方法。在神经网络图像识别技术中,遗传法与神经网络相融合的神经网络图像识别模型是非常经典的,在很多领域都有它的应用。在图像识别系统中利用神经网络系统,一般会先提取图像的特征,再利用图像所具有的特征映射到神经网络进行图像识别分类。

以汽车拍照自动识别技术为例,当汽车通过的时候,汽车自身具有的检测设备会有所感应。此时检测设备就会启用图像采集装置来获取汽车正反面的图像。获取了图像后必须将图像上传到计算机进行保存以便识别。最后车牌定位模块就会提取车牌信息,对车牌上的字符进行识别并显示最终的结果。在对车牌上的字符进行识别的过程中就用到了基于模板匹配算法和基于人工神经网络算法。

## 10.4 图像识别技术的应用

图像是人类获取和交换信息的主要来源,因此与图像相关的图像识别技术必定也是未来的研究重点。计算机的图像识别技术(见图 10-11)在公共安全、生物、工业、农业、交通、医疗等很多领域都有应用。例如交通方面的车牌识别系统,公共安全方面的人脸识别技术、指纹识别技术,农业方面的种子识别技术、食品品质检测技术,医学方面的心电图识别技术等。随着计算机技术的不断发展,图像识别技术也在不断地优化,其算法也在不断地改进。

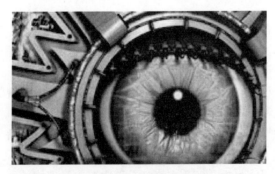

图 10-11　图像识别技术的应用

### 10.4.1 机器视觉的行业应用

在国外,机器视觉的应用主要体现在半导体及电子行业,其中大概 40%~50%都集中在半导体行业。具体如 PCB 印制电路：各类生产印制电路板组装技术、设备；单面、双面、多层线路板，覆铜板及所需的材料及辅料；辅助设施以及耗材、油墨、药水药剂、配件；电子封装技术与设备；丝网印刷设备及丝网周边材料等。机器视觉系统还在质量检测的各个方面已经得到了广泛的应用，并且其产品在应用中占据着举足轻重的地位。

随着经济水平的提高，3D 机器视觉也开始进入人们的视野。3D 机器视觉大多用于水果和蔬菜、木材、化妆品、烘焙食品、电子组件和医药产品的评级。它可以提高合格产品的生产能力，在生产过程的早期就报废劣质产品，从而减少了浪费、节约成本。这种功能非常适合用于高度、形状、数量甚至色彩等产品属性的成像。

在行业应用方面，主要有制药、包装、电子、汽车制造、半导体、纺织、烟草、交通、物流等行业，用机器视觉技术取代人工，可以提供生产效率和产品质量。例如在物流行业，可以使用机器视觉技术进行快递的分拣分类，不会主要依靠人工进行分拣，减少物品的损坏率，可以提高分拣效率，减少人工劳动。

### 10.4.2　检测与机器人视觉应用

机器视觉的应用主要有检测和机器人视觉两个方面。

（1）检测：又可分为高精度定量检测（例如显微照片的细胞分类、机械零部件的尺寸和位置测量）和不用量器的定性或半定量检测（例如产品的外观检查、装配线上的零部件识别定位、缺陷性检测与装配完全性检测）。

（2）机器人视觉：用于指引机器人在大范围内的操作和行动，如从料斗送出的杂乱工件堆中拣取工件并按一定的方位放在传输带或其他设备上（即料斗拣取问题）。至于小范围内的操作和行动，还需要借助于触觉传感技术。

此外还有自动光学检查、人脸识别、无人驾驶汽车、产品质量等级分类、印刷品质量自动化检测、文字识别、纹理识别、追踪定位等机器视觉图像识别的应用。

#### 1. 汽车车身检测系统

英国 ROVER 汽车公司 800 系列汽车车身轮廓尺寸精度的 100% 在线检测（见图 10-12），是机器视觉系统用于工业检测中的一个较为典型的例子，该系统由 62 个测量单元组成，每个测量单元包括一台激光器和一个 CCD 摄像机，用以检测车身外壳上 288 个测量点。汽车车身置于测量框架下，通过软件校准车身的精确位置。

图 10-12　汽车在线检测

测量单元的校准将会影响检测精度，因而受到特别重视。每个激光器/摄像机单元均在离线状态下经过校准。同时还有一个在离线状态下用三坐标测量机校准过的校准装置，可对摄像顶进行在线校准。

检测系统以每40秒检测一个车身的速度，检测三种类型的车身。系统将检测结果与从CAD模型中提取出来的合格尺寸相比较，测量精度为±0.1 mm。ROVER的质量检测人员用该系统来判别关键部分的尺寸一致性，如车身整体外形、门、玻璃窗口等。实践证明，该系统是成功的，并将用于ROVER公司其他系列汽车的车身检测。

**2. 质量检测系统**

纸币印刷质量检测系统利用图像处理技术，通过对纸币生产流水线上的纸币的20多项特征（号码、盲文、颜色、图案等）进行比较分析，检测纸币的质量，替代传统的人眼辨别的方法。

瓶装啤酒生产流水线检测系统可以检测啤酒是否达到标准的容量、啤酒标签是否完整。

**3. 智能交通管理系统**

通过在交通要道放置摄像头，当有违章车辆（如闯红灯）时，摄像头将车辆的牌照拍摄下来，传输给中央管理系统，系统利用图像处理技术，对拍摄的图片进行分析，提取出车牌号存储在数据库中，可以供管理人员进行检索。

**4. 图像分析**

金相图像分析系统能对金属或其他材料的基体组织、杂质含量、组织成分等进行精确、客观的分析，为产品质量提供可靠的依据。例如金属表面的裂纹测量：用微波作为信号源，根据微波发生器发出不同频率的方波，测量金属表面的裂纹，微波的频率越高，可测的裂纹越狭小。

医疗图像分析，包括血液细胞自动分类计数、染色体分析、癌症细胞识别等。

**5. 大型工件平行度、垂直度测量仪**

采用激光扫描与CCD探测系统的大型工件平行度、垂直度测量仪，它以稳定的准直激光束为测量基线，配以回转轴系，旋转五角标棱镜扫出互相平行或垂直的基准平面，将其与被测大型工件的各面进行比较。

**6. 轴承实时监控**

视觉技术实时监控轴承的负载和温度变化，消除过载和过热的危险。将传统上通过测量滚珠表面保证加工质量和安全操作的被动式测量变为主动式监控。

## 10.4.3 应用案例：布匹质量检测

在布匹生产过程中，像布匹质量检测这种有高度重复性和智能性的工作通常只能靠人工检测来完成，在现代化流水线后面常常可看到很多的检测工人来执行这道工序，给企业增加巨大的人工成本和管理成本的同时，却仍然不能保证100%的检验合格率（即"零缺陷"）。对布匹质量的检测是重复性劳动，容易出错且效率低。采用机器视觉的自动识别技术，在大批量的布匹检测中，可以大大提高生产效率和生产的自动化程度。

**1. 特征提取辨识**

一般布匹检测（自动识别）先利用高清晰度、高速摄像镜头拍摄标准图像，在此基础上设定一定标准；然后拍摄被检测的图像，再将两者进行对比。但是在布匹质量检测工程中要复杂一些：

（1）图像的内容不是单一的图像，每块被测区域存在的杂质的数量、大小、颜色、位置不一定一致。

（2）杂质的形状难以事先确定。

（3）由于布匹快速运动对光线产生反射，图像中可能会存在大量的噪声。

（4）在流水线上，对布匹进行检测，有实时性的要求。

由于上述原因，图像识别处理时应采取相应的算法，提取杂质的特征，进行模式识别，实现智能分析。

**2. 色质检测**

一般而言，从彩色 CCD 相机中获取的图像都是 RGB 图像。也就是说每一个像素都由红（R）绿（G）蓝（B）三个成分组成，以表示 RGB 色彩空间中的一个点。问题在于这些色差不同于人眼的感觉。即使很小的噪声也会改变颜色空间中的位置。所以无论人眼感觉有多么的近似，在颜色空间中也不尽相同。基于上述原因，需要将 RGB 像素转换成为另一种颜色空间 CIELAB。目的就是使我们人眼的感觉尽可能地与颜色空间中的色差相近。

**3. Blob 检测**

根据上面得到的处理图像，根据需求，在纯色背景下检测杂质色斑，并且要计算出色斑的面积，以确定是否在检测范围之内。因此图像处理软件要具有分离目标、检测目标，并且计算出其面积的功能。

Blob 分析是对图像中相同像素的连通域进行分析，该连通域称为 Blob。经二值化（Binary Thresholding）处理后的图像中色斑可认为是 Blob。Blob 分析工具可以从背景中分离出目标，并可计算出目标的数量、位置、形状、方向和大小，还可以提供相关斑点间的拓扑结构。在处理过程中不是采用单个的像素逐一分析，而是对图形的行进行操作。图像的每一行都用游程长度编码（RLE）来表示相邻的目标范围。这种算法与基于像素的算法相比，大大提高了处理速度。

**4. 结果处理和控制**

应用程序把返回的结果存入数据库或用户指定的位置，并根据结果控制机械部分做相应的运动。

根据识别的结果，存入数据库进行信息管理。以后可以随时对信息进行检索查询，管理者可以获知某段时间内流水线的忙闲，为下一步的工作做出安排；可以获知布匹的质量情况等。

## 10.5 智能图像处理技术

机器视觉的图像处理系统对现场的数字图像信号按照具体的应用要求进行运算和分析，根据获得的处理结果来控制现场设备的动作（见图 10-13）。

图 10-13    人工智能图像处理

## 10.5.1    图像采集

图像采集就是从工作现场获取场景图像的过程，是机器视觉的第一步，采集工具大多为 CCD 与 CMOS 照相机或摄像机。照相机采集的是单幅的图像，摄像机可以采集连续的现场图像。就一幅图像而言，它实际上是三维场景在二维图像平面上的投影，图像中某一点的彩色（亮度和色度）是场景中对应点彩色的反映。这就是可以用采集图像来替代真实场景的依据所在。

如果相机是模拟信号输出，需要将模拟图像信号数字化后送给计算机（包括嵌入式系统）处理。现在大部分相机都可直接输出数字图像信号，可以免除模数转换这一步骤。不仅如此，现在相机的数字输出接口也是标准化的，如 USB、VGA、1394、HDMI、WiFi、Blue Tooth 接口等，可以直接送入计算机进行处理，以免除在图像输出和计算机之间加接一块图像采集卡的麻烦。后续的图像处理工作往往是由计算机或嵌入式系统以软件的方式进行。

## 10.5.2    图像预处理

对于采集到的数字化的现场图像，由于受到设备和环境因素的影响，往往会受到不同程度的干扰，如噪声、几何形变、彩色失调等，都会妨碍接下来的处理环节。为此，必须对采集图像进行预处理。常见的预处理包括噪声消除、几何校正、直方图均衡等处理。

通常使用时域或频域滤波的方法来去除图像中的噪声；采用几何变换的办法来校正图像的几何失真；采用直方图均衡、同态滤波等方法来减轻图像的彩色偏离。总之，通过这一系列的图像预处理技术，对采集图像进行"加工"，为机器视觉应用提供"更好""更有用"的图像。

## 10.5.3    图像分割

图像分割就是按照应用要求，把图像分成各具特征的区域，从中提取出感兴趣的目标。在图像中常见的特征有灰度、彩色、纹理、边缘、角点等。例如，对汽车装配流水线图像进行分割，分成背景区域和工件区域，提供给后续处理单元对工件安装部分的处理。

图像分割多年来一直是图像处理中的难题，至今已有种类繁多的分割算法，但是效果往往并不理想。近来，人们利用基于神经网络的深度学习方法进行图像分割，其性能胜过传统算法。

## 10.5.4 目标识别和分类

在制造或安防等行业，机器视觉都离不开对输入图像的目标（又称特征）进行识别（见图 10-14）和分类处理，以便在此基础上完成后续的判断和操作。识别和分类技术有很多相同的地方，常常在目标识别完成后，目标的类别也就明确了。近来的图像识别技术正在跨越传统方法，形成以神经网络为主流的智能化图像识别方法，如卷积神经网络（CNN）、回归神经网络（RNN）等一类性能优越的方法。

图 10-14　目标（特征）识别

## 10.5.5 目标定位和测量

在智能制造中，最常见的工作就是对目标工件进行安装，但是在安装前往往需要先对目标进行定位，安装后还需对目标进行测量。安装和测量都需要保持较高的精度和速度，如毫米级精度（甚至更小），毫秒级速度。这种高精度、高速度的定位和测量，倚靠通常的机械或人工的方法是难以办到的。在机器视觉中，采用图像处理的办法，对安装现场图像进行处理，按照目标和图像之间的复杂映射关系进行处理，从而快速精准地完成定位和测量任务。

## 10.5.6 目标检测和跟踪

图像处理中的运动目标检测和跟踪，就是实时检测摄像机捕获的场景图像中是否有运动目标，并预测它下一步的运动方向和趋势，即跟踪。并及时将这些运动数据提交给后续的分析和控制处理，形成相应的控制动作。图像采集一般使用单个摄像机，如果需要也可以使用两个摄像机，模仿人的双目视觉而获得场景的立体信息，这样更加有利于目标检测和跟踪处理。

## 【作　业】

1. 模式识别原本是（　　）的一项基本智能。

A. 人类　　　　　B. 动物　　　　　C. 计算机　　　　　D. 人工智能

2. 人工智能领域通常所指的模式识别主要是对语音波形、地震波、心电图、脑电图、图片、照片、文字、符号、生物传感器等对象的具体模式进行（　　　）。

    A. 分类和计算　　B. 清洗和处理　　C. 辨识和分类　　　D. 存储和利用

3. 要实现计算机视觉必须有图像处理的帮助，而图像处理依赖于（　　）的有效运用。

    A. 输入和输出　　B. 模式识别　　　C. 专家系统　　　　D. 智能规划

4. 模式识别是一门与概率和统计紧密结合的科学，主要分为三种，但下列（　　　）模式识别不属于其中之一。

    A. 统计　　　　　B. 句法　　　　　C. 模糊　　　　　　D. 智能

5. 图像识别是指利用（　　）对图像进行处理、分析和理解，以识别各种不同模式的目标和对象的技术。

    A. 专家　　　　　B. 计算机　　　　C. 放大镜　　　　　D. 工程师

6. 图形刺激作用于感觉器官，人们辨认出它是经历过的某一图形的过程，称为（　　　）。

    A. 图像再认　　　B. 图像识别　　　C. 图像处理　　　　D. 图像保存

7. 图像识别是以图像的主要（　　）为基础的。

    A. 元素　　　　　B. 像素　　　　　C. 特征　　　　　　D. 部件

8. 基于计算机视觉的图像检索可以分为类似文本搜索引擎的三个步骤，但下列（　　　）不属于其中之一。

    A. 提取特征　　　B. 建立索引　　　C. 查询　　　　　　D. 清晰

9. 图像识别的发展经历了三个阶段，但下列（　　　）不属于其中之一。

    A. 文字识别　　　B. 像素识别　　　C. 物体识别　　　　D. 数字图像处理与识别

10. 现代图像识别技术的一个不足是（　　　）。

    A. 自适应性能差　　　　　　　　B. 图像像素不足

    C. 识别速度慢　　　　　　　　　D. 识别结果不稳定

11. 图像识别的主要方法有三种，但下列（　　　）识别不属于其中之一。

    A. 统计模式　　　B. 结构模式　　　C. 像素模式　　　　D. 模糊模式

12. （　　　）是图像处理中的一项关键技术，一直都受到人们的高度重视。

    A. 数据离散　　　B. 图像聚合　　　C. 图像解析　　　　D. 图像分割

13. 具有智能图像处理功能的（　　　），相当于人们在赋予机器智能的同时为机器安上了眼睛。

    A. 机器视觉　　　B. 图像识别　　　C. 图像处理　　　　D. 信息视频

14. 图像处理技术的主要内容包括三个部分，但下列（　　　）不属于其中之一。

    A. 图像压缩　　　B. 数据排序　　　C. 增强和复原　　　D. 匹配、描述和识别

15. 图像处理一般指数字图像处理。常见的处理有图像数字化、图像编码、图像增强、（　　　）等。

    A. 图像复原　　　B. 图像分割　　　C. 图像分析　　　　D. A、B 和 C

16. 机器视觉需要（　　　），以及物体建模。一个有能力的视觉系统应该把所有这些处理都紧密地集成在一起。

    A. B、C 和 D　　　　　　　　　B. 图像信号

    C. 纹理和颜色建模　　　　　　　D. 几何处理和推理

17. 计算机视觉要达到的基本目的是（　　　），以及根据多幅二维投影图像恢复出更大

空间区域的投影图像。

    A. 根据一幅或多幅二维投影图像计算出观察点到目标物体的距离

    B. 根据一幅或多幅二维投影图像计算出目标物体的运动参数

    C. 根据一幅或多幅二维投影图像计算出目标物体的表面物理特性

    D. A、B 和 C

  18. 神经网络图像识别技术是在（　　　　）的图像识别方法和基础上融合神经网络算法的一种图像识别方法。

    A. 现代        B. 传统        C. 智能        D. 先进

  19. 图像采集就是从（　　　）获取场景图像的过程，是机器视觉的第一步。

    A. 终端设备    B. 数据存储    C. 工作现场    D. 离线终端

  20. 图像分割就是按照应用要求，把图像分成不同（　　　）的区域，从中提取出感兴趣的目标。

    A. 特征        B. 大小        C. 色彩        D. 像素

# 第11章　自然语言处理

## 【导读案例】机器翻译：大数据的简单算法与小数据的复杂算法

20世纪40年代，计算机由真空管制成，要占据整个房间这么大的空间，而机器翻译也只是计算机开发人员的一个想法。在冷战时期，美国掌握了大量关于苏联的各种资料，但缺少翻译这些资料的人手。所以，计算机翻译也成了急待解决的问题。

最初，计算机研发人员打算将语法规则和双语词典结合在一起。1954年，IBM以计算机中的250个词语和6条语法规则为基础，将60个俄语词组翻译成了英语，结果振奋人心，IBM 701（见图11-1）通过穿孔卡片读取了一句话，并将其译成了"我们通过语言来交流思想"。在庆祝这个成就的发布会上，一篇报道就有提到，这60句话翻译得很流畅。这个程序的指挥官利昂·多斯特尔特表示，他相信"在三五年后，机器翻译将会变得很成熟"。

图11-1　IBM 701计算机

事实证明，计算机翻译最初的成功误导了人们。1966年，一群机器翻译的研究人员意识到，翻译比他们想象的更困难，他们不得不承认自己的失败。机器翻译不能只是让计算机熟悉常用规则，还必须教会计算机处理特殊的语言情况。毕竟，翻译不仅仅只是记忆和复述，也涉及选词，而明确地教会计算机这些非常不现实。

在20世纪80年代后期，IBM的研发人员提出了一个新的想法。与单纯教给计算机语言规则和词汇相比，他们试图让计算机自己估算一个词或一个词组适合于用来翻译另一种语言中的一个词和词组的可能性，然后再决定某个词和词组在另一种语言中的对等词和词组。

20世纪90年代，IBM一个名为Candide的项目花费了大概十年的时间，将大约有300万句之多的加拿大议会资料译成了英语和法语并出版。由于是官方文件，翻译的标准就非常高。用那个时候的标准来看，数据量非常之庞大。统计机器学习从诞生之日起，就聪明地把翻译的挑战变成了一个数学问题，而这似乎很有效，计算机翻译能力在短时间内就提高了很多。然而，在这次飞跃之后，IBM 公司尽管投入了很多资金，但取得的成效不大。最终，IBM 公司停止了这个项目。

2006 年，谷歌公司也开始涉足机器翻译。这被当作实现"收集全世界的数据资源，并让人人都可享受这些资源"这个目标的一个步骤。谷歌翻译开始利用一个更大更繁杂的数据库，也就是全球的互联网，而不再只利用两种语言之间的文本翻译。

为了训练计算机，谷歌翻译系统会吸收它能找到的所有翻译。它会从各种各样语言的公司网站上寻找对译文档，还会去寻找联合国和欧盟这些国际组织发布的官方文件和报告的译本。它甚至会吸收速读项目中的书籍翻译。谷歌翻译部的负责人弗朗兹·奥齐是机器翻译界的权威，他指出，"谷歌的翻译系统不会像 Candide 一样只是仔细地翻译 300 万句话，它会掌握用不同语言翻译的质量参差不齐的数十亿页的文档。"不考虑翻译质量的话，上万亿的语料库就相当于 950 亿句英语。

尽管其输入源很混乱，但较其他翻译系统而言，谷歌的翻译质量相对而言还是最好的，而且可翻译的内容更多。到 2012 年年中，谷歌数据库涵盖了 60 多种语言，甚至能够接受 14 种语言的语音输入，并有很流利的对等翻译。之所以能做到这些，是因为它将语言视为能够判别可能性的数据，而不是语言本身。如果要将印度语译成加泰罗尼亚语，谷歌就会把英语作为中介语言。因为在翻译的时候它能适当增减词汇，所以谷歌的翻译比其他系统的翻译灵活很多（见图 11-2）。

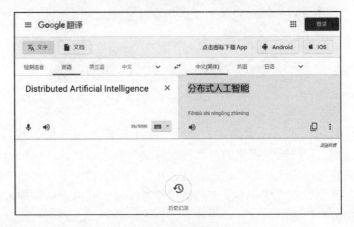

图 11-2　谷歌翻译

谷歌的翻译之所以更好并不是因为它拥有一个更好的算法机制。与微软的班科和布里尔一样，这是因为谷歌翻译增加了很多各种各样的数据。从谷歌的例子来看，它之所以能比 IBM 的 Candide 系统多利用成千上万的数据，是因为它接受了有错误的数据。2006 年，谷歌发布的上万亿的语料库，就是来自于互联网的一些废弃内容。这就是"训练集"，可以正确地推算出英语词汇搭配在一起的可能性。

谷歌公司人工智能专家彼得·诺维格在一篇题为《数据的非理性效果》的文章中写到，"大数据基础上的简单算法比小数据基础上的复杂算法更加有效。"即指出，混杂是关键。

"由于谷歌语料库的内容来自于未经过滤的网页内容，所以会包含一些不完整的句子、拼写错误、语法错误以及其他各种错误。况且，它也没有详细的人工纠错后的注解。但是，谷歌语料库的数据优势完全压倒了缺点。"

# 11.1 语言的问题和可能性

AI 中研究历史最长、研究最多、要求最高的领域之一是语音和语言处理。开发智能系统的任何尝试，最终似乎都必须解决一个问题，即使用何种形式的标准进行交流，比起使用图形系统或基于数据系统的交流，语言交流通常是首选。

语言是人类区别于其他动物的本质特性。在所有生物中，只有人类才具有语言能力，人类的多种智能都与语言有着密切的关系。人类的逻辑思维以语言为形式，人类的绝大部分知识也是以语言文字的形式记载和流传下来的。

口语是人类之间最常见、最古老的语言交流形式（见图 11-3），使我们能够进行同步对话——可以与一个或多个人进行交互式交流，让我们变得更具表现力，最重要的是，也可以让我们彼此倾听。虽然语言有其精确性，却很少有人会非常精确地使用语言。两方或多方说的不是同一种语言，对语言有不同的解释，词语没有被正确理解，声音可能会模糊、听不清或很含糊，又或者受到地方方言的影响，此时口语就会导致误解。

图 11-3　AI 语言处理

文本语言可以提供记录（无论是书、文档、电子邮件还是其他形式），这是明显的优势，但是文本语言缺乏口语所能提供的自发性、流动性和交互性。

试思考下列一些通信方式，思考这些方式在正常使用的情况下如何导致沟通不畅：

电话——声音可能听不清楚，一个人的话可能被误解，双方对语言理解构成了其独特的问题集，存在错误解释、错误理解、错误回顾等许多可能性。

手写信——可能难以辨认，容易发生各种书写错误；邮局可能会丢失信件；发信人和日期可以省略。

打字信——速度不够快，信件的来源及其背后的真实含义可能被误解，可能不够正式。

电子邮件——需要上网，容易造成上下文理解错误和误解了其意图。

微信消息——精确、快速，可能是同步的，但是仍然不像说话那样流畅。记录可以保存。

短信——需要手机，长度有限，可能难以编写（例如键盘小，在驾驶或在上课期间不能发短信等）。

语言既是精确也是模糊的。在法律或科学事务中，语言可以得到精确使用；又或者它可以有意地以"艺术"的方式（例如诗歌或小说）使用。作为交流的一种形式，书面语或口语可能是含糊不清的。

**示例11-1** "音乐会结束后，我要在酒吧见到你。"

尽管很多缺失的细节使得这个约会可能不会成功，但是这句话的意图是明确的。如果音乐厅里有多个酒吧怎么办？音乐会可能在酒吧里，我们在音乐会后相见吗？相见的确切时间是什么？你愿意等待多久？语句"音乐会结束后"表明了意图，但是不明确。经过一段时间后，双方将会做什么呢？他们还没有遇到对方吗？

**示例11-2** "在第三盏灯那里右转。"

这句话的意图是明确的，但是省略了很多细节。灯有多远？它们可能会相隔几个街区或者相距几公里。当方向给出后，提供更精确的信息（如距离、地标等）将有助于驾驶指导。

可以看到，语言中有许多可能的含糊之处。因此，可以想象语言理解可能会给机器带来的问题。

## 11.2 什么是自然语言处理

自然语言处理（Natural Language Processing，NLP，见图11-4）是计算机科学与人工智能领域的一个重要的研究与应用方向，是一门融语言学、计算机科学、数学于一体的科学，它研究能实现人与计算机之间用自然语言进行有效通信的各种理论和方法。因此，这一领域的研究涉及自然语言，与语言学的研究有密切联系又有重要区别。自然语言处理研制能有效地实现自然语言通信的计算机系统，特别是其中的软件系统。

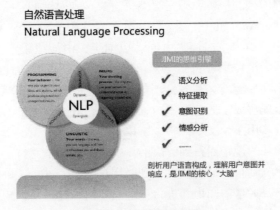

图11-4 自然语言处理

使用自然语言与计算机进行通信，这是人们长期以来所追求的。因为它既有明显的实际意义，同时也有重要的理论意义：人们可以用自己最习惯的语言来使用计算机，而无需再花大量的时间和精力去学习不很自然和不习惯的各种计算机语言；人们也可通过它进一步了解人类的语言能力和智能的机制。

实现人机间自然语言通信意味着要使计算机既能理解自然语言文本的意义，也能以自然语言文本来表达给定的意图、思想等。前者称为自然语言理解，后者称为自然语言生成，因此，自然语言处理大体包括了这两个部分。历史上对自然语言理解研究得较多，而对自然语

言生成研究得较少。但这种状况已有所改变。

　　自然语言处理（见图11-5），无论是实现人机间自然语言通信，或实现自然语言理解和自然语言生成，都是十分困难的。从现有的理论和技术现状看，通用的、高质量的自然语言处理系统，仍然是较长期的努力目标，但是针对一定应用，具有相当自然语言处理能力的实用系统已经出现，有些已商品化，甚至开始产业化。典型的例子有：多语种数据库和专家系统的自然语言接口、各种机器翻译系统、全文信息检索系统、自动文摘系统等。

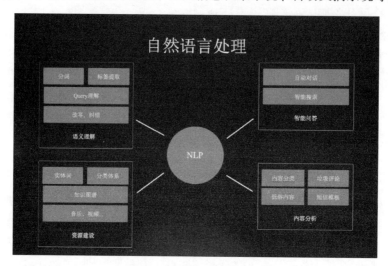

图11-5　自然语言处理

　　造成自然语言处理困难的根本原因是自然语言文本和对话的各个层次上广泛存在的各种各样的歧义性或多义性（Ambiguity）。一个中文文本从形式上看是由汉字（包括标点符号等）组成的一个字符串。由字组成词，由词组成词组，由词组组成句子，进而由一些句子组成段、节、章、篇。无论在字（符）、词、词组、句子、段的各种层次，还是在下一层次向上一层次转变中，都存在着歧义和多义现象，即形式上一样的一段字符串，在不同的场景或不同的语境下，可以理解成不同的词串、词组串等，并有不同的意义。反过来，一个相同或相近的意义同样也可以用多个文本或多个字串来表示。一般情况下，它们中的大多数都可以根据相应的语境和场景的规定而得到解决的。也就是说，从总体上说，并不存在歧义。这也就是我们平时并不察觉到自然语言歧义，和能用自然语言进行正确交流的原因。

　　为了消解歧义，需要大量的知识和进行推理。如何将这些知识较完整地加以收集和整理出来；又如何找到合适的形式，将它们存入计算机系统中去；以及如何有效地利用它们来消除歧义，都是工作量极大且十分困难的工作。

　　自然语言的形式（字符串）与其意义之间是一种多对多的关系，其实这也正是自然语言的魅力所在。但从计算机处理的角度看，我们必须消除歧义，要把带有潜在歧义的自然语言输入转换成某种无歧义的计算机内部表示。

　　以基于语言学的方法、基于知识的方法为主流的自然语言处理研究所存在的问题主要有两个方面：一方面，迄今为止的语法都限于分析一个孤立的句子，上下文关系和谈话环境对本句的约束和影响还缺乏系统的研究，因此分析歧义、词语省略、代词所指、同一句话在不同场合或由不同的人说出来所具有的不同含义等问题，尚无明确规律可循，需要加强语言学的研究才能逐步解决。另一方面，人理解一个句子不是单凭语法，还运用了大量的有关知识，包括生活知识和专门知识，这些知识无法全部储存在计算机里。因此一个书面理解系统只能建立在有限的词汇、句型和特定的主题范围内；计算机的储存量和运转速度大大提高之后，才有可能适当扩大范围。

## 11.3 自然语言处理的历史

最早的自然语言理解方面的研究工作是机器翻译。1949 年，美国人威弗首先提出了机器翻译设计方案，此后，自然语言处理历史大致分为 6 个时期（见表 11-1）。

表 11-1　NLP 的 6 个时期

| 编　号 | 名　　　称 | 年　　份 |
|---|---|---|
| 1 | 基础期 | 20 世纪 40 年代和 50 年代 |
| 2 | 符号与随机方法 | 1957～1970 年 |
| 3 | 4 种范式 | 1970～1983 年 |
| 4 | 经验主义和有限状态模型 | 1983～1993 年 |
| 5 | 大融合 | 1994～1999 年 |
| 6 | 机器学习的兴起 | 2000～2008 年 |

### 11.3.1 基础期

自然语言处理的历史可追溯到以图灵的计算算法模型为基础的计算机科学发展之初。在奠定了初步基础后，该领域出现了许多子领域，每个子领域都为计算机进一步的研究提供了沃土。

图灵的工作导致了其他计算模型的产生，如 McCulloch-Pitts 神经元，它是对人类神经元进行建模，具有多个输入，并且只有组合输入超过阈值时才产生输出。

之后是史蒂芬·科尔·克莱尼在有限自动机和正则表达式方面的工作，它们在计算语言学和理论计算机科学中发挥了重要作用。

香农（Shannon）在有限自动机中引入了概率，使得这些模型在语言模糊表示方面变得更加强大。这些具有概率的有限自动机基于数学中的马尔可夫模型，在自然语言处理的下一个重大发展中起着至关重要的作用。

采纳了 Shannon 的观点，诺姆·乔姆斯基（Chomsky）对形式语法的工作产生主要影响，建立了计算语言学。Chomsky 使用有限自动机描述形式语法，他按照生成语言的语法定义了语言。基于形式语言理论，语言可以被视为一组字符串，并且每个字符串可以被视为由有限自动机产生的符号序列。

在构建这个领域的过程中，Shannon 与 Chomsky 对自然语言处理的早期工作产生了另一个重大的影响。特别是 Shannon 的噪声通道模型，对语言处理中概率算法的发展至关重要。在噪声通道模型中，假设输入由于噪声变得模糊不清，则必须从噪声输入中恢复原始词。在概念上，Shannon 对待输入就好像输入已经通过了一个嘈杂的通信通道。基于该模型，Shannon 使用概率方法找出输入和可能词之间的最佳匹配。

## 11.3.2  符号与随机方法

从早期思想中，自然语言处理显然可以从两个不同的角度考虑，即符号和随机。Chomsky 的形式语言理论体现了符号的方法。基于这种观点，语言包含了一系列的符号，这些符号序列必须遵循其生成语法的句法规则。这种观点将语言结构简化为一组明确规定的规则，允许将每个句子和单词分解成结构组分。

人们发展了解析算法，将输入分解成更小的意义单元和结构单元，带来了几种不同的策略，如自上而下的解析和自下而上的解析。泽里格·哈里斯发展了转换和话语分析项目，后来的解析算法工作使用动态规划的概念，将中间结果存储在表中，构建最佳可能的解析。

因此，符号方法强调了语言结构以及对输入的解析，使输入的语句转换成结构单元。另一个主要方法是随机方法，这种方法更关注使用概率来表示语言中的模糊性。来自数学领域的贝叶斯方法用于表示条件概率。这种方法的早期应用包括光学字符识别以及布莱索和布朗尼建立的早期文本识别系统。给定一个字典，通过将字母序列中所包含的每个字母的似然值进行相乘，可以计算得到字母序列的似然值。

## 11.3.3  四种范式

这一时期由四种范式主导：

（1）随机方法。在语音识别和解码方面，随机方法被应用到了噪声通道模型的早期工作，马尔可夫模型被修改成为隐马尔可夫模型（HMM），进一步表示模糊性和不确定性。在语音识别的发展中，AT&T 的贝尔实验室、IBM 的托马斯 . J. 沃森研究中心和普林斯顿大学的国防分析研究所都发挥了关键作用。这一时期，随机方法开始占据主导地位。

（2）符号方法做出了重要贡献，自然语言处理是继经典符号方法后的另一个发展方向。这个研究领域可以追溯到甚至是 1956 年的"人工智能"达特茅斯大会。

在所建立的系统中，AI 研究人员开始强调所使用的基本推理和逻辑，例如纽厄尔和西蒙的逻辑理论家系统和一般求解器系统。为了使这些系统"合理化"它们的方式，给出解决方案，系统必须通过语言来"理解"问题。因此，在这些 AI 系统中，自然语言处理成为一个应用，这样就可以允许这些系统通过识别输入问题中的文本模式回答问题。

（3）基于逻辑的系统。使用形式逻辑来表示语言处理中所涉及的计算。主要的贡献包括 Colmerauer 及其同事在变形语法方面的工作，佩雷拉和沃伦在确定子句语法方面的工作，Kay 在功能语法方面的工作，以及布鲁斯南和卡普兰在词汇功能语法方面的工作。

20 世纪 70 年代，随着威诺格拉德的 SHRDLU 系统的诞生，自然语言处理迎来了它最具有生产力的时期。SHRDLU 系统是一个仿真系统，在该系统中，机器人将积木块移动到不同的位置。机器人响应来自用户的命令，将适合的积木块移动到彼此的顶部。例如，如果用户要求机器人将蓝色块移动到较大的红色块顶上，那么机器人将成功地理解并遵循该命令。这个系统将自然语言处理推至一个新的复杂程度，指向更高级的解析使用方式。解析不是简单地关注语法，而是在意义和话语的层面上使用，这样才能允许系统更成功地解释命令。

同样，耶鲁大学的 Roger Schank 及其同事在系统中建立了更多有关意义的概念知识。Schank 使用诸如脚本和框架这样的模型来组织系统可用的信息。例如，如果系统应该回答有关餐厅订单的问题，那么应该将与餐厅相关联的一般信息提供给系统。脚本可以捕获与已知场景相关联的典型细节信息，系统将使用这些关联回答关于这些场景的问题。其他系统，如 LUNAR（用于回答关于月亮岩石的问题），将自然语言理解与基于逻辑的方法相结合，使用谓词逻辑作为语义表达式。因此，这些系统结合了更多的语义知识，扩展了符号方法的能力，使其从语法规则扩展到语义理解。

（4）话语建模。在格罗兹的工作中，最有特色的是话语建模范式，她和同事引入并集中研究话语和话语焦点的子结构上，而西德纳引入了首语重复法。霍布斯等研究者也在这一领域做出了贡献。

## 11.3.4　经验主义和有限状态模型

20 世纪 80 年代和 90 年代初，随着早期想法的再次流行，有限状态模型等符号方法得以继续发展。Kaplan 和 Kay 在有限状态语音学和词法学方面的研究以及丘奇在有限状态语法模型方面的研究，带来了它们的复兴。

在这一时期，人们将第二个趋势称为"经验主义的回归"。这种方法受到 IBM 的托马斯·J. 沃森研究中心工作的高度影响，这个研究中心在语音和语言处理中采用概率模型。与数据驱动方法相结合的概率模型，将研究的重点转移到了对词性标注、解析、附加模糊度和语义学的研究。经验方法也带来了模型评估的新焦点，为评估开发了量化指标。其重点是与先前所发表的研究进行了性能方面的比较。

## 11.3.5　大融合

这一时期的变化表明，概率和数据驱动的方法在语音研究的各个方面（包括解析、词性标注、参考解析和话语处理的算法）成了神经语言程序学（NLP）研究的标准。它融合了概率，并采用从语音识别和信息检索中借鉴来的评估方法。这一切都似乎与计算机速度和内存的快速增长相契合，计算机速度和内存的增长让人们可以在商业中利用各种语音和语言处理子领域的发展，特别是包括带有拼写和语法校正的语音识别子领域。同样重要的是，Web 的兴起强调了基于语言的检索和基于语言的信息提取的可能性和需求。

## 11.3.6　机器学习的兴起

进入 21 世纪，语言数据联盟（LDC）之类的组织提供了大量可用的书面和口头材料标志着一个重要的发展。如 Penn Treebank 这样的集合注释了具有句法和语义信息的书面材料。在开发新的语言处理系统时，这种资源的价值立刻得以显现。通过比较系统化的解析和注释，新系统可以得到训练。监督机器学习成为解决诸如解析和语义分析等传统问题的主要部分。

随着计算机的速度和内存的不断增加，可用的高性能计算系统加速了这一发展。随着大量用户可以使用更多的计算能力，语音和语言处理技术可以应用于商业领域。特别是在各种环境中，具有拼写/语法校正工具的语音识别变得更加常用。由于信息检索和信息提取成了 Web 应用的关键部分，因此 Web 是这些应用的另一个主要推动力。

近年来，无人监督的统计方法开始重新得到关注。这些方法有效地应用到了对单独、未注释的数据进行机器翻译。开发可靠、已注释的语料库的成本成了监督学习方法使用的限制因素。

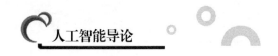

## 11.4 语法类型与语义分析

在自然语言处理中，可以在一些不同结构层次上对语言进行分析，如句法、词法和语义等，所涉及的一些关键术语简单介绍如下：

词法——对单词的形式和结构的研究，还研究词与词根以及词的衍生形式之间的关系。

句法——将单词放在一起形成短语和句子的方式，通常关注句子结构的形成。

语义学——语言中对意义进行研究的科学。

解析——将句子分解成语言组成部分，并对每个部分的形式、功能和语法关系进行解释。语法规则决定了解析方式。

词汇——与语言的词汇、单词或语素（原子）有关。词汇源自词典。

语用学——在语境中运用语言的研究。

省略——省略了在句法上所需的句子部分，但是，从上下文而言，句子在语义上是清晰的。

### 11.4.1 语法类型

学习语法是学习语言和教授计算机语言的一种好方法。费根鲍姆等人将语言的语法定义为"指定在语言中所允许语句的格式，指出将单词组合成形式完整的短语和子句的句法规则"。

麻省理工学院的语言学家诺姆·乔姆斯基在对语言语法进行数学式的系统研究中做了开创性的工作，为计算语言学领域奠定了基础。他将形式语言定义为一组由符号词汇组成的字符串，这些字符串符合语法规则。字符串集对应于所有可能句子的集合，其数量可能无限大。符号的词汇表对应于有限的字母或单词词典，他对4种语法规则的定义如下：

（1）定义作为变量或非终端符号的句法类别。

句法变量的例子包括<VERB>、<NOUN>、<ADJECTIVE>和<PREPOSITION>。

（2）词汇表中的自然语言单词被视为终端符号，并根据重写规则连接（串联在一起）形成句子。

（3）终端和非终端符号组成的特定字符串之间的关系，由重写规则或产生式规则指定。在这个讨论的上下文中：

<SENTENCE> → <NOUN PHRASE> <VERB PHRASE>

<NOUN PHRASE> → the <NOUN>

<NOUN> → student

<NOUN> → expert

<VERB> → reads

<SENTENCE> → <NOUN PHRASE> <VERB PHRASE>

<NOUN PHRASE> → <NOUN>

<NOUN> → student

<NOUN> → expert

<VERB> → reads

（4）起始符号 S 或<SENTENCE>与产生式不同，并根据在（3）中指定的产生式开始生成所有可能的句子。这个句子集合称为由语法生成的语言。以上定义的简单语法生成了下列的句子：

> The student reads.
>
> The expert reads.

重写规则通过替换句子中的词语生成这些句子，应用如下：

> <SENTENCE> →
>
> <NOUN PHRASE> <VERB PHRASE>
>
> The <NOUN PHRASE> <VERB PHRASE>
>
> The student <VERB PHRASE>
>
> The student reads.
>
> <SENTENCE> →
>
> <NOUN PHRASE> <VERB PHRASE>
>
> <NOUN PHRASE> <VERB PHRASE>
>
> The student <VERB PHRASE>
>
> The student reads.

可见，语法是如何作为"机器"来"创造"出重写规则允许的所有可能的句子的。

## 11.4.2　语义分析和扩展语法

Chomsky 非常了解形式语法的局限性，提出语言必须在两个层面上进行分析：表面结构，进行语法上的分析和解析；基础结构（深层结构），保留句子的语义信息。

关于复杂的计算机系统，通过与医学示例的类比，Michie 教授总结了表面理解和深层理解之间的区别："一位患者的臀部有一个脓肿，通过穿刺可以除去这个脓肿。但是，如果他患的是会迅速扩散的癌症（一个深层次的问题），那么任何次数的穿刺都不能解决这个问题。"

研究人员解决这个问题的方法是增加更多的知识，如关于句子的更深层结构的知识、关于句子目的的知识、关于词语的知识，甚至详尽地列举句子或短语的所有可能含义的知识。在过去几十年中，随着计算机速度和内存的成倍增长，这种完全枚举的可能性变得更如现实。

## 11.4.3　IBM 的机器翻译 Candide 系统

在早些时候，机器翻译（见图 11-6）主要是通过非统计学方法进行的。翻译的 3 种主要方法是：①直接翻译，即对源文本的逐字翻译。②使用结构知识和句法解析的转换法。③中间语言方法，即将源语句翻译成一般的意义表示，然后将这种表示翻译成目标语言。这些方法都不是非常成功。

随着 IBM Candide 系统的发展，20 世纪 90 年代初，机器翻译开始向统计方法过渡。这个项目对随后的机器翻译研究形成了巨大的影响，统计方法在接下来的几年中开始占据主导地位。在语音识别的上下文中已经开发了概率算法，IBM 将此概率算法应用于机器翻译研究。

概率统计方法是过去 20 多年中自然语言处理的准则，NLP 研究以统计作为主要方法，

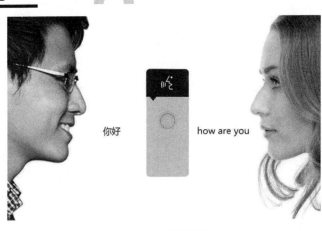

你好    how are you

图 11-6　机器翻译

解决在这个领域中长期存在的问题，被称之为"统计革命"。

## 11.5　处理数据与处理工具

现代 NLP 算法是基于机器学习，特别是统计机器学习的，它不同于早期的尝试语言处理，通常涉及大量的规则编码。

### 11.5.1　统计 NLP 语言数据集

统计方法需要大量数据才能训练概率模型。出于这个目的，在语言处理应用中，使用了大量的文本和口语集。这些集由大量句子组成，人类注释者对这些句子进行了语法和语义信息的标记。

自然语言处理中的一些典型的自然语言处理数据集包括：tc-corpus-train（语料库训练集）、面向文本分类研究的中英文新闻分类语料、万篇随机抽取论文中文 DBLP 资源、用于非监督中文分词算法的中文分词词库、UCI 评价排序数据、带有初始化说明的情感分析数据集等。

### 11.5.2　自然语言处理工具

许多不同类型的机器学习算法已应用于自然语言处理任务。这些算法的输入是一大组从输入数据生成的"特征"。一些最早使用的算法，如决策树，产生硬的 If-Then 规则类似于手写的规则，是很普通的系统体系。然而，越来越多的研究集中于统计模型，这使得基于附加实数值的权重，每个输入要素柔软、概率的决策。此类模型具有能够表达许多不同的可能的答案，而不是只有一个相对的确定性，产生更可靠的结果时，这种模型被包括作为较大系统的一个组成部分的优点。

（1）OpenNLP：是一个基于 Java 机器学习工具包，用于处理自然语言文本。支持大多数常用的 NLP 任务，例如，标识化、句子切分、部分词性标注、名称抽取、组块、解析等。

（2）FudanNLP：主要是为中文自然语言处理而开发的工具包，也包含为实现这些任务

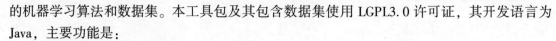

的机器学习算法和数据集。本工具包及其包含数据集使用 LGPL3.0 许可证，其开发语言为 Java，主要功能是：

- 文本分类：新闻聚类。
- 中文分词：词性标注、实体名识别、关键词抽取、依存句法分析、时间短语识别。
- 结构化学习：在线学习、层次分类、聚类、精确推理。

（3）语言技术平台（Language Technology Platform，LTP）：是哈工大社会计算与信息检索研究中心历时十年开发的一整套中文语言处理系统。LTP 制定了基于 XML 的语言处理结果表示，并在此基础上提供了一整套自底向上的丰富而且高效的中文语言处理模块（包括词法、句法、语义等 6 项中文处理核心技术），以及基于动态链接库（Dynamic Link Library，DLL）的应用程序接口，可视化工具，并且能够以网络服务（Web Service）的形式进行使用。

### 11.5.3 自然语言处理技术难点

自然语言处理的技术难点一般有：

（1）单词的边界界定。在口语中，词与词之间通常是连贯的，而界定字词边界通常使用的办法是取用能让给定的上下文最为通顺且在文法上无误的一种最佳组合。在书写上，汉语也没有词与词之间的边界。

（2）词义的消歧。许多字词不单只有一个意思，因而必须选出使句意最为通顺的解释。

（3）句法的模糊性。自然语言的文法通常是模棱两可的，针对一个句子通常可能会剖析（Parse）出多棵剖析树（Parse Tree），而我们必须要依赖语意及前后文的信息才能在其中选择一棵最为适合的剖析树。

（4）有瑕疵的或不规范的输入。例如语音处理时遇到外国口音或地方口音，或者在文本的处理中处理拼写，语法或者光学字符识别（OCR）的错误。

（5）语言行为与计划。句子常常并不只是字面上的意思；例如，"你能把盐递过来吗"，一个好的回答应当是把盐递过去；在大多数上下文环境中，"能"将是糟糕的回答，虽说回答"不"或者"太远了我拿不到"也是可以接受的。再者，如果一门课程上一年未开设，对于提问"这门课程去年有多少学生没通过？"，回答"去年没开这门课"要比回答"没人没通过"好。

## 11.6 语音处理

语音处理（Speech Signal Processing）是研究语音发声过程、语音信号的统计特性、语音的自动识别、机器合成以及语音感知等各种处理技术的总称。由于现代的语音处理技术都以数字计算为基础，并借助微处理器、信号处理器或通用计算机加以实现，因此也称数字语音信号处理。

语音信号处理是一门多学科的综合技术。它以生理、心理、语言以及声学等基本实验为基础，以信息论、控制论、系统论的理论作指导，通过应用信号处理、统计分析、模式识别等现代技术手段，发展成为新的学科。

### 11.6.1 语音处理的发展

语音信号处理的研究起源于对发音器官的模拟。1939年美国H.杜德莱展示了一个简单的发音过程模拟系统,以后发展为声道的数字模型。利用该模型可以对语音信号进行各种频谱及参数的分析,进行通信编码或数据压缩的研究,同时也可根据分析获得的频谱特征或参数变化规律,合成语音信号,实现机器的语音合成。利用语音分析技术,还可以实现对语音的自动识别,发音人的自动辨识,如果与人工智能技术结合,还可以实现各种语句的自动识别以及语言的自动理解,从而实现人机语音交互应答系统,真正赋予计算机以听觉的功能。

语音信息主要包含在语音信号的参数之中,因此准确而迅速地提取语言信号的参数是进行语音信号处理的关键。常用的语音信号参数有:共振峰幅度、频率与带宽、音调和噪声、噪声的判别等。后来又提出了线性预测系数、声道反射系数和倒谱参数等参数。这些参数仅仅反映了发音过程中的一些平均特性,而实际语言的发音变化相当迅速,需要用非平稳随机过程来描述,因此,20世纪80年代之后,研究语音信号非平稳参数分析方法迅速发展,人们提出了一整套快速的算法,还有利用优化规律实现以合成信号统计分析参数的新算法,取得了很好的效果。

当语音处理向实用化发展时,人们发现许多算法的抗环境干扰能力较差。因此,在噪声环境下保持语音信号处理能力成为一个重要课题。这促进了语音增强的研究。一些具有抗干扰性的算法相继出现。当前,语音信号处理日益同智能计算技术和智能机器人的研究紧密结合,成为智能信息技术中的一个重要分支。

语音信号处理在通信、国防等部门中有着广阔的应用领域(见图11-7)。为了改善通信中语言信号的质量而研究的各种频响修正和补偿技术,为了提高效率而研究的数据编码压缩技术,以及为了改善通信条件而研究的噪声抵消及干扰抑制技术,都与语音处理密切相关。在金融部门应用语音处理,开始利用说话人识别和语音识别实现根据用户语音自动存款、取款的业务。在仪器仪表和控制自动化生产中,利用语音合成读出测量数据和故障警告。随着语音处理技术的发展,可以预期它将在更多部门得到应用。

图11-7 语音识别技术

### 11.6.2 语音理解

人们通常更方便说话而不是打字,因此语音识别软件非常受欢迎。口述命令比用鼠标或触摸板点击按钮更快。要在 Windows 中打开如"记事本"这样的程序，需要单击开始、程序、附件，最后点击记事本，最轻松也需要点击四到五次。语音识别软件允许用户简单地说"打开记事本"，就可以打开程序，节省了时间，有时也改善了心情。

语音理解（Speech Understanding）是指利用知识表达和组织等人工智能技术进行语句自动识别和语义理解。同语音识别的主要不同点是对语法和语义知识的充分利用程度。

语音理解起源于美国，1971 年，美国远景研究计划局（ARPA）资助了一个庞大的研究项目，该项目要达到的目标叫作语音理解系统。由于人对语音有广泛的知识，可以对要说的话有一定的预见性，所以人对语音具有感知和分析能力。依靠人对语言和谈论的内容所具有的广泛知识，利用知识提高计算机理解语言的能力，就是语音理解研究的核心。

利用理解能力，可以使系统提高性能：①能排除噪声和嘈杂声；②能理解上下文的意思并能用它来纠正错误，澄清不确定的语义；③能够处理不合语法或不完整的语句。因此，研究语音理解的目的，可以说是与其研究系统仔细地去识别每一个单词，倒不如去研究系统能抓住说话的要旨更为有效。

一个语音理解系统除了包括原语音识别所要求的部分之外，还需加入知识处理部分。知识处理包括知识的自动收集、知识库的形成、知识的推理与检验等。当然还希望能有自动地作知识修正的能力。因此语音理解可以认为是信号处理与知识处理结合的产物。语音知识包括音位知识、音变知识、韵律知识、词法知识、句法知识、语义知识以及语用知识。这些知识涉及实验语音学、汉语语法、自然语言理解，以及知识搜索等许多交叉学科。

## 11.6.3 语音识别

语音识别（Speech Recognition）是指利用计算机自动对语音信号的音素、音节或词进行识别的技术总称。语音识别是实现语音自动控制的基础。

语音识别起源于 20 世纪 50 年代的"口授打字机"梦想，科学家在掌握了元音的共振峰变迁问题和辅音的声学特性之后，相信从语音到文字的过程是可以用机器实现的，即可以把普通的读音转换成书写的文字。语音识别的理论研究已经有 40 多年，但是转入实际应用却是在数字技术、集成电路技术发展之后，现在已经取得了许多实用的成果。

语音识别一般要经过以下几个步骤：

（1）语音预处理，包括对语音的幅度标称化、频响校正、分帧、加窗和始末端点检测等内容。

（2）语音声学参数分析，包括对语音共振峰频率、幅度等参数，以及对语音的线性预测参数、倒谱参数等的分析。

（3）参数标称化，主要是时间轴上的标称化，常用的方法有动态时间规整（DTW），或动态规划方法（DP）。

（4）模式匹配，可以采用距离准则或概率规则，也可以采用句法分类等。

（5）识别判决，通过最后的判别函数给出识别的结果。

语音识别可按不同的识别内容进行分类：音素识别、音节识别、词或词组识别；也可以按词汇量分类：小词量（50 个词以下）、中词量（50～500 个词）、大词量（500 个词以上）及超大词量（几十至几万个词）；按照发音特点分类：孤立音、连接音及连续音的识别。按照对发音人的要求分类：认人识别，即只对特定的发话人识别；不认人识别，即不分发话人是谁都能识别。显然，最困难的语音识别是大词量、连续音和不认人同时满足的语音识别。

# 11.7 自然语言处理的应用

如今，几乎每个人都拥有一台带有苹果或安卓操作系统的智能手机。这些设备具有语音识别功能，使用户能够说出自己的短信而无需输入字母。导航设备也增加了语音识别功能，用户无需打字，只需说出目的地址或"家"，就可以导航回家。如果有人由于拼写困难或存在视力问题，无法在小窗口中使用小键盘，那么语音识别功能是非常有帮助的（见图11-8）。

图 11-8　自然语言处理的应用

## 11.7.1　自然语音系统和语音识别系统

例如，有两个技术领先的商业语音识别系统：Nuance 的 Dragon Naturally Speaking Home Edition 软件，它通过为用户提供导航、解释和网站浏览的功能，理解听写命令并执行定制命令；Microsoft 的 Windows Speech Recognition 软件，它可以理解口头命令，也可以用作导航工具，它让用户能够选择链接和按钮，并从编号列表中进行选择。

**1. 用户配置文件的创建和语音培训**

由于系统要学习用户的声音，并根据用户的口音进行调整，因此建立用户配置文件的过程非常重要。这也使得系统只能重点专注用户的口音，过滤掉大部分背景噪声。Dragon 自然语音系统和微软 Windows 语音识别系统都允许用户使用计算机为不同的人创建多个配置文件。

**2. Dragon Naturally Speaking（DNS）用户配置文件**

DNS 配置文件创建过程要求输入姓名、年龄、区域、口音以及将要采用的语音设备类型。这个过程还会调整麦克风，并对麦克风声音进行质量检查，以获得更高的准确性。

训练提示用户阅读屏幕上的一段文字以测试声级、语音和口音，这样系统就能够通过采集用户读取的一段文字来识别用户的声音。

准确性训练通过用户的应用程序（如 Word 和 Outlook）来添加个性化词汇。这个过程对已发送的电子邮件、文档和联系人姓名中的未知单词进行扫描。

### 3. 微软的语音识别（MSR）用户配置文件

Microsoft 的 Windows 7 专业语音识别系统需要相同步骤建立用户配置文件，这个配置文件也是 Dragon 自然语音系统所要求的。它们主要包括设置麦克风和进行语音训练。这个界面不像 Dragon 自然语音系统界面那样方便，但是它给用户提供了访问和修改许多设置的机会。向导屏幕允许用户在给定设置中选择最合适的麦克风，以获得最佳效果，并可以调整麦克风的音量。完成个人配置文件所需的最后一步是语音识别声音训练，这允许系统适应用户说话的方式。

### 4. Dragon 自然语音系统交互式教学

Dragon 自然语音系统交互式教学过程可帮助用户了解基础知识，这样就可以口述命令，提高效率。本教程分为几个部分，分别介绍了口述命令、修正菜单、拼写窗口、编辑和学习更多的基础知识。

### 5. 微软语音识别培训

培训教程分为几个部分。这个过程提示用户在教程的每个部分后使用命令，并完成需要所有已学习命令的最终实验。教程要求用户删除一个单词或更正一个句子，这样用户更有可能记住更多的命令，并且更好地了解如何使用这些命令。

## 11.7.2 信息提取和问答系统

在 NLP 应用系统中，通常同时采用符号方法和统计方法。NLP 方法的最知名应用是信息提取（IE）和问答系统，现在这个系统通常用于搜索网络。

思考一个例子：在决定购买 AIG 的股票之前，你可能想要查找互联网上的文章，这些文章将支持你的 AIG 股票上涨的"信念"。为此，你将不得不找到包含"AIG""政府救助""股票"以及一些其他关键字的文本，这样就可以帮助你找到有关 AIG 未来可能怎样的相关信息。

这正是适用信息提取系统解决的任务。信息提取系统实际上是已解决的许多技术的组合，包括有限状态方法、概率模型和语法分块。

### 1. 问答系统

问答系统通过搜索文档集合找到用户查询的最佳答案。通常，文档集合可以与 Web 一样大，也可以是特定公司拥有的一组相关文档。因为文件数量可能很大，所以必须找到最相关的文件，并进行排列，将这些文件分解成最相关的段落，并搜索这些段落来找到正确的答案。

因此，问答系统必须完成三个任务：①处理用户的问题，将其转化为适合输入系统的查询；②检索与查询最相关的文件和段落；③处理这些段落，找到用户问题的最佳答案。

在第一步中，处理用户的问题，识别关键字并消除不必要的词。最初使用关键字进行查询，然后将查询扩展为包括关键字的任何同义词。例如，如果用户的问题包括关键字"汽车"，那么可以扩展查询，包括"轿车"和"汽车"。此外，关键字的形态变体也包括在查询中。如果用户的问题包括词语"驾驶"，则查询也将包括"驾驶中"和动词驾驶的其他形态变体。通过扩展用于查询的关键字列表，系统可以最大化找到相关文档的机会。

第二步是检索这些文件。这称为信息检索（IR）。信息检索可以用向量空间模型进行，在向量空间模型中，向量用于表示单词频率。我们使用一个小文档进行详细说明。假设文档中有 3 个单词，这个文档中的单词频率可以由向量 $(w_1, w_2, w_3)$ 表示，其中 $w_1$ 是第一个单词的频率，$w_2$ 是第二个单词的频率，以此类推。如果第一个单词出现了 8 次，第二个单词出现了 12 次，第三个单词出现了 7 次，那么这个文档的向量将为（8，12，7）。

当然，在现实世界的例子中，会有数千个单词，而不只是 3 个单词。在实际应用中，向量具有数千个维度，一个维度代表文档集合中的一个单词。为每个文档分配一个向量来表示文档中出现的单词。因为在特定文档中有许多单词不会出现，所以这个向量中的许多条目将为 0。类似地，给用户的查询分配向量，由于和整个文档集合相比，查询未包含许多单词，因此这个向量大部分条目都为 0。我们可以使用哈希和其他形式的表示来简化向量，所以这许多的 0 不必存储在向量中。

将向量分配给查询后，将该向量与集合中所有文档的向量进行比较。通过查看多维空间中的向量可以找到最接近的匹配项。为了计算两个向量之间的差别，使用它们之间的角度并且计算该角度的余弦值。

使用两个向量的归一化点积，可以计算两个向量之间角度的余弦值。较高的值表示查询向量和文档向量之间更匹配。当两个向量相同时，余弦等于 1；当两个向量完全不同时，余弦等于 0。因此使用查询向量和文档向量之间的角度找到余弦函数的最大值，可以识别与查询最相关的文档。

一旦检索到最相关的文件，可以将这些文件分为易处理大小的段落。丢弃不包含任何关键字或潜在答案的段落，其余段落根据它们包含答案的可能性进行排序。

在这个阶段，我们已经为问答过程的第三步，也是最后一步做好了准备：从排列的段落中提取答案。

**2. 信息提取**

我们搜索这些段落，提取答案，寻找在答案附近文本中一般的具体模式。通常在句子中，与问题短语相关的答案短语有一个很清晰的模式，可以得到识别。

例如，假设用户问了一个问题：什么是三段论？这个查询由关键字"三段论"组成，也许可以在可能的答案旁边，在一个特定的位置，以及一种特定的模式找到此关键字。常见的模式是：<AP>，如（such as）<QP>，其中 AP 表示答案短语，QP 表示问题短语。这个模式是一个正则表达式，可用于搜索段落中的可能答案。

搜索"三段论"这个词以及前面有"如（such as）"字样的句子，有理由相信"如（such as）"之前会有一个答案。例如，假设在一个段落中找到以下的单词序列："一种逻辑论证，如三段论"。这个序列包含了问题的关键词"三段论"，这个关键词的前面是答案短语"一种逻辑论证"。因此，这个模式捕获了答案和问题关键字之间的常见关系：通常，答案短语后面跟着"如（such as）"，其后再跟着问题关键字，这个答案短语定义了关键字。

我们可以使用其他许多模式。在另一个常见的模式中，答案短语与问题短语由同位格的逗号分开：<QP>，a <AP>。这个模式可以是单词序列，例如："三段论，一种演绎推理的形式"。在这个单词序列中，答案短语与"三段论"使用同位格的逗号分开。基于我们找到的答案短语，知道三段论是一种逻辑论证和演绎推理的形式。可以开始把这些短语组合成用户问题的答案。

# 【作 业】

1. 自然语言处理是 AI 研究中（　　）的领域之一。

A. 研究历史最长、研究最多、要求最高

B. 研究历史较短，但研究最多、要求最高

C. 研究历史最长、研究最多，但要求不高

C. 研究历史最短、研究较少、要求不高

2. 在运用上，语言既是精确也是模糊的。由此，可以想象（　　）可能会给机器带来的问题。

A. 语言表达　　　　B. 语言收集　　　　C. 语言理解　　　　D. 语言音色

3. 自然语言处理（NLP）的研究至少涉及（　　）等语言学。

A. 语言学　　　　B. 计算机科学　　　　C. 数学　　　　D. A、B 和 C

4. 人们长期以来所追求的是使用（　　）与计算机进行通信。

A. 程序语言　　　　B. 自然语言　　　　C. 机器语言　　　　D. 数学语言

5. 实现人机间自然语言通信，意味着要使计算机既能理解自然语言文本的意义，也能以自然语言文本来表达给定的意图、思想等。前者称为（　　），后者称为（　　）。因此，自然语言处理大体包括了这两个部分。

A. 自然语言理解，自然语言生成　　　　B. 自然语言生成，自然语言理解

C. 自然语言处理，自然语言加工　　　　D. 自然语言输出，自然语言识别

6. 造成自然语言处理困难的根本原因是自然语言文本和对话的各个层次上广泛存在的各种各样的（　　）。

A. 一致性或统一性　　　　　　B. 复杂性或重复性

C. 歧义性或多义性　　　　　　D. 一致性或多义性

7. 自然语言的形式（字符串）与其意义之间是一种多对多的关系，其实这也正是自然语言的（　　）所在。

A. 缺点　　　　B. 矛盾　　　　C. 困难　　　　D. 魅力

8. 最早的自然语言理解方面的研究工作是（　　）。

A. 语音识别　　　　B. 机器翻译　　　　C. 语音合成　　　　D. 语言分析

9. 在自然语言处理中，我们可以在一些不同（　　）上对语言进行分析。

A. 语言种类　　　　B. 语气语调　　　　C. 结构层次　　　　D. 规模大小

10. 早些时候，通过非统计学方法进行的机器翻译主要有 3 种方法，但下列（　　）不属于其中之一。

A. 自动翻译　　　　B. 直接翻译　　　　C. 转换法　　　　D. 中间语言方法

11. 不同于通常涉及大量的规则编码的早期尝试语言处理，现代 NLP 算法是基于（　　）。

A. 自动识别　　　　B. 机器学习　　　　C. 模式识别　　　　D. 算法辅助

12. 语音处理是研究语音发声过程、语音信号的统计特性、（　　）、机器合成以及语音感知等各种处理技术的总称。

A. 语音的自动模拟　　　　　　B. 语音的自动检测

   C. 语音的自动识别             D. 语音的自动降噪

13. 语音信号处理是一门多学科的综合技术。它以（　　　）以及声学等基本实验为基础。

   A. 生理                       B. 心理

   C. 语言                       D. A、B 和 C

14. 语音理解是指利用（　　　）等人工智能技术进行语句自动识别和语意理解。

   A. 声乐和心理                B. 合成和分析

   C. 知识表达和组织           D. 字典和算法

# 第12章　自动规划

## 【导读案例】算力与东数西算

随着"新基建"概念的火爆，"算力"概念也随之引起大家的关注。新基建包含三大领域：信息基础设施、融合基础设施、创新基础设施。以数据中心、智能计算中心为代表的算力基础设施，就包含在信息基础设施当中。

其实，"算力"这个概念在我们生活中的存在感不亚于空气。算力又称计算力，指的是数据的处理能力，它广泛存在于手机、PC、超级计算机等各种硬件设备中。没有算力，这些硬件就不能正常使用，而算力越高对我们生活的影响也越深刻。例如，因为使用了超级计算机，电影《阿凡达》的后期渲染只用了一年的时间，而如果用普通计算机的话可能需要一万年。

### 1. 关于算力

先来看一组数据，2017 年，我国数字经济总量达到 27.2 万亿元，占 GDP 比重达 32.9%，是仅次于美国的第二大数字经济体。而与之相对应的是大数据的爆发式增长，据 IDC 预测，到 2025 年，全球数据总量预计将达到 180ZB。这个数字有多大？1ZB 相当于 1.1 万亿 GB，如果把 180ZB 全部存在 DVD 光盘中，这些光盘叠起来大概可以绕地球 222 圈。

而与此同时，继续遵循摩尔定律高速发展的集成电路会直接影响到中央处理器（CPU）的性能，进而影响到计算机的计算能力。换句话说，算力始终处于一个稳步上升的状态，而且成本会越来越低。

在数据大爆炸和算力成本普降的双重因素影响下，世界算力资源迎来了爆发式增长。1946 年，世界上第一台通用计算机 ENIAC 的计算速度是每秒 5000 次，而现在，超级计算机美国"顶点"的浮点运算速度已经达到了每秒 14.86 亿亿次。

以前，算力是稀缺资源，计算机造价昂贵、体型巨大，只有少数大型企业和政府单位才能拥有。而现在，全球的网民数量已经达到了 44.22 亿，比全球总人口的一半还多。算力已经成为普通人生活中不可缺少的一部分。

### 2. 个人算力、企业算力和云计算

按照使用主体，我们可以把算力分作：个人算力、企业算力和超级算力。

一般情况下，个人算力指的就是 PC，它包括了台式机、笔记本计算机、平板计算机、超极本等。我们上网、玩游戏等在计算机上进行的任何操作，都会被转化成二进制数暂存到计算机存储器中，然后经由 CPU 解译为指令，再被调入到运算器中进行计算，最后由输出设备将结果输出。由于一台 PC 一般只安装一个 CPU，性能有限，如果数据量很大，需要非常大的计算量，PC 一般是完成不了的。

相比起来，企业算力就复杂多了。企业算力经常要面对上百、上千，甚至上万人同时进行某项操作，并在同一时间给出计算结果。很显然，这个问题只能由服务器来解决。

服务器可以安装很多个CPU，甚至是集群性质的（见图10-2）。它还是一台没有感情的工作机器，每天工作24小时，全年无休。服务器对外（企业、网络等）提供服务，可以很多人一起使用。例如我们访问网站，个人客户端发送请求到服务器，服务器接收请求并开始处理，服务器可以并行处理很多人的请求，但这个请求数量是有上限的。有的服务器一次只能处理100万个请求，那么第100万零一个请求发出的时候，服务器就会卡顿甚至崩溃。

那么就没有给服务器解压的办法了吗？像谷歌、亚马逊这样的公司，每年都要投入数十亿美金建设云计算中心，每个云计算中心里又有数万台计算机。简单来说，云计算中心就像是一个连接器，可以把算力供给端和需求端连接到一起。

其实，云计算就是把现实的计算资源放到网络里，然后将网络里的计算机虚拟成一台"超级计算机"，人们可以通过各种终端，享受到它提供的计算服务。云计算最大的特点就是它的灵活性，它是按照用户需求匹配计算资源的，还可以让用户大量使用非本地的计算资源，实现"算力共享"。

但与此同时，云计算也是有瓶颈的。对于一些对计算性能有着超高要求的企业，还是得用超级算力，即超级计算机。

### 3. 超算

超算，常常指信息处理能力比PC快一到两个数量级以上的计算机。和字面意思不同，它可不是一台计算机，而是很多台计算机。这些计算机也不是简单地攒在一起，数以万计的CPU需要低延迟数据互通，同时还要解决如何分发与存储数据、如何为系统散热与节能等难题。

一般来说，超算的运算速度平均每秒在1000万次以上，但现在超算已经进入了E级时代，其准入门槛也变成了运算速度每秒百亿亿次。这么快的计算机被用来完成人类无法完成的计算任务。它最先被应用到气候模拟领域（见图12-1），气候模拟和天气预报被认为是世界上最复杂的问题之一。中国的超算"神威·太湖之光"可以在30天内完成未来100年的地球气候模拟。超算应用于数值天气预报，其准确率达到了80%以上。

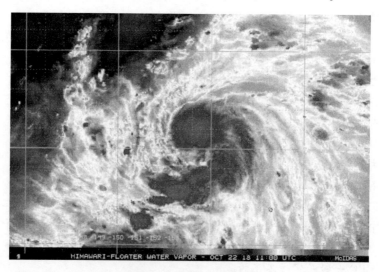

图12-1　超算气候模拟

除此之外，超算还被广泛应用在军事、航空航天、科研、石油石化、CAE 仿真计算、生命科学、人工智能等各个领域。

目前，超算已经成为一个国家综合国力的象征，而中国在这一领域实现了全球领先。2010 年，中国首台千万亿次超级计算机"天河一号"首次拿下全球超算 TOP500 第一名。自那以后，中国超算便成了榜首常客，2013 年—2017 年，中国相关超算都稳坐在这个位置。

2017 年，神舟十一号飞船和天宫一号在太空中进行无人对接，由于是中国首次载人交会对接，对飞船和航天器的模拟精准度要求极高。中国载人航天工程总体仿真实验室以联想高性能计算系统和 ThinkStation 图形工作站为核心的仿真系统，在轨道计算、模拟仿真、航天器设计等关键环节承担了大量计算工作，成功辅助了这次任务。

### 4. 数据中心

近几年来，数字经济以前所未有的方式爆发了，在线教育、在线办公、直播带货等"云上的行业"几倍甚至几十倍增长，其背后的数据中心功不可没。而新基建首提数据中心，并把它和 5G、人工智能等共同列为信息数字化基础设施，足以见得数据中心的重要性。

数据中心能够为用户提供远程的算力保障，它是算力的存在方式，也是数字经济的基础。2021 年我国移动互联网用户平均月流量为 7.82GB，是 2018 年的 1.69 倍，但只有不到 2%的企业数据被存了下来，其中又只有 10%被用于数据分析。这意味着如果没有足够的算力支撑，未来还将会有大量的数据被白白浪费掉。

而数据中心同样是云计算、工业互联网、人工智能的"弹药"，换句话说，算力是这些新技术发展的天花板。有这样的比喻，如果用火箭来比喻人工智能，那么数据就是火箭的燃料，算法就是火箭的引擎，算力就是火箭的加速器。人工智能研究组织 OpenAI 指出，高级人工智能所需要的算力每 3.43 个月将会翻 10 倍。

人工智能为什么需要如此高的算力？因为人工智能最大的挑战之一就是识别度不高、准确度不高，而要提高准确度就需要提高模型的规模和精确度，这就需要更强的算力。另一方面，随着人工智能的应用场景逐渐落地，图像、语音、机器视觉和游戏等领域的数据呈现爆发式增长，也对算力提出了更高的要求。

工业互联网描述了一个关于智能制造的美好愿景，但它同样离不开算力。简单来说，工业互联网就是将工业系统与科学计算、分析、感应技术以及互联网深度融合起来，在这个过程中，算力扮演的角色就是将采集的大量工业数据进行分析处理，并生成推理模型，随后系统会运用该模型进行分析、预测、规划、决策等一系列智能活动。

数据显示，2018 年中国工业数字化经济的比重仅为 18.3%，尚不足 20%，这一领域尚有很大的发展空间。诸如人工智能、云计算等新技术的涌现将倒逼算力朝着更快更强的方向发展，而算力也将给这些领域带来更深刻的变革，这一切都值得我们期待。

### 5. 东数西算

2022 年 2 月 17 日，国家发展改革委高技术司接受媒体采访时称，8 个国家算力枢纽节点和 10 个国家数据中心集群完成批复，全国一体化大数据中心体系完成总体布局设计，"东数西算"工程正式全面启动。

按照全国一体化大数据中心体系布局，8 个国家算力枢纽节点将作为我国算力网络的骨干连接点，发展数据中心集群，开展数据中心与网络、云计算、大数据之间的协同建设，并作为国家"东数西算"工程的战略支点，推动算力资源有序向西转移，促进解决东西部算

力供需失衡问题。

什么是"东数西算"呢？它其实和"南水北调""西电东送""西气东输"这些工程有类似之处，只不过上述这些工程运送的是水、电、气，而"东数西算"所运送的是数据。

"东数西算"中的"数"指的是数据，"算"指的是算力。"东数西算"就是在西部地区发展数据中心，把东部地区的数据放到西部地区去计算。

发展"东数西算"能有什么好处呢？

首先，我们都知道现阶段我国的资源分布不均。东部经济发达，有人，没资源；而西部是有资源，没人。正是因为这种错位，所以"东数西算"应运而生。举个很简单的例子，数据中心的散热需要大量的水，西部地区的水资源价格便宜；西部地区的电力资源也比东部更加丰富。所以，在西部建立数据中心，可以有效节约成本。

其次，"东数西算"可以提升西部地区数字化经济发展。在上一轮传统经济发展的过程中，东南部地区由于先发优势，享受了很多红利，和西部地区拉开了比较明显的差距。在新一轮"数字经济"的发展中，必须让西部地区也尽早"上车"，使得"东西差距"缓和乃至最终平衡。

最后，"东数西算"也会有利于双碳目标的实现。很多东部经济发达省份，其实碳排放的压力很大，而西部地区能源相对比较丰富，可以有效承接数据中心需要的能源消耗。

所以，"东数西算"是国家未来数字经济的区域发展战略，它是典型的自产战略，是国家的扶持产业。

资料来源：网络资料，张湧说财经。有改动。

# 12.1  什么是自动规划

与一些求解技术相比，自动规划（Automatic Planning）与专家系统都属于高级的求解系统与技术（见图12-2）。由于自动规划系统具有广泛的应用场合和应用前景，因而引起人们的浓厚研究兴趣，并取得了许多研究成果。

图 12-2  自动规划

### 12.1.1　规划是特殊的智力指标

人们通常认为规划是一种与人类密切相关的活动。由于规划代表了一种非常特殊的智力指标，即为了实现目标而对活动进行调整的能力，因此，它是人类所独有的。

在日常生活中，规划意味着在行动之前决定其进程，或者说，规划一词指的是在执行一个问题求解程序中任何一步之前，计算该程序有几步的过程。一个规划是一个行动过程的描述，它可以是像百货清单一样的没有次序的目标表列，但一般来说，规划具有某个规划目标的蕴含排序。

例如，对于大多数人来说，吃早饭之前要先洗脸和刷牙。又如，一个机器人要搬动某工件，必须先移动到该工件附近，再抓住该工件，然后带着工件移动。许多规划所包含的步骤是含糊的，需要进一步说明。

大多数规划都具有子规划结构，规划中的每个目标可以由达到此目标的比较详细的子规划所代替。尽管最终得到的规划是某个问题求解算符的线性或分部排序，但是由算符来实现的目标常常具有分层结构。

### 12.1.2　规划的概念分析

规划的概念很多，具体可以整理成如下几点：

（1）从某个特定的问题状态出发，寻求一系列行为动作，并建立一个操作序列，直到求得目标状态为止，这个求解过程就是规划。

（2）规划是关于动作的推理，它是一种抽象的和清晰的深思熟虑的过程，该过程通过预期动作的期望效果，选择和组织一组动作，其目的是尽可能好地实现一个预先给定的目标。

（3）规划是对某个待求解问题给出求解过程的步骤，规划设计将问题分解为若干相应的子问题，以及记录和处理问题求解过程中发现的子问题间的关系。

（4）规划系统是一个涉及有关问题求解过程的步骤的系统。

规划有以下两个非常突出的特点。

（1）为了完成任务，可能需要完成一系列确定的步骤。

（2）定义问题解决方案的步骤顺序可能是有条件的。也就是说，构成规划的步骤可能会根据条件进行修改（这称为条件规划）。

因此，规划的能力代表了某种意识，代表了使我们成为人类的自我意识。

泰特1999年指出："规划是在使用此类规划约束或控制行为之前，为未来行为（可能部分地）生成表示的过程。结果通常是具有时间和其他限制的一组动作，这些动作可以由一些智能体或某个智能体来执行。"

规划一直是人工智能研究的活跃领域。规划算法和技术已经应用到了诸多领域，包括机器人技术、流程规划、基于 Web 的信息收集、自主智能体、动画和多智能体规划。人工智能中一些典型的规划问题包括：

（1）对时间、因果关系和目的的表示和推理。

（2）在可接受的解决方案中，物理和其他类型的约束。

（3）规划执行中的不确定性。

（4）如何感觉和感知"现实世界"。

（5）可能合作或互相干涉的多个智能体。

### 12.1.3　自动规划的定义

自动规划是一种重要的问题求解技术（见图12-3）。与一般问题求解相比，自动规划更注重于问题的求解过程，而不是求解结果。此外，自动规划要解决的问题，如机器人世界问题，往往是真实世界的问题，而不是比较抽象的数学模型问题。

在研究自动规划时，往往以机器人规划与问题求解作为典型例子加以讨论。这是因为机器人规划能够得到形象的和直觉的检验。因此，自动规划也称为机器人规划（Robot Planning），是机器人学的一个重要研究领域，也是人工智能与机器人学一个令人感兴趣的结合点。机器人规划的原理、方法和技术可以推广应用到其他规划对象或系统。

虽然通常我们会将规划和调度视为共同的问题类型，但是它们之间有一个相当明确的区别：规划关注"找出需要执行哪些操作"，而调度关注"计算出何时执行动作"。规划侧重于为实现目标选择适当的行动序列，而调度侧重于资源约束（包括时间）。我们把调度问题作为规划问题的一个特例。

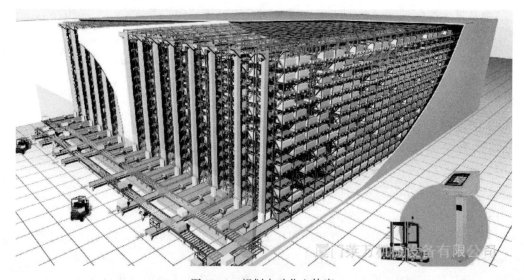

图12-3　规划自动化立体库

在人工智能领域，所有规划问题的本质就是将当前状态（可能是初始状态）转变为所需目标状态。所生成的规划就是在某个领域中执行这种转换的一系列步骤。求解规划问题所遵循的步骤顺序称为操作符模式。**操作符模式**表征**动作**或**事件**（可互换使用的术语）。操作符模式表征一类可能的变量，这些变量可以用值（常数）代替，构成描述特定动作的操作符实例。"操作符"这个术语可以用作"操作符模式"或"操作符实例"的同义词。

## 12.1.4 规划应用示例

在魔方的离散拼图和15拼图（见图12-4）的移动方块拼图示例中，我们可以找到很熟悉的规划应用，其中包括国际象棋、桥牌以及调度问题。由于运动部件的规律性和对称性，这些领域非常适合开发和应用规划算法。

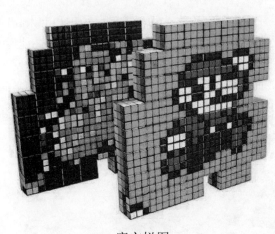
魔方拼图

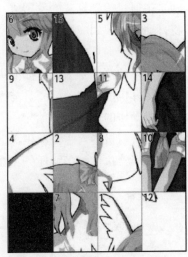
15拼图

图12-4 魔方拼图与15拼图示例

同样常见的问题是试图让机器人识别墙壁和障碍物，在迷宫中移动，成功地到达其目标。这是计算机和机器人视觉领域的典型问题。图12-5所示的是机器人多年来一直在求解的迷宫问题类型。机器人不仅需要从A移动到B，还需要能够识别墙壁并进行妥善处理。

图12-5 一个典型的迷宫问题

在设计和制造应用中，人们应用规划来解决组装、可维护性和机械部件拆卸问题。人们使用运动规划，自动计算从组装中移除零件的无碰撞路径。

视频游戏程序员和人工智能规划社区有许多潜在的机会，结合各种人们努力得到的成果，生成精彩、独特、类似人类的角色。人们将规划应用到开发虚拟人类和计算机生成动画方面也有广泛的兴趣。动画师的目标是开发具有人类演员特征的角色，同时能够设计高层次的运动描述，使得这些运动可以由智能体执行。这仍然是一个非常详细、费力的逐帧过程。动画师希望通过规划算法的发展来减少这些过程。

将自动操作规划应用到计算机动画中，根据任务规格计算场景中人物的动画，这使得动画师可以专注于场景的整体设计，而不是专注于如何在逼真、无碰撞的路径中移动人物的细节。一个具体的例子是为执行如操纵物体之类的任务，生成人类和机器人手臂的最佳运动，这不但与计算机动画相关，而且与人体工程学和产品的可用性评估相关。科加等人开发了一个执行多臂操作的规划器：给定一个待完成的目标或任务，这个规划器将会生成必要的动画，使得在人与机器人手臂在棋盘上进行协同操作。图12-6所示的是一个机器人手臂规划器，这个规划器执行了多臂任务，在汽车装配线上协助制造。

图 12-6　在汽车装配线上协助制造的机器人手臂

娱乐和游戏行业关注生产高质量的动画角色，希望角色动作尽可能逼真，还希望角色有能力自动适应出现挑战和障碍的动态环境。行为规划可为动画角色生成这些逼真的动作。劳和库夫纳通过创建高层次动作的有限状态机，捕捉、利用真实的人体动作，然后执行全局搜索，计算动作序列，将动画角色带到目标位置。

**示例 12-1**　说明制定规划过程和执行规划过程之间的区别。

让我们思考一下：规划你离开家去工作的过程。你必须出席上午10:00的会议。早上上班通常需要40分钟。在准备上班的过程中，你还可以做一些自己喜欢做的任务——一些任务是非常重要的，一些任务是可有可无的，这取决于你可用的时间。下面列出的是在工作前你认为要完成的一些任务。

(1) 将几件衬衫送至干洗店。

(2) 将瓶子送去回收。

(3) 把垃圾拿出去。

**(4) 在银行的自动提款机上取现金。**

(5) 以本地最便宜的价格购买汽油。

(6) 为自行车轮胎充气。

(7) 清理汽车——整理和吸尘。

**(8) 为汽车轮胎充气。**

作为一个聪明的人，你可能立刻会问这些问题（或任务）的限制时间。也就是说，在保证你能够准时参加会议的情况下，这些任务有多少可用的时间？

比如，你于上午8:00起床，认为两个小时已经足够执行上述许多任务，并能及时参加上午10:00的会议。

在上述8项可能的任务中，你很快就会确定只有两项是非常重要的：第4项（获得现金）和第8项（为汽车轮胎充气）。第4项很重要，因为从经验来看，如果现金不足，那么你这一天会寸步难行。你需要购买餐点、小吃和其他可能的物品。第8项可能比第4项更重要，这取决于轮胎中有多少气。在极端情况下，这可能使你无法驾驶或无法安全驾驶。

在大多数情况下，如果轮胎气不足，至少在驾驶舒适度和汽车油耗方面效率不高。现在，你确定第4项和第8项很重要、不能避免。这是一个分级规划的例子，也就是对必须完成的任务进行分级或赋值。换句话说，并不是所有的任务都是同等重要的，你可以相应地对它们进行排序。

你想是否有靠近银行或ATM的加油站。所得出的结论是最近的加油站距离银行约三个街区。你也在想："如果我已经去加油站充气，那么我也可以买汽油。"现在你在思考："在银行附近的哪个加油站还有一个气泵？"这是一个机会规划的例子。也就是说，你正在尝试利用在规划形成和规划执行过程中的某个状态所提供的条件和机会。在这种情况下，你实际上不需要购买汽油，但是你试图节省一些时间，在这个意义上，如果你花费了时间和精力开车去加油站充气，那么去一个加油站充气，再到另一个加油站买汽油，就变得不太高效了（无论是在时间上还是在金钱上）。

在这一点上，第1~3项看起来完全不重要；第6~7项看起来同样不重要，并且这些任务更适合周末进行，因为周末可以有更多时间执行这样的任务。当然，除非你正在规划驾驶和骑自行车的某个组合，否则为自行车轮胎充气通常与开车不相关。让我们考虑一些情况，在这些情况中，第1~3项可能非常相关。

**第1项：将几件衬衫送至干洗店**

在繁忙的工作日上午，这看起来似乎是一项无关紧要的多余任务，但是，也许第二天你要接受新工作的面试，或者你想在做演讲时穿得得体一些，或者这是你期待已久的一个约会。在这些情况下，你要正确思考（规划），做正确的事情，获得最佳机会，让自己变得成功和快乐。

**第2项：丢弃瓶子进行回收**

同样，这通常是一个"周末"型的活动。会不会有这样一种情形：在这种情况中，这是必需的行动？有时是的，不过这代表你遇到了一种非常遗憾的情况：你刚刚丢了钱包，而钱包里有你所有的现金、信用卡和身份证。你需要将100个空瓶送到超市回收，每个瓶子5美分，这样才能获得现金。除此之外，如果你丢了钱包，你就不应该在没有驾驶证的情况下驾驶。尽管如此，这听起来像是我们应该做好准备的一种情况。如果这确实发生了，你也许有足够的理由不参加那次活动。

**第3项：把垃圾拿出去**

在一些相当现实的条件下，这个任务在重要性方面可以得到很大程度上的重视。下面是一些例子。

（1）垃圾散发出可怕的恶臭。

（2）人们声称你的公寓都是废弃物，你有责任清理它。

（3）这是星期一早上，如果现在不收拾，那么直到星期四才会有人来收拾垃圾。

基于某些可能发生的事件或某些紧急情况做出的规划，称为条件规划。作为一种"防御性"措施，这种规划通常是有用的，或者你必须考虑一些可能发生的事件。例如，如果你计划在9月初在佛罗里达州举办大型活动，那么考虑飓风保险可能不是一个坏主意。

有时候，我们只能规划事件（操作符）的某些子集，这些事件的子集可能会影响到我们达成目标，而无需特别关注这些步骤执行的顺序。我们将此称为部分有序规划。在示例12-1的情况下，如果轮胎的情况不是很糟糕，那么我们可以先去加油站充气，也可以先到银行取现金。但是，如果轮胎确实瘪了，那么执行该规划的顺序是先修理轮胎，然后进行其他任务。

通过注意一些更多的现实，我们就可以结束这个例子了。即使两个小时看起像是花了大量的时间来处理一些差事，我们依然需要40分钟的上班时间，但是人们很快就意识到，即使在这个简单的情况下，也有许多未知数。例如，在加油站、在气泵处或在银行可以有很多条线路；在高速公路上可能会发生事故，拖延了上班时间；或者可能会有警察、火警或校车，这些也会导致延迟。换句话说，有许多未知事件可能会干扰最佳规划。

## 12.2 规划方法

规划可用来监控问题求解过程，并能够在造成较大的危害之前发现差错。规划的好处可归纳为简化搜索、解决目标矛盾以及为差错补偿提供基础，把某些较复杂的问题分解为一些较小的子问题。

### 12.2.1 规划即搜索

规划本质上是一个搜索问题，就计算步骤数、存储空间、正确性和最优性而言，这些涉及搜索技术的效率。找到一个有效的规划，从初始状态开始，并在目标状态处结束，一般要涉及探索潜在大规模的搜索空间。如果有不同的状态或部分规划相互作用，事情会变得更加

困难。因此，查普曼 1987 年证明了，即使是简单的规划问题在大小方面也可能是指数级的。

## 1. 状态空间搜索

早期的规划工作集中在游戏和拼图的"合法移动"方面，观察是否可以发现一系列的移动将初始状态转换到目标状态，然后应用启发式评估来评估到达目标状态的"接近度"——这些技术已经应用到规划领域了。

## 2. 中间结局分析

最早的人工智能系统之一是 Newell 和 Simon 的一般问题求解器（GPS），GPS 使用了一种称为"中间结局分析"的问题求解和规划技术，在中间结局分析背后的主要思想是减少当前状态和目标状态之间的距离。也就是说，如果要测量两个城市之间的距离，算法将选择能够在最大程度上减少到目标城市距离的"移动"，而不考虑是否存在机会从中间城市达到目标城市。这是一个贪心算法，它对所到过的位置没有任何记忆，对其任务环境没有特定的知识。

例如，你想从纽约市去加拿大的渥太华，距离是 682 千米，估计需要约 9 小时的车程。飞机只需要 1 小时，但由于这是一次国际航班，费用是 600 美元，这个费用高得吓人。

对于这个问题，中间结局分析自然偏向飞行，但这是非常昂贵的。一个有趣的可替代方法是结合了时间和金钱的成本效率，同时允许充分的自由，即飞往纽约州锡拉丘兹（最接近渥太华的美国大城市），然后租一辆车开车到渥太华。注意到就推荐的解决方案而言，可能会有一些压倒性因素。例如，你必须考虑租车的实际成本，你将在渥太华度过的天数，以及你是否真的需要在渥太华开车。根据这些问题的答案，你可以选择公共汽车或火车来满足部分或全部的交通需求。

## 3. 规划中的各种启发式搜索方法

状态空间（非智能、穷尽）的搜索技术可能会导致必须探索太多的可能性，为了弥补这种情况，下面简要介绍为此开发的各种启发式搜索技术。

（1）最小承诺搜索。是指"规划器的任何方面，只有在受到某些约束迫使的情况下，才承诺特定的选择"。比如说，你打算搬到一所新的公寓。首先，你根据自己特定的收入水平选定合适的城镇和社区，不需要决定将要居住的区块、建筑和具体的公寓。这些决定可以推迟到更晚、更适合的时间做出。

（2）选择并承诺。这是一种独特的规划搜索技术，这种方法并不能激发太多的信心。它是指基于局部信息（类似于中间结局分析），遵循一条解决路径的新技术，这项新技术通过做出的决策（承诺）得到测试。使用这种方式测试的其他规划器可以集成到稍后的规划器中，这些稍后的规划器可以搜索替代方案。当然，如果对一条路径的承诺没有产生解，那么就出现问题了。

（3）深度优先回溯。是考虑替代方案的一种简单方法，特别是当只有少数解决方案可供选择时。这种方法涉及在有替代解决方案的位置保存解决方案路径的状态，选中第一个替代路径，备份搜索；如果没有找到解决方案，则选择下一个替代路径。通过部分实例化操作符来查看是否已经找到解决方案，测试这些分支的过程，我们称之为"举起"。

（4）集束搜索。它与其他启发式方法一起实现，选择"最佳"解决方案，也许是由集束搜索建议子问题的"最佳"解决方案。

（5）主因最佳回溯。通过搜索空间的回溯，虽然可能得到解决方案，但是在多个层次中所需要探索的节点数量庞大，所以这可能非常昂贵。主因最佳回溯花费更多的努力，确定了在特定节点所备份的局部选择是最佳选择。

作为一个类比，让我们回到选择某个城镇来生活的问题。考虑候选地区的两个主要因素是距离和价格。根据这些因素，我们找到最理想的区域。但是现在，我们必须在可能的 5～10 个合理候选城镇中做出决定。现在，我们需考虑更多的因素。

① 学校怎么样（为了小孩）？

② 在这个地区，购物如何？

③ 这个城镇有多安全？

④ 它距离中心位置有多远（运输）？

⑤ 在这个地区还有哪些景点？

当你能够进行评估时，基于公寓的价格和每个候选城镇到你工作地点的距离，再加上上述 5 个附加因素，你应该可以选择一个城镇，然后继续进行搜索，进而选择一处适当的公寓。一旦选择了一个城镇，你可以查看这个城镇某些公寓的可用性和适用性。如有必要，可以重新评估其他城镇的可能性，并选择另一个城镇（基于两个主要因素和 5 个次要因素）作为主要选择。这就是主因最佳回溯算法的工作原理。

（6）依赖导向式搜索。回溯到保存状态并恢复搜索可能带来极大的浪费。虽然存储在选择点能找到解的所保存状态可能有用，但是实践证明，存储决策之间的依赖关系所做出的假设和可以做出选择的替代方案可能更有用、更有效。通过重建解决方案中的所有依赖部分，系统就避免了失败，同时不相关的部分也可以保持不变。

（7）机会式搜索。基于"可执行的最受约束的操作"。所有问题求解组件都可以将其对解决方案的要求归结为对解决方案的约束，或对表示被操作对象的变量值的限制。操作可以暂停，直到有进一步可用信息。

（8）元级规划。是从各种规划选项中进行推理和选择的过程。一些规划系统具有类似操作符表示的规划转换可供规划器使用。系统执行独立的搜索，在任何点上，确定最适合应用哪个操作符。这些动作发生在做出任何关于规划应用的决策之前。

（9）分布式规划。系统在一群专家中分配子问题，让他们求解这些问题，在通过黑板进行沟通的专家之间传递子问题并执行子问题。

这里总结回顾了在规划中使用的搜索方法。人工智能规划社区已经开发了一些技术来限制所需要的搜索量。

## 12.2.2　部分有序规划

部分有序规划（POP）被定义为"事件（操作符）的某个子集可以实现、达到目标，而无需特别关注执行步骤的顺序。"在部分有序规划器中，可以使用操作符的部分有序网络表示规划。在制定规划过程中，只有当问题请求操作符之间的有序链时，才引进有序链，在这个意义上，部分有序规划器表现为最小承诺。相比之下，完全有序规划器使用操作符序列表示其搜索空间中的规划。

部分有序规划通常有以下 3 个组成部分。

（1）动作集。

{开车去上班，穿衣服，吃早餐，洗澡}

（2）顺序约束集。

｛洗澡，穿衣服，吃早餐，开车去上班｝

（3）因果关系链集。

穿衣服——着装→开车去上班

这里的因果关系链是，如果你不想没穿衣服就开车，那么请在开车上班前穿好衣服。在不断完善和实现部分规划时，这种链有助于检测和防止不一致。

回顾一下，在前几章讨论的标准搜索中，节点等于具体世界（或状态空间）中的状态。在规划世界中，节点是部分规划。因此，部分规划包括以下内容。

- 操作符应用程序集 $S_i$。
- 部分（时间）顺序约束 $S_i < S_j$。
- 因果关系链 $S_i$——$c$→$S_j$。

这意味着，$S_i$ 实现了 $c$，$c$ 是 $S_j$ 的前提条件。因此，操作符是在因果关系条件上的动作，可以用来获得开始条件。开始条件是未被因果关系链接的动作的前提条件。

这些步骤组合形成一个部分规划：

- 为获得开始条件，使用因果关系链描述动作。
- 从现有动作到开始条件过程中，做出因果关系链。
- 在上述步骤之间做出顺序约束。

图12-7描绘了一个简单的部分有序规划。这个规划在家开始，在家结束。在部分有序规划中，不同的路径（如首先选择去加油站还是银行）不是可选规划，而是可选动作。如果每个前提条件都能达成（我们到银行和加油站，然后安全回家），就说规划完成了。当动作顺序完全确定后，部分有序规划成了完全有序规划。一个示例是，如果发现汽车的油箱几乎是空的，当且仅当达成每个前提条件时，规划才能算完成。当一些动作 $S_k$ 发生时，这阻止我们实现规划中所有前提条件，阻碍了规划的执行，我们就说发生了对规划的威胁。威胁是一个潜在的干扰步骤，阻碍因果关系达成条件。

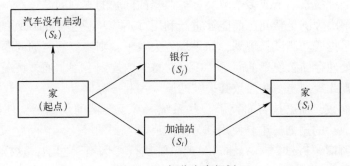

图12-7 部分有序规划

在上面的例子中，如果车子没有启动，那么这个威胁就可能会推翻"最好的规划"。

总之，部分有序规划是一种健全、完整的规划方法。如果失败，它可以回溯到选择点。它可以使用析取、全称量化、否定和条件的扩展。总体来说，当与良好的问题描述结合时，这是一项有效的规划技术。但是，它对子目标的顺序非常敏感。

### 12.2.3 分级规划

规划适用层次结构，也就是说，并不是所有的任务都处于同一个重要级别，一些任务必须在进行其他任务之前完成，而其他任务可能会交错进行。此外，层次结构（有时为了满足任务前提条件而需要）有助于降低复杂性。

分级规划通常由动作描述库组成，而动作描述由执行组成规划的一些前提条件的操作符组成。其中一些动作描述将"分解"成多个子动作，这些子动作在更详细（较低）级别上操作。因此，一些子动作被定义为"原语"，即不能进一步分为更简单任务。

分级任务网络（HTN）规划适用于细化规划模型。初步规划纳入任务规范假设，这个任务规范假设是关于待执行的规划（或可能是部分解决方案）所处的局面。然后，这可以通过层次结构提炼到更高级别的细节，同时也解决了在规划中出现的问题和缺陷。

在实际应用中，分级规划已经得到广泛部署，如物流、军事运行规划、危机应对（漏油）、生产线调度、施工规划，又如任务排序、卫星控制的空间应用和软件开发。

### 12.2.4 基于案例的规划

基于案例的推理是一种经典的人工智能技术，它与描述某个世界中状态的先前实例并确定在当前世界中新情况与先前情况相符程度的能力密切相关。在法律与医学界，它与识别先例密切联系。如果能够这样做，那就对此先例进行匹配，然后选择基于静态的动作过程。

在基于案例的规划中，学习的过程是通过规划重演以及通过在类似情况下工作过的先前规划进行"派生类比"。基于案例的规划侧重于应用过去的成功规划以及从先前失败的规划中恢复。

基于案例的规划器设计用于寻找以下问题的解决方案：

- 规划内存表示是指决定存储的内容以及如何组织内存的问题，以便有效并高效地检索和重用旧规划。
- 规划检索处理检索一个或多个解决过类似当前问题的规划问题。
- 规划重用解决为满足新问题而能够重新利用（适应）已检索的规划的问题。
- 规划修订是指成功测试新规划，如果规划失败了，则修复规划的问题。
- 规划保留处理存储新规划的问题，以便对将来的规划有用。通常情况下，如果新规划失败了，则此规划与一些导致其失败的原因一起被存储。

根据这5个参数，斯巴拉吉研究了一些系统。基于案例的规划器，使用合理的局部选择，积累和协商成功的规划。重复使用部分匹配所学习到的经验，新问题只需要相似就可以重新使用规划。所谓"Prodigy / Analogy"的系统执行"懒惰"归纳，这样所学的片断就不需要为其正确性做解释，因此也就不需要完整的领域理论。在局部决策中的学习可以增加所学知识的转移（但是也增加了匹配成本），因此还需要定义在规划情况之间的相似性度量。为了完成此类任务，现代规划系统通常与机器学习方法相关联。

## 12.3 著名的规划系统

下面来了解规划研究开发历史上早期的3个重要系统，即STRIPS、NOAH和NONLIN。

最早是 STRIPS；之后斯坦福大学研究所的 NOAH 系统总结了 STRIPS 背后的规划思想；接着是 NONLIN，它继承了 NOAH 的想法并更进一步。后来，又陆续开发了一些较新的现代规划系统，例如有 O-PLAN 和 Graphplan 系统。

## 12.3.1 STRIPS

STRIPS 也称斯坦福大学研究所问题求解器，是最早、最基础的规划系统之一。STRIPS 语言已经成了一个标准，例如 Grasp（x）、Puton（x, y）、ClearTop（y）等。它能够使用一阶逻辑表示领域状态的应用，也可以表示领域状态的改变。它还可以使用中间结局分析法确定需要实现的目标和子目标。这些目标和子目标是先决条件，需要先获得目标才能得到解。

STRIPS 操作符提供了一个简单而有效的框架，这个框架可以表示在领域中的搜索和动作。正如我们所看到的，在规划领域，它们构成了未来工作的基础。

在 STRIPS 世界中，我们要确定其带来的另外两个问题。其中的一个是分支问题，即由于采取了动作，世界发生变化的结果是什么？例如，如果机器人从 A 点到 B 点，积木块 A 是否依然在积木块 B 上？机器人的轮子上是否仍然有轮胎？它是否仍然使用相同的电量来操作？

有关积木块状态的问题很容易回答，但是，一旦遇到涉及自我状态意识（知觉）和常识知识问题，分支问题就变得更加严重起来。STRIPS 提出的另一个问题被称为合格问题。也就是说，当执行某些动作（例如将钥匙放在锁孔中）时，定义成功的必要合格条件是什么？如果钥匙没有打开门，可能是什么错了（例如钥匙错了、钥匙坏了等）。STRIPS 在自动规划系统的历史、思考和开发方面是一个非常重要的系统。

## 12.3.2 NOAH

厄尔·萨尔多提 1975 年描述了程序 NOAH（Nets of Action Hierarchies，动作层次网络）背后的概念。具体体现在 3 个方面：

（1）对开发分级规划（而不是开发单一级别的规划）在技术上做出了重大贡献。

（2）引入和利用将规划表示为部分有序序列的思想，部分有序序列仅仅是对步骤的时间顺序做出了必需的承诺。

（3）开发了机制，使得规划系统能够检查自己的规划，这样就可以改进这些规划，也因此可以智能地监测规划执行。

这些对于仅限于单一级别动作的 GPS、STRIPS 和 MIT 积木世界而言，都是突出的进展。

NOAH 带来 3 种类型的知识：①问题求解；②在动作程序规范中的领域特定性；③处理具体情况的符号知识数据库。NOAH 对自动规划做出的贡献特别表现在以下几个方面：

（1）使用命令式语义来生成类似框架的结构。

（2）考虑了规划的非线性性质，规划被视为相对于时间的部分排序。这也避免了由线性引起的深度回溯的必要性。

（3）规划可以在很多抽象层次上完成。

（4）使用分级规划，提供执行监测和简易的错误恢复。

（5）提供了迭代的抽象表示。

（6）鼓励结构的重要性，帮助处理在不同细节层次中的大量知识。

## 12.3.3　NONLIN

为了生成部分有序动作网络的规划，爱丁堡大学的 Austin Tate1977 年开发了 NONLIN 系统，这是一个规划空间的规划器（而不是一个状态空间规划器），NONLIN 向后搜索问题空间，找到目标解决方案规划。它使用功能性的、状态可变的规划生成表示，其目标是基于结构的规划开发，基于规划基本原理，考虑替代方法。

NONLIN 可以执行问答模态真值标准条件。也就是说，它可以响应两种查询：

（1）在当前网络中的节点 N 处，语句 P 是否具有 V 值（V 值的选择为"绝对是 V，绝对不是 V，或不可判定"）？

（2）如果在给定网络中 P 没有某个值，那么在网络中必须添加哪些链才能使 P 在节点 N 处具有这个值？

为了回答第一种问题，NONLIN 将在网络中找到可用于提供正确结果的"关键"节点。

NONLIN 一个最重要的特征就是，在规划期间维持了一个目标结构表，记录网络中某点必须为真的事实，以及使其为真的可能"贡献者"。使用这种方式，系统可以在不选择其中一个（也可能是多个）贡献者的情况下进行规划，直到如上所述的交互检测强制执行选择"贡献者"。

## 12.3.4　O-PLAN

1983-1999 年，Austin Tate 开发了著名的 NONLN 系统的继任者 O-PLAN。O-PLAN 是用 Common Lisp 编写的，可用于网络规划服务（自 1994 年起）。O-PLAN 扩展了泰特在 NONLIN 的早期工作（分级规划系统）。这个系统能够将规划作为部分有序活动网络生成，这些网络可以检查时间、资源、搜索等方面的各种限制。

O-PLAN 是一个实用的规划器，可以用于各种人工智能规划，它包括以下特征。

- 领域知识引导和建模工具。
- 丰富的规划表示和使用。
- 分级任务网络规划。
- 详细的约束管理。
- 基于目标结构的规划监测。
- 动态问题处理。
- 在低高节奏下的规划维修。
- 具有不同角色的用户接口。
- 规划和执行工作流管理。

O-PLAN 已经实际应用于下列项目：

- 空中战役规划。
- 非战斗人员撤离行动。
- 搜索与救援协调。
- 航天器任务规划。

- 施工规划。
- 工程任务。
- 生物学途径发现。
- 指挥与控制无人驾驶自动汽车。

O-PLAN 的设计也被用作 Optimum-AIV 的基础。在准备欧洲航天局亚利安 4 号（Ariane Ⅳ）发射器航行的有效载荷舱中，Optimum-AIV 是用于组装、集成和验证的已部署系统。

O-PLAN 通过 Web 提供简单的规划服务，作为 UNIX 系统管理员脚本编写辅助。规划器可以为任务生成合适的脚本，说明将物理映射到逻辑 UNIX 磁盘卷的要求。

O-PLAN 也被用于多用户规划服务。多个用户可以以混合主导的方式同时使用 O-PLAN。O-PLAN 与美国陆军合作，在美军陆军连级的小型作战（SUO）阶段确定指挥过程、规划过程和执行过程，即从收到任务到成功实现的过程。

O-PLAN 也是一个成功设计的、具有开放规划架构的例子。由于 Lisp 关键组件在需要时可以插入，因此 Lisp 极大地促进了这个成功。O-PLAN 通过探索部分规划的搜索空间找到规划。"问题（Issue）"代表部分规划中的缺失部分。这确定了哪些动作需要扩展到要求被满足的子动作或条件。O-PLAN 在顶层有一个控制器，这个控制器可以重复选择问题，并调用"知识源"来解决所有问题。

知识源决定了在规划中放入内容，应该访问搜索空间的哪些部分；接下来，通过添加节点到部分有序动作网络，以及通过添加约束，如表示动作的前置和后置条件、时间限制、资源使用等来构建规划。

约束管理器确定了可以使用哪些方法满足哪些约束并与知识源交流。在这种灵活的架构中，可以根据需要添加、删除和替换知识源与约束管理器。

## 12.3.5  Graphplan

Graphplan 是一个规划器，通过构建和分析成为规划图的紧凑结构，工作在类似于 STRIPS 的领域。规划图编码规划问题，其目的是利用内在的问题约束来减少必要的搜索量。很明显，没有知识和方向（约束）的搜索将导致时间和空间的大量浪费，有时（在复杂的领域）将永远找不到解决方案。但是，没有搜索的知识很有用却不能移动。

规划图可以快速得到构建（多项式空间复杂度和时间复杂度），并且规划是流过图形的一种真值"流"。Graphplan 全力致力于搜索，在搜索中，它结合了完全有序和部分有序规划器的一些方面。它以一种"平行"的规划方式执行搜索，确保在这些规划中找到最短的规划，然后独立进行这个最短规划。

在 Graphplan 域中，有效的规划是由一组动作和指定时间组成的，在这个规划中，每个动作都将得到执行。

规划图与有效规划相似。规划图分析的一个重要方面是能够注意到和传递节点之间的某些互斥关系。在规划图的给定动作层次中，如果没有一个有效规划能够让两个动作为真，那么就说这两个动作是互斥的。

在规划世界几个熟悉问题的实验研究中，包括火箭问题、备胎问题、猴子和香蕉问题等，Graphplan 比 UCPOP 和 PRODIGY 系统的进展更顺利有效。

## 【作业】

1. 与一些求解技术相比，（　　）都属于高级的求解系统与技术。

A. 自动规划与专家系统　　　　　　　B. 图像处理与语音识别

C. 机器人与专家系统　　　　　　　　D. 图像处理与机器人

2. 通常认为规划是一种与人类（　　）的活动。

A. 不太有关　　　　B. 密切相关　　　　C. 偶尔为之　　　　D. 将要开展

3. 下面关于"规划"的说法中，不正确或者不合适的是（　　）。

A. 规划代表了一种非常特殊的智力指标，即为了实现目标而对活动进行调整的能力

B. 在日常生活中，规划意味着在行动之前决定其进程

C. 规划指的是在执行一个问题求解程序中任何一步之前，计算该程序几步的过程

D. 规划是一项随机的活动

4. 大多数规划都具有（　　）结构。

A. 单一　　　　B. 简单　　　　C. 子规划　　　　D. 复杂

5. 规划有几个突出的特点，但下面的（　　）不属于这个特点之一。

A. 为了完成任务，可能需要完成一系列确定的步骤

B. 可能需要加强团队互动建设

C. 定义问题解决方案的步骤顺序可能是有条件的

D. 构成规划的步骤可能会根据条件进行修改

6. 自动规划是一种重要的技术。与一般问题求解相比，自动规划更注重于问题的（　　）。

A. 求解过程　　　　B. 求解结果　　　　C. 分析过程　　　　D. 分析结果

7. 自动规划要解决的问题，往往是（　　）问题，而不是比较抽象的数学模型问题。

A. 数学模型　　　　B. 真实世界　　　　C. 抽象世界　　　　D. 理论

8. 在研究自动规划时，往往以（　　）与问题求解作为典型例子加以讨论，这是因为它能够得到形象的和直觉的检验。

A. 图像识别　　　　B. 语音识别　　　　C. 机器人规划　　　　D. 数学模型

9. 在魔方的离散拼图和15拼图的移动方块拼图示例中，可以找到很熟悉的规划应用，其中包括（　　）问题。

A. 国际象棋　　　　B. 桥牌　　　　C. 调度　　　　D. A、B和C

10. 示例12-1，通过规划你离开家去工作的过程，说明了（　　）之间的区别。

A. 制定规划过程和执行规划过程　　　　B. 算法与程序

C. 对象与类　　　　　　　　　　　　　D. 复杂与简单

11. 规划本质上是一个（　　）问题，就计算步骤数、存储空间、正确性和最优性而言，这些涉及该技术的效率。

A. 算法　　　　B. 搜索　　　　C. 输出　　　　D. 分析

12. 下列（　　）不是启发式搜索技术。

A. 最小承诺搜索　　　　　　　　　　B. 选择并承诺

深度优先回溯　　　　　　　　　　　D. 自下而上

13. 部分有序规划（POP）通常有 3 个组成部分，下面（　　）不属于其中。

A. 动作集 　　　　　　　　　　 B. 顺序约束集

C. 数据集 　　　　　　　　　　 D. 因果关系链集

14. 规划适用层次结构，也就是说，（　　）所有的任务都处于同一个重要级别，一些任务必须在进行其他任务之前完成，而其他任务可能会交错进行。

A. 并不是 　　　　　　　　　　 B. 通常

C. 一般 　　　　　　　　　　　 D. 几乎

# 附录 作业参考答案

## 第1章

| | | | | |
|---|---|---|---|---|
| 1. B | 2. D | 3. A | 4. C | 5. B |
| 6. A | 7. C | 8. D | 9. C | 10. A |
| 11. B | 12. D | 13. B | 14. A | 15. D |
| 16. D | 17. C | 18. D | 19. B | |

## 第2章

| | | | | |
|---|---|---|---|---|
| 1. B | 2. C | 3. C | 4. C | 5. D |
| 6. B | 7. C | 8. A | 9. D | 10. C |
| 11. A | 12. A | 13. C | 14. B | 15. A |
| 16. A | 17. C | 18. D | 19. A | 20. C |
| 21. D | 22. D | 23. A | 24. D | 25. D |
| 26. A | 27. C | 28. B | 29. A | 30. B |
| 31. C | | | | |

## 第3章

| | | | | |
|---|---|---|---|---|
| 1. C | 2. C | 3. A | 4. A | 5. C |
| 6. B | 7. C | 8. A | 9. D | 10. C |
| 11. B | 12. A | 13. C | 14. D | 15. A |

## 第4章

| | | | | |
|---|---|---|---|---|
| 1. B | 2. C | 3. D | 4. A | 5. C |
| 6. D | 7. A | 8. C | 9. B | 10. D |
| 11. A | 12. B | 13. C | 14. D | |

## 第5章

| | | | | |
|---|---|---|---|---|
| 1. A | 2. C | 3. B | 4. A | 5. C |
| D | 7. B | 8. C | 9. A | 10. B |

11. C     12. D     13. A     14. B

## 第 6 章

1. A    2. C    3. D    4. B    5. A
6. D    7. C    8. B    9. A    10. B
11. B    12. C    13. A    14. D    15. B

## 第 7 章

1. B    2. D    3. A    4. D    5. C
6. B    7. A    8. D    9. C    10. D
11. A    12. D

## 第 8 章

1. A    2. C    3. D    4. B    5. D
6. A    7. B    8. B    9. D    10. C
11. A    12. C

## 第 9 章

1. B    2. A    3. C    4. D    5. B
6. A    7. D    8. A    9. B    10. C
11. D    12. A    13. A    14. B    15. A
16. B

## 第 10 章

1. A    2. C    3. B    4. D    5. B
6. A    7. C    8. D    9. B    10. A
11. C    12. D    13. A    14. B    15. D
16. A    17. D    18. B    19. C    20. A

## 第 11 章

1. A    2. C    3. D    4. B    5. A
6. C    7. D    8. B    9. C    10. A
11. B    12. C    13. D    14. C

# 第 12 章

1. A        2. B        3. D        4. C        5. B

6. A        7. B        8. C        9. D        10. A

11. B        12. D        13. C        14. A

# 参考文献

[1] 史蒂芬·卢奇,丹尼·科佩克. 人工智能 [M]. 林赐,译. 2 版. 北京:人民邮电出版社,2018.

[2] 周苏,王文. 人工智能概论 [M]. 北京:中国铁道出版社,2019.

[3] 周苏. 新编计算机导论 [M]. 3 版. 北京:机械工业出版社,2019.

[4] 戴海东,周苏. 大数据导论 [M]. 北京:中国铁道出版社,2018.

[5] 匡泰,周苏. 大数据可视化 [M]. 北京:中国铁道出版社,2019.

[6] 周苏. 创新思维与 TRIZ 创新方法 [M]. 北京:清华大学出版社,2019.

[7] 周苏,张效铭. 创新思维与创新方法 [M]. 北京:中国铁道出版社,2019.